U0304356

大陆边缘盆地海相烃源岩成因类型及发育特征

康洪全　杨香华　程　涛　　等　著
逄林安　罗情勇　贾怀存

科学出版社

北京

内 容 简 介

　　针对海相烃源岩成因类型、识别、评价及预测等问题，作者及其所在团队在近十年的时间里进行了长期研究，通过宏观与微观相结合、实验模拟与类比相结合、地质与地球物理相结合，在多学科理论指导下，围绕诸多关键问题开展了系统研究。本书明确大陆边缘盆地各类海相烃源岩的地球化学特征、生烃机理及成因类型，总结海相烃源岩的发育模式及主控因素，探索一套可推广应用的海相烃源岩识别评价综合技术方法，可为大陆边缘盆地优质海相烃源岩的分布预测提供研究思路，也可为国内外海相烃源岩领域的勘探研究及生产实践提供参考。

　　本书可供广大石油地质勘探工作者和石油高等院校地质学专业的学生参考阅读。

图书在版编目（CIP）数据

大陆边缘盆地海相烃源岩成因类型及发育特征/康洪全等著.—北京:科学出版社，2020.6
ISBN 978-7-03-065168-6

Ⅰ.① 大… Ⅱ.① 康… Ⅲ.① 大陆边缘-海相生油-油气勘探-烃源岩-研究
Ⅳ.① P618.130.2

中国版本图书馆 CIP 数据核字（2020）第 086084 号

责任编辑：何　念 / 责任校对：高　嵘
责任印制：彭　超 / 封面设计：图阅盛世

科学出版社 出版
北京东黄城根北街 16 号
邮政编码：100717
http://www.sciencep.com
武汉精一佳印刷有限公司印刷
科学出版社发行　各地新华书店经销
*
开本：787×1092　1/16
2020 年 6 月第 一 版　　印张：15 1/2
2020 年 6 月第一次印刷　　字数：368 000
定价：**188.00** 元
（如有印装质量问题，我社负责调换）

《大陆边缘盆地海相烃源岩成因类型及发育特征》
写作小组

康洪全　杨香华　程　涛　逄林安

罗情勇　贾怀存　孟金落　白　博

郝立华　贾建忠　刘小龙　李　全

李　丹　阳怀忠　曹　军　戴　娜

侯　波

前　　言

　　烃源岩是油气勘探与评价的基础及核心问题，而海相烃源岩则是全球油气的主要来源。全球已发现油气储量的 70% 以上都来自海相烃源岩，世界上已发现的多数大型或巨型油气田的油气也来自海相烃源岩。中亚-中东-北非、西西伯利亚、北海及墨西哥湾-南美北部等地区是目前已经发现的海相石油的主要富集区，海相烃源岩相关领域是世界各大石油公司的勘探重点之一，也是中国各大石油公司海外增储的重点勘探领域。

　　海相烃源岩在全球分布范围十分广泛，在层位上从元古宇到新近系均有分布，但中生代、新生代的海相烃源岩无论是在分布范围上还是厚度上，都较古生代更为发育。除陆内裂谷盆地外，海相烃源岩在全球其他各个类型盆地都有分布，尤其是在被动大陆边缘盆地，造就了被动大陆边缘盆地丰富的油气资源。近年来世界各大石油公司在这一类型盆地深水区的海相烃源岩相关领域接连获得重大发现，这些发现成为世界油气储量增长的新亮点。

　　国外专家学者对海相烃源岩已做过大量的研究工作，著名的干酪根生烃模式就是根据海相烃源岩的研究而得出的，其中已经公开的研究工作主要偏重于海相烃源岩的生烃理论研究。国内关于前中生代海相烃源岩的研究主要聚焦在海相碳酸盐岩层系，重点开展的工作包括烃源岩有机质丰度下限标准的确定、富有机质层段的发育模式、碳酸盐岩沉积中海相烃源岩发育的控制因素等。但关于海相烃源岩的研究仍然处于探索阶段，很多制约海相烃源岩领域勘探实践的关键问题还没有解决，包括：海相烃源岩的成因类型及发育模式多种多样，尚未形成公认的普适模式；影响海相烃源岩品质、发育分布的要素众多，没有明确的主要控制因素；对沉积相、岩性组合与烃源岩有机相及其相应生烃潜力之间的耦合关系尚不明确；同时缺少一套行之有效的海相烃源岩综合识别、评价方法和技术；烃源岩生烃潜力和对油气富集成藏的控制作用认识也缺乏系统研究。

　　针对海相烃源岩成因类型多样、发育控制因素不明确等问题，作者及其团队在多个海外重点盆地研究的基础上，历经近十年的长期研究，在地球化学、岩石学、细粒沉积学、古生物学等学科的指导下，通过宏观与微观相结合、实验模拟与类比相结合、地质与地球物理相结合，围绕存在的上述关键问题开展了深入研究，取得了一系列的研究成果。

　　研究成果揭示西非被动大陆边缘盆地发育三种成因类型的海相烃源岩，即海相内源型、海相陆源型和海相混合型。明确不同成因类型的海相烃源岩主要受古地理背景、陆源碎屑供给、古海洋生产力和保存条件四项基本要素的影响控制。指出有机质生源以海洋低等生物为主的海相内源型和海相混合生源型烃源岩发育主要受控于陆架内洼槽的局限环境和间歇性的陆源悬浮供给；有机质生源以陆源高等植物为主的海相陆源型和海相混合型烃源岩发育主要受控于陆源有机质的输入强度和沉积速率。建立了两种典型海相烃源岩的发育模式，包括无大型三角洲背景盆地的海相烃源岩发育模式和具大型三角洲背景盆地的海相烃源岩发育模式。形成了基于沉积相、地球化学相、生物相及有机质类型的海相烃源岩有机相划分方法和两种类型盆地有机相的划分方案。探索构建了基于测井相-地震相-沉积相-有机相"四相合一"的被动大陆边缘盆地海相烃源岩评价预测技术方法。上述研究成果构成了本书的主体，旨在为国内外海相烃源岩领域的油气勘探提供思路和技术支撑。

全书共分六章，由康洪全构思并主持写作工作，其中前言由康洪全执笔；第一、二章由罗情勇、康洪全执笔；第三章由康洪全、杨香华执笔；第四章第一节、第二节由杨香华执笔，第三节由贾怀存执笔；第五章由程涛执笔；第六章由逄林安执笔；孟金落、白博、郝立华、贾建忠、刘小龙、李全、李丹、阳怀忠、曹军、戴娜和侯波参与部分章节的写作及部分图件的编绘；全书由康洪全汇总修改并定稿。

在海相烃源岩攻关研究及本书的写作、出版过程中，得到了中海油研究总院邓运华院士、杜向东地球物理总师、梁建设院长、于水院长、胡孝林勘探总师、韩文明地球物理总师等专家同志的大力支持，同时也得到了中国石油大学（北京）钟宁宁教授与研究生赵江、何伊南，以及中国地质大学（武汉）朱洪涛教授与研究生王波、季少聪、黄兴等的真诚帮助，在此向他们表示衷心的感谢！

受研究水平所限，本书难免存在不足之处，真诚希望广大读者能够提出宝贵的意见和建议，促使我们在今后的研究中不断提高。

康洪全

2019 年 11 月 28 日

目　　录

第一章　海相烃源岩地球化学特征及成因类型

第一节　海相烃源岩显微组分分类及特征

地理上属于海陆过渡地带的大陆边缘盆地，油气可采储量分别占全球石油和天然气总量的 1/2 和 2/3，是当前海洋石油勘探的热点和前沿。现代海洋地质学的研究表明大陆边缘盆地具有初级生产力高、碎屑沉积物厚度大和有机碳埋藏量大的特点，是海相烃源岩发育的主要场所。晚古生代以来的大陆边缘盆地，不仅容纳了近岸高初级生产形成的海洋（自生的）有机质，还接受了河流输入的陆源（外来的）有机质，因此，沉积物虽沉积于海相环境，但有机质的生源输入可能受海洋浮游生物与陆源高等植物双重生源输入的影响。

有机岩石学是以显微镜为依托，采用荧光、反射光和透射光研究沉积岩中有机物质的形态、成因、种类、光学性质及分布的学科。有机岩石学能够以更直观的角度观察显微组分的特征和组成，从而评价烃源岩的性质。它具有直观、快速且成本低的优点，目前在油气勘探领域已经得到越来越广泛的应用。尤其是，海上钻井经常使用油基泥浆，因此，烃源岩很容易受到油基泥浆的污染，导致有机地球化学数据不可靠。然而，在镜下观察显微组分，不会受到油基泥浆的影响，这能在很大程度上弥补有机地球化学实验上的不足，成为揭示大陆边缘盆地海相烃源岩地球化学特征及成因类型的重要手段。

一、大陆边缘盆地海相烃源岩显微组分分类

（一）海相烃源岩显微组分类型与特征

显微组分是在光学显微镜下能够识别出来的有机组分。研究烃源岩中有机质的显微组分能明确烃源岩生源组成和沉积环境，也是评定烃源岩生烃潜力及划分有机质类型的重要依据。

烃源岩有机显微组分目前尚无统一的分类标准。Teichmüller（1986）基于孢粉学体系和煤岩学体系建立起了煤和陆相烃源岩显微组分的划分方案。刘大锰和金奎励（1996）、吴朝东等（1999）虽针对海相烃源岩显微组分的来源及形态进行过分类，但对于显微组分特征的研究不够系统和深入。钟宁宁和秦勇（1995）、秦胜飞和钟宁宁（1996）分别通过对海相碳酸盐岩的研究，将其中的有机显微组分划分为外源（陆源）类、内源（海相）类和次生（成岩）类共三大类。

借鉴国际煤岩学委员会（International Commission for Coal Petrology，ICCP）颁布的显微组分分类方案，结合全球典型被动大陆边缘盆地的实际地质背景和资料，将其主要显微组分划分为4个组（表1.1），分别为镜质组、惰质组、壳质组和腐泥组。

表 1.1　烃源岩显微组分分类表

组	组分	成因
镜质组	结构镜质体、无结构镜质体、镜屑体	高等植物木质-纤维组织经腐殖化作用和凝胶化作用的产物
惰质组	丝质体、半丝质体、微粒体、粗粒体、菌类体、惰屑体	高等植物木质-纤维组织经丝炭化作用的产物
壳质组	孢子体、树脂体、角质体、木栓质体、荧光质体、壳屑体	高等植物类脂的膜质物质和分泌物
腐泥组	藻类体、矿物沥青基质	藻类经腐泥化作用形成

镜质组：主要来源于高等植物组织，如茎干、根和叶的木质-纤维组织等，经历腐殖化作用和凝胶化作用形成。结构镜质体在显微镜下具有植物细胞壁；无结构镜质体不具细胞结构；而镜屑体是粒径小于 10 μm 的镜质体碎屑，多半为粒状或不规则形状。

惰质组：为高等植物木质-纤维组织经丝炭化作用的产物，包括丝质体、半丝质体、微粒体、粗粒体、菌类体和惰屑体。其中：丝质体是具有完好细胞结构的惰质组分，有些时候可以见到原始细胞壁、胞间隙及管胞纹孔等；半丝质体的反射色介于丝质体和镜质组之间，其细胞结构保存较差，细胞壁膨胀；粗粒体是粒径大于 30 μm 的块体，无细胞结构，有时呈无定形"基质"状，具高突起，还包括藻类在过度充氧条件下直接形成或其他显微组分经过再循环作用而沉积的产物。

壳质组：来源于高等植物类脂的膜质物质和分泌物，包括孢子体、角质体、木栓质体等，也包括其分泌的树脂、精油等。其中：孢子体主要来源于高等植物的繁殖器官，根据其大小可分为大孢子体、小孢子体等；角质体来源于植物叶片、嫩枝的角质层，垂直于层理面呈长条状，外缘平滑，内部为锯齿状；木栓质体由植物的根、茎和枝等外部周皮组织中木栓层转变而来，常显示出叠瓦状构造；树脂体来源于植物蜡质、脂类及分泌物，经常以大小不等的椭圆或不规则形态零星分布于植物组织中。

腐泥组：是藻类经腐泥化作用形成的显微组分。其鉴定主要依靠荧光。低成熟的腐泥组呈现黄绿色-黄色荧光，随着成熟度的增加，荧光逐渐减弱直至消失。

（二）海相烃源岩显微组分组成

显微组分是具有明确生源和沉积环境含义的基本有机质组成成分，可以直观地反映烃源岩有机质的生源组成。通过对全球12个中新生代大陆边缘盆地海相烃源岩有机岩石学特征的分析，发现其中的主要显微组分包括大量的残余海洋生物组构和陆源高等植物成因组分，具体组成如下。

腐泥组：常见具残余海洋浮游生物结构及其降解产物特征的藻类体，以强烈的荧光性为特征。值得注意的是，矿物沥青基质是常见的显微组分，它被认为是一种有机-无机混合物，其中的有机质极度分散，仅以荧光性间接反映其存在。矿物沥青基质在荧光下呈现橙黄色，隐约可见亚显微尺度的有机质颗粒与黏土矿物充分混合。矿物沥青基质可能反映了陆源与海洋原地有机质在搬运和沉积过程中，遭受较强烈的微生物改造，并且在海洋底层缺氧水体环境下，分散在矿物基质中得以保存的过程[图 1.1（a）]。

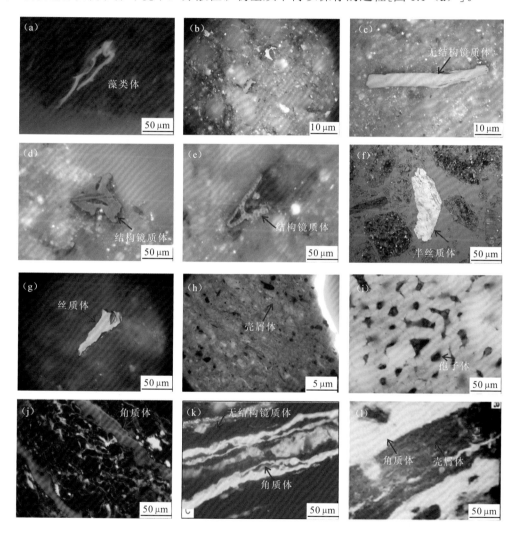

图 1.1　大陆边缘盆地海相烃源岩有机岩石学特征

（a）藻类体，油浸，荧光，Vulcan 组，波拿巴盆地；（b）镜屑体和惰屑体，油浸，反射光，Muderong 组，北卡那封盆地；（c）无结构镜质体，油浸，反射光，Frigete 组，波拿巴盆地；（d）结构镜质体，油浸，反射光，Vulcan 组，波拿巴盆地；（e）结构镜质体，油浸，反射光，Vulcan 组，波拿巴盆地；（f）半丝质体，反射光，Vulcan 组，波拿巴盆地；（g）丝质体，油浸，反射光，Frigate 组，波拿巴盆地；（h）壳屑体，油浸，荧光，Vulcan 组，波拿巴盆地；（i）孢子体，油浸，荧光，标贝组，马达班湾盆地；（j）角质体，油浸，荧光，Legendre 组，北卡那封盆地；（k）角质体，油浸，荧光，Balikpapan 组，马哈坎三角洲盆地；（l）角质体和壳屑体，油浸，荧光，Akata 组，尼日尔三角洲盆地镜质组：反射光下呈灰黑色，无荧光，主要类型为碎屑镜质体[图 1.1（b）]，部分样品可见少量的无结构镜质体和结构镜质体，两者常呈碎片状散布在黏土矿物基质中[图 1.1（c）、（d）]。其中结构镜质体残余的植物细胞结构和颗粒状结构清晰可见[图 1.1（d）、（e）]。镜质组几乎在所有样品中均可见，占显微组分的 6.5%～89%（表 1.2）。

表 1.2　大陆边缘盆地海相烃源岩显微组分组成统计表

地区	盆地	层位	各显微组分占比/%		
			镜质组+惰质组	壳质组	腐泥组
中国南海	珠江口盆地	珠海组	13～90/43.3	0.2～60/55.8	0～4.0/0.6
中国东海	西湖凹陷	平湖组	80～92/82.9	8～18/12.7	0.5～72/4.36
北海（英国）	维金地堑	Draupne 组	5～64/22.5	0～14/4.7	36～80/72.6
中东波斯湾	美索不达米亚盆地	Chia Gara 组和 Ratawi 组	5～30/9.2	5～10/6.5	55～90/72.5
墨西哥湾	墨西哥湾盆地	Smackover 组	6～26/12.1	60～89/75	5～21/12.5
哥伦比亚	马格达莱纳盆地	Luna 组	0～90/34.8	10～80/31.6	0～80/33.6
西非大陆边缘	尼日尔三角洲	Agbada 组	66～100/81.9	8～33/19	0.2～2/0.4
巴西东部大陆边缘	塞阿拉盆地和福斯杜-亚马孙盆地	白垩系	0～30/17.4	2～25/17.5	46～95/66.1
澳大利亚西北大陆架	波拿巴盆地	侏罗系—白垩系	0～100/63.4	0～90/23.2	0～100/11.5
	北卡那封盆地	侏罗系—白垩系	0～100/76.6	0～66/21.8	0～100/1.57
缅甸海域	马达班湾盆地	渐新统—上新统	11～90/22.5	0～50/4.7	0～87/72.6
印度尼西亚	库泰盆地	Balikpapan 群	4.8～98.4/61.7	1.6～95.2/38.1	0/0

注：13～90/43.3 为最小值～最大值/平均值

惰质组：反射光下呈白色，无荧光，主要类型是惰屑体，还包括一些半丝质体和丝质体。其中半丝质体的反射率和结构保存情况介于典型的镜质组与丝质体之间，原始植物细胞结构若隐若现[图 1.1（f）]。丝质体多呈碎片状，细胞结构保存清晰[图 1.1（g）]。惰质组也十分常见，一般为 5%～20%（表 1.2）。

壳质组：主要类型是壳屑体、小孢子体及少量角质体，具较强的荧光。其中壳屑体以分散的细小颗粒状、小棒状或纤维状散布在矿物基质中，粒径一般为 2～5 μm[图 1.1（h）]。除了壳屑体外，孢子体和角质体也较常见。孢子体一般因植物属种差异，大小变化不定，但个体较小的小孢子体居多，有时可见小孢子体富集出现[图 1.1（i）]。仅极少数烃源岩的角质体保存较好，呈细长条带状，内缘平直或有明显的锯齿[图 1.1（j）～（l）]。壳质组的占比变化较大，大多数样品不到 20%，但少量样品可高达 40%以上（表 1.2）。

总体上看，陆源高等植物成因的显微组分常作为碎屑成分分布于岩石中。可见，大陆边缘盆地海相烃源岩虽沉积于浅海-半深海环境，但有机质生源输入也并非以单一的海洋有机质输入，陆源高等植物生源也普遍存在。

采用数点计数方法确定大陆边缘盆地海相烃源岩各显微组分的含量（表 1.2），并用显微组分组成分布密度的概念来表征大陆边缘盆地不同地理单元海相烃源岩显微组分组成的分布特征。显微组分组成分布密度是分别以代表低等水生生物来源的腐泥组、代表陆源高等植物木质-纤维组织来源的镜质组+惰质组和代表陆源高等植物类脂物质来源的壳质组为三个端元，运用二阶偏微分方程计算各显微组分组合在相应范围的积分，来表征不同显微组分组合出现的概率。不同的显微组分组合型式反映了烃源岩有机质的生源输入特点。图 1.2 为全球 12 个中-新生代大陆边缘盆地海相烃源岩显微组分组成分布密度图。

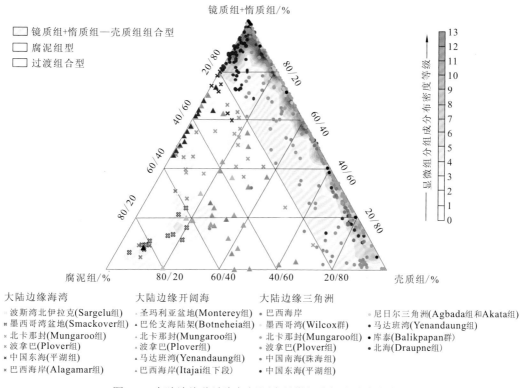

大陆边缘海湾	大陆边缘开阔海	大陆边缘三角洲	
波斯湾北伊拉克(Sargelu 组)	圣玛利亚盆地(Monterey 组)	巴西海岸	尼日尔三角洲(Agbada 组和 Akata 组)
墨西哥湾盆地(Smackover 组)	巴伦支海陆架(Botneheia 组)	墨西哥湾(Wilcox 群)	马达班湾(Yenandaung 组)
北卡那封(Mungaroo 组)	北卡那封(Mungaroo 组)	北卡那封(Mungaroo 组)	库泰(Balikpapan 群)
波拿巴(Plover 组)	波拿巴(Plover 组)	波拿巴(Plover 组)	北海(Draupne 组)
中国东海(平湖组)	马达班湾(Yenandaung 组)	中国南海(珠海组)	
巴西海岸(Alagamar 组)	巴西海岸(Itajai 组下段)	中国东海(平湖组)	

图 1.2　大陆边缘盆地海相烃源岩显微组分组成分布密度图

在 12 个中-新生代大陆边缘盆地中，除波斯湾北伊拉克盆地的 Sargelu 组、墨西哥湾盆地的 Smackover 组、圣玛丽亚盆地 Monterey 组和巴伦支海陆架 Botneheia 组等少数海相烃源岩的显微组分组成密度分布位于腐泥组端元附近，其余多数海相烃源岩的显微组分组成密度分布明显偏向于镜质组+惰质组—壳质组一侧，同时，还有零散分布于前两者之间的过渡类型。若镜质组+惰质组+壳质组占显微组分 80%以上则称为镜质组+惰质组—壳质组组合型；若腐泥组占显微组分 80%以上则称为腐泥组型；两者之间则称为过渡组合型。显然可见，多数大陆边缘盆地海相烃源岩的显微组分组成分布密度型式呈镜质组+惰质组—壳质组组合型或过渡组合型。

一般而言，显微组分具有明确的生源意义，腐泥组的母质是低等的水生生物；镜质组和惰质组是由高等植物细胞壁的木质-纤维组织衍生而来的，而壳质组来源于高等植物类脂物质。图 1.2 的显微组分组成分布密度图表明，较前泥盆系有机质生源输入单一的海相烃源岩，中-新生代大陆边缘盆地海相烃源岩显微组分组成更复杂，反映出烃源岩有机质生源输入并非以单一的藻类输入为主，陆源高等植物生源或陆源高等植物与水生生物混合生源普遍存在，具有明显的二元性有机质生源输入的特点。

从中-新生代大陆边缘盆地不同地理单元海相烃源岩显微组分组成分布型式的统计数据来看，大陆边缘海湾和开阔海环境的海相烃源岩，其显微组分组成的分布型式呈腐泥组型或过渡组合型，有机质生源输入或以水生生物为主，或有水生生物和陆源高等植物的双重贡献；而大陆边缘三角洲体系的海相烃源岩，其显微组分组成的分布型式则以镜质组+惰质组—壳质组组合型为主（图 1.3），有机质生源输入以陆源高等植物为主，部分呈现混源输入的特征。

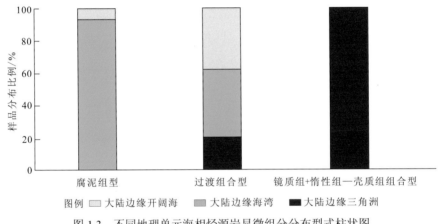

图 1.3　不同地理单元海相烃源岩显微组分分布型式柱状图

值得注意的是，壳质组虽然来源于陆源高等植物，但它是不同于镜质组和惰质组的，具有明显倾油性的显微组分。因此，尽管指示陆源高等植物生源输入占优的镜质组+惰质组—壳质组组合型在海相烃源岩中很普遍，但却意味着，对于海相烃源岩整体而言，除了海洋自身生源腐泥组以外，陆源的壳质组也是其中的倾油性生烃母质。

二、重点盆地海相烃源岩显微组分特征

（一）下刚果盆地海相烃源岩显微组分特征

下刚果（Lower Congo）盆地位于西非海岸地区，总面积为 $16.85 \times 10^4 \, \text{km}^2$，其中海域面积为 $15.09 \times 10^4 \, \text{km}^2$，陆地面积为 $1.76 \times 10^4 \, \text{km}^2$。盆地北部以马永巴高原为界，南部以安布里什高原为界，东部与前寒武系基底相邻，西部与大陆边缘相邻。

下刚果盆地在下白垩统阿普特阶盐岩层之上广泛沉积海相地层，发育有多套海相烃

源岩，自下向上主要在 Likouala 组、Madingo 组和 Paloukou 组。从岩性组合上看，下刚果盆地海相烃源岩主要发育海相碳酸盐岩和海相泥岩两类。其中，海相碳酸盐岩为发育于早白垩世阿尔布期浅海碳酸盐台地环境下的泥灰岩、泥岩；海相泥岩主要发育于晚白垩世—中新世时期。

通过对下刚果盆地海相烃源岩的有机显微组分鉴定，发现了其中大量的残余海洋生物组构和陆源高等植物成因组分。显微组分主要有镜质组、惰质组、壳质组和腐泥组等（图1.4～图1.6）。

腐泥组：常见具残余海洋浮游生物结构及其降解产物特征的藻类体，同时在 Madingo 组里见到了结构藻类体（沟鞭藻）[图1.5（a）、（b）]，其以强烈的荧光性为特征。值得注意的是，矿物沥青基质是下刚果盆地海相烃源岩中最常见的显微组分，它被认为是有机-无机混合物，是有机质和黏土矿物在微米-亚微米的尺度上充分混合而成的一种显微组分。从图1.4（b）、（d），图1.5（b）、（d）、（f），图1.6（b）、（d）、（f）可以看出，其中的有机质极度细分散，仅以橙黄色荧光性间接反映其存在。

镜质组：反射光下呈灰黑色，无荧光。下刚果盆地海相烃源岩中镜质组以碎屑镜质体为主[图1.4（a）、（c），图1.5（a）、（c）、（e）]，部分样品偶尔可见少量的无结构镜质体和结构镜质体[图1.5（c）]。镜质组在所有样品中均可见。

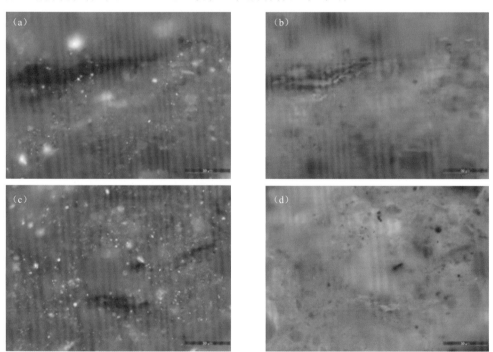

图1.4　下刚果盆地 Likouala 组海相烃源岩显微组分特征

（a）镜质组，反射光，M-1井，4 319 m；（b）腐泥组，荧光，M-1井，4 319 m；（c）镜质组，反射光，M-1井，4 256 m；
（d）腐泥组和壳质组，荧光，M-1井，4 256 m

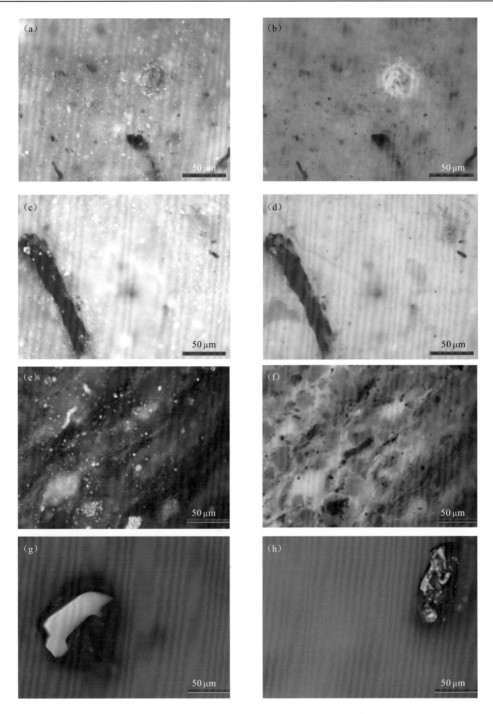

图 1.5　下刚果盆地 Madingo 组烃源岩显微组分特征

（a）沟鞭藻和腐泥组，反射光，M-1 井，3 775 m；（b）沟鞭藻和腐泥组，荧光，M-1 井，3 775 m；（c）镜质组和腐泥组，反射光，M-1 井，3 775 m；（d）镜质组和腐泥组，荧光，M-1 井，3 775 m；（e）镜质组、腐泥组和壳质组，反射光，M-1 井，4 046 m；（f）镜质组、腐泥组和壳质组，荧光，M-1 井，4 046 m；（g）惰质组，反射光，M-1 井，3 914 m；（h）为惰质组，荧光，M-1 井，3 914 m

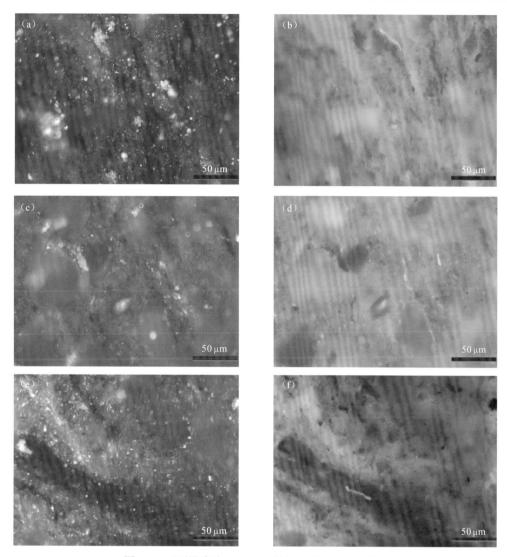

图1.6　下刚果盆地Paloukou组烃源岩显微组分特征

(a) 镜质组和腐泥组，反射光，M-1井，3 443 m；(b) 镜质组和腐泥组，荧光，M-1井，3 443 m；(c) 腐泥组和壳质组，
反射光，M-1井，3 302 m；(d) 腐泥组和壳质组，荧光，M-1井，3 302 m；(e) 镜质组和腐泥组，反射光，M-1井，3 360 m；
(f) 镜质组和腐泥组，荧光，M-1井，3 360 m

惰质组：反射光下呈白色，无荧光，主要类型是惰屑体，还包括一些半丝质体。其中半丝质体的反射率和结构保存情况介于典型的镜质组分与丝质体之间，原始植物细胞结构若隐若现[图1.5（g）、（h）]。惰质组较常见，占比一般为5%～20%。

壳质组：在下刚果盆地海相烃源岩中主要类型是壳屑体，具较强的荧光，以细小颗粒状、小棒状或纤维状散布在矿物基质中，粒径一般为2～5 μm[图1.6（d）]。壳质组较少，大多数样品中的占比一般不到20%。

从地层上看，Madingo组和Paloukou组烃源岩中显微组分丰富（图1.4～图1.6），这与 Madingo 组 [总有机碳（total organic carbon，TOC）含量平均为 2.33%] 和 Paloukou 组（TOC 含量平均为 2.24%）有更高的有机质丰度相吻合。而 Likouala 组 TOC 含量虽然仅为 1.4%，但三套烃源岩显微组分都是以腐泥组（矿物沥青基质）为主，占比达 18%～55%（表 1.3），尤其是 Likouala 组烃源岩显微组分中的腐泥组占比达到 45%～50%，而镜质组和惰质组较少，表明其生源贡献以低等水生生物为主，而 Madingo 组和 Paloukou 组烃源岩的生源贡献以陆源高等植物为主。

表 1.3　下刚果盆地海相烃源岩显微组分组成统计表

井名	深度 / m	层位	镜质组占比 / %	惰质组占比 / %	壳质组占比 / %	腐泥组占比 / %
M-1 井	3 044	Paloukou 组	26	13	14	47
	3 503		38	13	15	34
	3 632		32	9	19	40
	3 755	Madingo 组	35	10	16	39
	3 872		55	15	12	18
	3 914		45	20	8	27
	3 944		29	8	25	38
	4 064		35	14	28	23
	4 163		24	7	14	55
	4 256	Likouala 组	35	10	10	45
	4 319		25	10	15	50
	4 343		30	10	10	50

（二）里奥穆尼盆地海相烃源岩显微组分特征

里奥穆尼（Rio Muni）盆地位于赤道几内亚近海区，北部与杜阿拉（Douala）盆地相接，南部与加蓬（Gabon）海岸盆地相邻，东部紧邻中非地盾，西部为大西洋深海平原，盆地自陆地向海洋延伸至大西洋约 2 500 m 深水区。里奥穆尼盆地盐岩层之发育两套烃源岩，分别为下白垩统上阿普特阶—阿尔布阶海相泥岩和上白垩统塞诺曼阶—土伦阶海相泥岩。上阿普特阶—阿尔布阶海相泥岩富含浮游生物，TOC 含量 >3%，I、II 型干酪根，分布较广泛，为盆地主力烃源岩。塞诺曼阶—土伦阶海相泥岩是在缺氧事件背景下形成的富有机质沉积，TOC 含量 >3%，以 II 型干酪根为主，分布广泛，为盆地重要烃源岩。

通过对里奥穆尼盆地 AD -1 井上白垩统的 18 个样品显微组分观察表明 [图 1.7（f）]，上白垩统烃源岩具有陆源和海相内源两类有机质输入的特征，几乎所有样品都观察到了反映陆源有机质的镜质体、惰质体和壳质体等组分，部分样品观察到具海洋生物特征的藻类体和类粪团粒等组分。其中，土伦阶样品的显微组分组成具有高度多样性。较多的

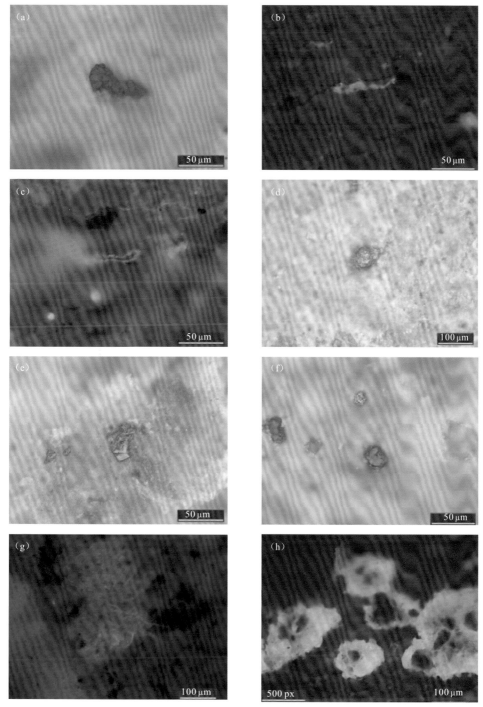

图 1.7 里奥穆尼盆地 AD-1 井上白垩统海相页岩显微组分特征

（a）镜屑体，反射光，2 759～2 762 m，坎潘阶—马斯特里赫特阶； （b）孢子体，壳屑体，矿物沥青基质，荧光，2 800～
2 803 m，坎潘阶—马斯特里赫特阶； （c）孢子体，荧光，2 860～2 863 m，坎潘阶—马斯特里赫特阶； （d）惰屑体，反射
光，3 238～3 241 m，圣通阶； （e）镜屑体，反射光，3 370～3 373 m，康尼亚克阶； （f）镜屑体，黄铁矿，反射光，3 736～
3 739 m，土伦阶； （g）藻类体，荧光，3 877～3 880 m，土伦阶； （h）类粪粒体，藻类体，荧光，4 036～4 039 m，土伦阶

样品含大量的镜屑体、惰屑体[图 1.7（f）]，反映陆源高等植物的输入，其整体磨圆度较高，见部分棱角状的镜屑体，但未见完整的细胞结构的显微组分，可能是陆源有机质经较远距离搬运造成的，干酪根类型为 III 型。部分样品中观察到少量的海洋藻类体[图 1.7（g）]和类粪团粒组分[图 1.7（h）]，反映海洋有机质输入的特征，常见矿物沥青基质，干酪根类型为 II$_1$ 型。坎潘阶—马斯特里赫特阶、圣通阶和康尼亚克阶样品的显微组分无明显差别，皆含有大量的镜屑体、惰屑体和壳屑体，镜屑体和壳屑体占所有显微组分组成的 70%～90%[图 1.7（a）、（c）、（d）、（e）]，相对于土伦阶，该层段具有更高的陆源有机质输入特征，干酪根类型为 III 型和 II$_2$ 型。

（三）尼日尔三角洲盆地显微组分特征

尼日尔三角洲盆地位于几内亚湾，面积达 7.5×10^4 km^2，是伴随着冈瓦纳古陆解体和大西洋扩张而形成的西非典型被动大陆边缘系列盆地之一。盆地中重要的烃源岩为新近纪沉积的 Akata 组上段和 Agbada 组下段富有机质海相泥岩和泥页岩。

尼日尔三角洲盆地用于显微组分分析的岩屑样品采自西部 OK、MO、MI 油田和 AO 油田的 Agbada 组等 75 个泥岩样品。

尼日尔三角洲盆地 Agbada 组烃源岩显微组分整体以镜质组为主，其中多以大颗粒无结构镜质体为主，呈棒状或长条状产出，有裂隙[图 1.8（a）]，呈片状或脉状分布，不具任何细胞结构[图 1.8（e）、（f）]。部分样品可见少量结构镜质体和镜屑体。无结构镜质体反射光下呈深灰色，轮廓较为清晰，看不出细胞结构，形状不规则，排列无序，细胞结构模糊，多数呈脉状、透镜状等形态产出，反映其来源于强凝胶化的植物组织。

Agbada 组样品中壳质组较多，以孢子体和角质体为主，树脂体也较常见，偶见木栓质体。树脂体呈大小不等的圆形或椭圆形，零星充填于细胞腔中[图 1.9（a）]；角质体在垂直于层理切面中呈厚度不等的细长条带出现，外缘较为平滑，内缘大多呈锯齿状[图 1.9（f）]，有时被挤压成叠片状或盘肠状，平行于层理切面中以具沟脊的叶片状产出[图 1.9（b）]；由于植物种类差异，孢子体大小变化不一，总体上以扁环状或者蠕虫状产出[图 1.9（e）]，有时可见小孢子体富集的现象，油浸荧光下孢子体外壁清晰可见。偶见木栓质体，以叠瓦状构造产出，中间常被团块镜质体充填[图 1.9（d）]。最常见的壳质组是壳屑体，粒径小于 3 μm，成群产出，形状不规则，颗粒较小[图 1.9（c）]。

Agbada 组样品中少见惰质组，且高度分散，多以碎片或棱角状小颗粒产出，主要以惰屑体存在，长度小于 10 μm，一般呈圆形或椭圆形产出，外缘平整（图 1.10），很少见到富集的现象。

Agbada 组腐泥组较少，以藻类体为主，其中葡萄藻及皮拉藻较为常见，以不规则椭圆形及纺锤形等出现，垂直于层理成斑点状，边缘以菜花状出现[图 1.11（a）、（b）]，荧光下呈黄色；少数样品可见层状藻类体，在垂直于层理切面上呈弯曲的线条状，多顺层分布。

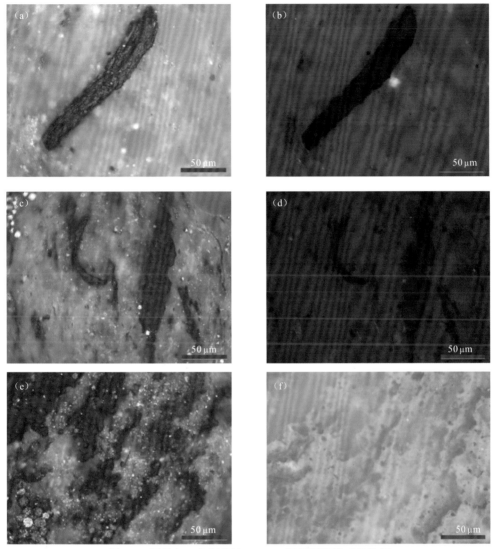

图 1.8　尼日尔三角洲盆地 Agbada 组烃源岩镜质组特征

（a）无结构镜质体，反射光，MI-2 井，2 623～2 655 m；（b）无结构镜质体，荧光，MI-2 井，2 623～2 655 m；（c）无结构镜质体，反射光，AO-1 井，2 792～2 871 m；（d）无结构镜质体，荧光，AO-1 井，2 792～2 871 m；（e）无结构镜质体，反射光，MI-2 井，3 131～3 149 m；（f）无结构镜质体，荧光，MI-2 井，3 131～3 149 m

在鉴定显微组分的基础上，通过图像处理软件对不同显微组分的反射光灰度或者荧光进行提取，计算各显微组分的面积分数，便可确定各显微组分的占比。

结合文献数据及样品数据，以镜质组+惰质组、腐泥组和壳质组为三端元绘制显微组分三角图，大部分样品点落在镜质组+惰质组区域（图 1.12）。有学者对尼日尔三角洲盆地有机组分进行过研究，结果显示始新统—渐新统尼日尔三角洲盆地烃源岩以结构木质体为主，含角质体及花粉，仅含少量来源于浮游植物、藻类或细菌等无定形有机质，属于陆相成因（Bustin，1988）。随着水体加深，海源无定型有机质逐渐增多，而陆源角

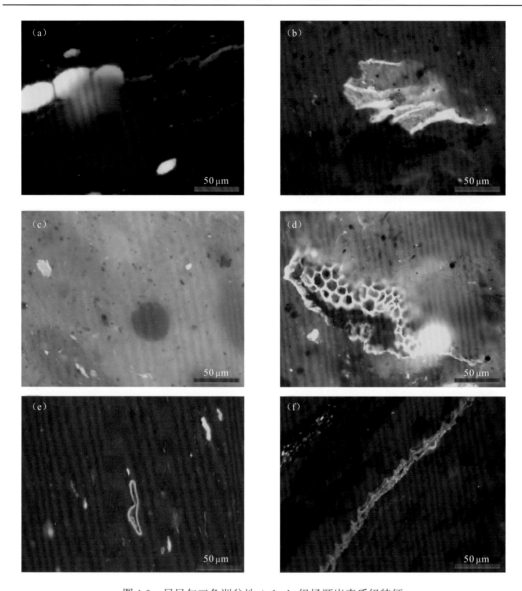

图 1.9　尼日尔三角洲盆地 Agbada 组烃源岩壳质组特征

（a）树脂体，荧光，AO-1 井，1 092～1 932 m；（b）角质体，荧光，AO-1 井，2 457～2 481 m；（c）壳屑体，荧光，MO-1 井，1 615～1 625 m；（d）木栓质体，荧光，MO-1 井，2 390～2 408 m；（e）孢子体，荧光，AO-1 井，2 713～2 737 m；（f）角质体，荧光，AO-1 井，2 457～2 481 m

质、孢子和花粉则随着搬运距离的增大而相应减少（图 1.13）。

　　从尼日尔三角洲盆地西部地区烃源岩显微组分组成来看：①总体上，尼日尔三角洲盆地烃源岩中镜质组较多，可细分为两大类，其中 AO 油田样品显微组分以镜质组为主，占 72%～82%（平均值为 75%），壳质组占比为 15% 左右，陆源组分占绝对优势，显示出陆源高等植物占主导优势的特征；另一类以 OK 油田样品为典型，其常见显微组分为镜质组，占比为 50%～70%，壳质组占比为 20% 左右，局部达到 40% 以上，腐泥组占比

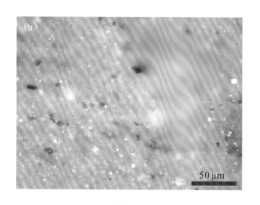
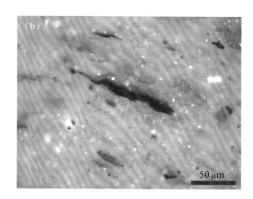

图 1.10　尼日尔三角洲盆地 Agbada 组烃源岩惰质组特征

（a）惰屑体，反射光，AO-1 井，2 713～2 720 m；　（b）惰屑体，反射光，AO-1 井，2 720～2 737 m

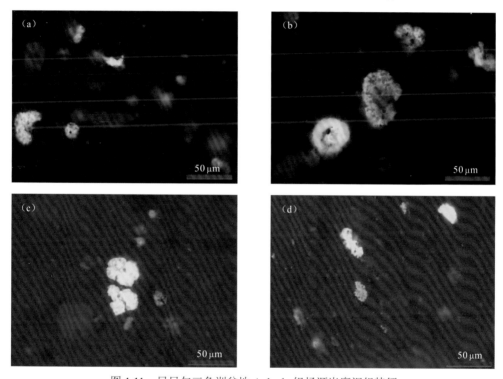

图 1.11　尼日尔三角洲盆地 Agbada 组烃源岩腐泥组特征

（a）藻类体，荧光，MO-1 井，2 743～2 771 m；　（b）藻类体，荧光，AO-1 井，2 792～2 817 m；　（c）藻类体，荧光，
MO-1 井，2 743～2 758 m；　（d）藻类体，荧光，MO-1 井，2 758～2 771 m

为 10%左右，反映烃源岩受双重生源输入的影响。②OK 油田烃源岩样品可见分散状黄铁矿，反映其沉积环境以还原环境为主；MI 油田烃源岩偶见黄铁矿被氧化为褐红色，反映其沉积水体环境为弱氧化-弱还原环境。③AO 油田部分样品可见油珠，且部分菌核内有油珠存在，反映该烃源岩生成过油气，或正在生油。

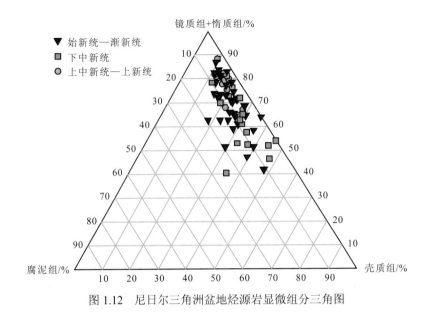

图 1.12 尼日尔三角洲盆地烃源岩显微组分三角图

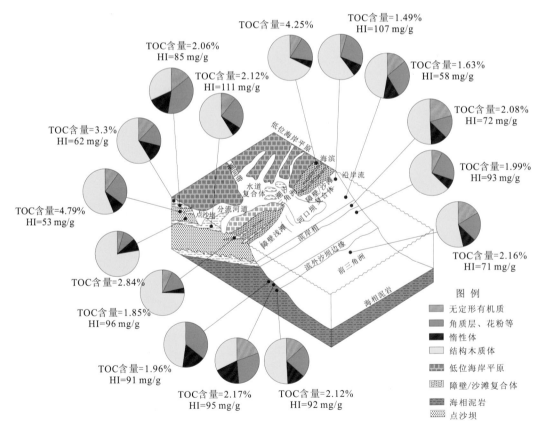

图 1.13 尼日尔三角洲盆地不同沉积环境下烃源岩孢粉相特征（始新世晚期—渐新世）（Oomkens，1970）

氢指数（hydrogen index, HI）

第二节　海相烃源岩分子地球化学与同位素地球化学特征

一、正构烷烃和类异戊二烯烃分布特征

通过对形成于大陆边缘海湾环境的巴西大陆边缘始新统烃源岩，大陆边缘开阔海环境的巴伦支海陆架 Botneheia 组，澳大利亚西北陆架波拿巴盆地 Echuca Shoals 组和 Frigate 组，大陆边缘三角洲环境北海盆地的 Draupne 组、墨西哥湾 Wilcox 群等，烃源岩正构烷烃分布特征进行对比分析，发现大陆边缘盆地海相烃源岩的正构烷烃碳数分布一般完整且以双峰态为主，部分呈单峰态（图 1.14）。

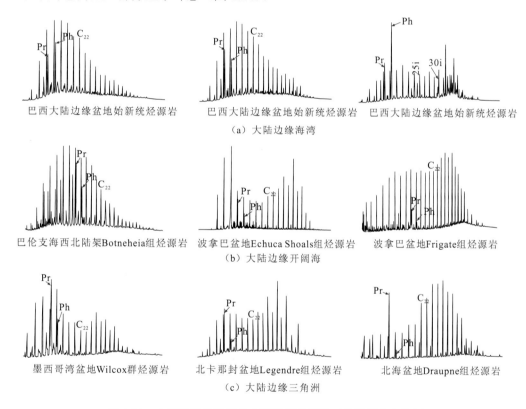

图 1.14　大陆边缘盆地部分典型海相烃源岩正构烷烃分布特征

Pr 为姥鲛烷；Ph 为植烷；$m/z = 85$

（1）大陆边缘海湾环境形成的烃源岩，正构烷烃系列碳数分布主要呈现前高后低的特征，主峰碳数为 $nC_{17} \sim nC_{19}$，属典型的前峰型，表明烃源岩有机质中低等水生生物的输入较多，且陆源有机质输入较少。此外，部分烃源岩饱和烃气相色谱呈双峰态分布，可能与陆源有机质输入的增加有关。

（2）大陆边缘开阔海环境形成的烃源岩饱和烃气相色谱多呈双峰态分布，主峰碳数为 nC_{17} 和 nC_{26}，C_{21} 以后长链正构烷烃所占比例的增加，显示烃源岩生烃母质中陆源有机质的贡献。但是，部分开阔海环境生成的烃源岩饱和烃气相色谱呈单峰态前峰型分布。例如，巴伦支海西北陆架的 Botneheia 组烃源岩，可能反映低等水生生物贡献较多的情形。值得注意的是，成熟度较高的波拿巴盆地 Frigate 组烃源岩正构烷烃分布仍呈双峰态，表明其正烷烃分布受生源的影响大于受成熟度的影响。

（3）大陆边缘三角洲体系中的海相烃源岩，正构烷烃系列碳数分布主要呈双峰态；部分烃源岩以高碳数为主，C_{19} 以前的正构烷烃明显较低，主峰碳数为 nC_{24} 和 nC_{26}，属典型的后峰型，显示烃源岩的有机质生源以陆源高等植物为主，低等水生生物的有机质输入较少。

现有的 197 个样品的饱和烃色谱分析资料表明，大陆边缘盆地海相烃源岩的 Pr/Ph 分布范围较广，在 0.34～7.5。如表 1.4 所示，大陆边缘海湾环境生成烃源岩的 Pr/Ph 普遍偏低，在 0.34～1.07，而形成于大陆边缘开阔海环境的烃源岩，Pr/Ph 分布范围较广，在 0.45～3.7。通常，大陆边缘盆地海相烃源岩的陆源有机质输入明显，而 Pr/Ph 受母源输入的影响，在判别烃源岩氧化还原条件时专属性不高，因此较难利用 Pr/Ph 分布反映大陆边缘盆地海相烃源岩的沉积环境。但一般情况下，高姥植比（Pr/Ph>3.0）不仅表明此类烃源岩沉积属于偏氧化的沉积环境，还指示其生源具有陆源有机质的输入。值得指出的是，大陆边缘三角洲体系中的海相烃源岩，虽沉积于浅海-半深海，但多数烃源岩具有极高的姥植比（Pr/Ph 为 3.5～7.5），这显然是受到沉积环境和生源的双重影响结果，而且生源的直接影响可能更甚于沉积环境的影响，可能反映河流携带的大量具有高姥植比的高等植物碎屑在陆架或斜坡沉积并快速埋藏的结果。

表 1.4　大陆边缘盆地海相烃源岩分子地球化学特征

沉积环境	大陆边缘开阔海	大陆边缘海湾	大陆边缘三角洲
主峰碳数	nC_{17} 和 nC_{26} 部分为 $nC_{17～19}$	$nC_{17～19}$ 部分为 nC_{17} 和 nC_{26}	nC_{17} 和 nC_{26} 部分为 nC_{24} 和 nC_{26}
姥植比（Pr/Ph）	0.45～3.7/ 2.05（101）	0.34～1.07/ 0.75（14）	0.93～7.50/ 4.3（82）
伽马蜡烷指数	10.0～20.0/ 12.6（101）	70.0～120.0/ 78.1（14）	0～5.0/ 2.3（82）
$C_{24}Tet/C_{23}T$	0.18～3.06/ 0.91（101）	0.31～2.36/ 1.1（14）	0.89～10.99/ 1.9（82）
$C_{29}/C_{27}\alpha\alpha\alpha$（20$R$）	0.23～1.50/ 0.81（101）	0.20～1.20/ 0.69（14）	0.56～7.80/ 2.8（82）
奥利烷指数	—	—	0.19～1.30/ 0.24（82）

注：0.45～3.7/2.05（101）为最小值～最大值/均值（样品数）

二、萜烷类化合物分布特征

大陆边缘盆地海相烃源岩的萜烷组成有明显差异。大多数海相烃源岩有较丰富的三环萜烷，还有一定量的四环萜烷。而部分海相烃源岩的萜烷以五环三萜烷系列为主，三环萜烷极少（图 1.15）。通常认为，三环萜烷来源于真核生物细胞壁的成分，与原始藻类有关，而 C_{24} 四环萜烷不仅在碳酸盐岩环境中富集，而且是典型的陆源指示物。如表 1.4 所示，对 197 个大陆边缘盆地海相烃源岩的数据统计表明，在大陆边缘海湾和开阔海两种古地理单元中形成的海相烃源岩，其 $C_{24}Tet/C_{23}T$ 值分别为 0.31~2.36、0.18~3.06，指示其生源可能是以低等水生生物为主或是藻类和高等植物的混源的情形，而较高的 $C_{24}Tet$ 也可能指示烃源岩沉积环境的差异。海湾和开阔海形成的烃源岩，两者 $C_{24}Tet/C_{23}T$ 均值比较接近，分别为 1.1 和 0.91，甚至形成于海湾的烃源岩 $C_{24}Tet/C_{23}T$ 均值略高于开阔海，这可能是因为相当部分的大陆边缘海湾烃源岩沉积于碳酸盐岩或膏盐环境，而这种沉积环境更有利于 C_{24} 四环萜烷的保存。

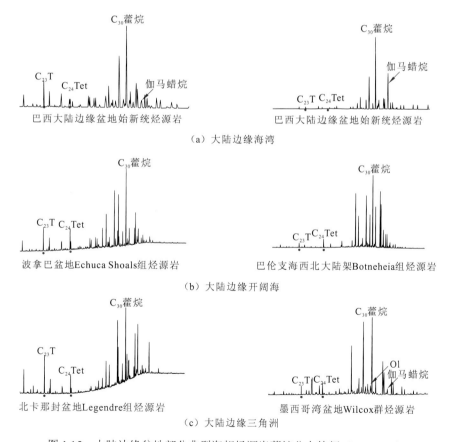

（a）大陆边缘海湾

（b）大陆边缘开阔海

（c）大陆边缘三角洲

图 1.15 大陆边缘盆地部分典型海相烃源岩萜烷分布特征（m/z =191）

　　因为大陆边缘三角洲一般不具备上述的碳酸盐岩和膏盐形成环境，所以三环萜烷和四环萜烷分布主要与生源输入有关，$C_{24}Tet/C_{23}T$ 值能较好地反映烃源岩的有机质生源输入复杂的特点。相比开阔海和海湾，三角洲体系海相烃源岩的 $C_{24}Tet/C_{23}T$ 值分布范围广泛，变化幅度达到 0.89～10.99，指示其生源以陆源高等植物输入或混源输入为主。这是因为三角洲体系的河流不仅可以直接带来大量的陆源高等植物，而且可以带来营养物质促进海洋自身生产力的发展。

　　近河口的前三角洲沉积的海相烃源岩，有机质生源以陆源高等植物为主，藻类和微生物所占比例较小，$C_{24}Tet/C_{23}T$ 值较高；而远离河口区的前三角洲，由于海洋地质营力的增强，烃源岩有机质生源中陆源高等植物的输入减少，海洋内源的藻类和微生物的比例增多，$C_{24}Tet/C_{23}T$ 值较低。因此，三角洲体系海相烃源岩 $C_{24}Tet/C_{23}T$ 值的分布范围较广。此外，晚白垩世以后大陆边缘三角洲体系的海相烃源岩中，五环三萜烷系列的奥利烷较多 [奥利烷指数（奥利烷/C_{30}藿烷）为 0.19～1.3]，表明有机质生源中高等植物（特别是被子植物）的输入尤为显著。

　　伽马蜡烷来源于四膜虫醇，被认为是盐度或水体分层的标志。海湾和开阔海的海相烃源岩的伽马蜡烷指数（10×伽马蜡烷/C_{30}藿烷）都比较高，而三角洲体系中海相烃源岩的伽马蜡烷比值通常较低，这是因为富含四膜虫醇的纤毛虫主要分布于分层水体含氧和缺氧带之间的界面上，水动力较强的大陆边缘三角洲，不利于纤毛虫的生活及其生物物质的保存。从萜烷类化合物的分布特征可见，大陆边缘盆地烃源岩有机质生源输入与沉积环境存在耦合关系。

　　西非下刚果盆地深水区 MH 油田 MH-1 井三个层位（上白垩统 Likouala 组、上白垩统—古新统 Madingo 组和中新统 Paloukou 组）的烃源岩萜烷类化合物分布特征同样证明烃源岩中有机质来源的多样性。从 $m/z=191$ 谱图（图 1.16）中可以明显看出 Paloukou 组和 Madingo 组谱图显著区别于 Likouala 组，具体表现在 Paloukou 组和 Madingo 组具有较高的奥利烷，而 Likouala 组未见奥利烷峰值，Likouala 组中检测到了较多的三环萜烷系列化合物，而 Paloukou 组和 Madingo 组中极少。

　　奥利烷是陆源高等植物的特有标志物，三环萜烷系列化合物却是反映海洋藻类体的重要标志物，这两种化合物的相对含量高低反映了在不同烃源岩中有机质的生源贡献。Likouala 组烃源岩中奥利烷的缺失和丰富的三环萜烷含量，说明其生源贡献以低等水生生物为主，Paloukou 组中丰富的奥利烷，表明其生源贡献以高等植物为主，而 Madingo 组介于两者之间，生源贡献既有陆源高等植物，又有低等水生生物（图 1.16）。

　　下刚果盆地深水-超深水区的某区块同一层位的海相烃源岩的特征却异于 MH-1 井。Madingo 组烃源岩中检出了较丰富的三环萜烷，未检出奥利烷，说明其生源贡献以低等水生生物为主；而 Paloukou 组有少量的奥利烷，表明其生源贡献既有陆源高等植物，又有低等水生生物。两个区块生物标志物分布的差异，可能与 MH-1 井更靠陆地，所受到的陆源生源物质的影响更大。

　　从萜烷的分布来看，尼日尔三角洲盆地的 Agbada 组烃源岩中三环萜烷和四环萜烷较少，$C_{23}TT/C_{30}\alpha\beta$ 藿烷值分布范围为 0.01～0.48，如此低值，说明 Agbada 组烃源岩中

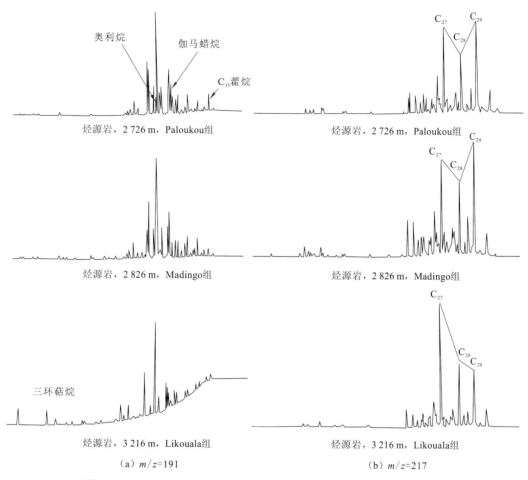

图 1.16 下刚果盆地 MH-1 井海相烃源岩 m/z =191 和 217 的质量色谱图

低等水生生物的贡献较有限。所有样品中的奥利烷较多，部分样品中奥利烷甚至多于 C_{30}藿烷，奥利烷指数的分布范围为 0.52～3.37（图 1.17），表明 Agbada 组烃源岩生源以陆源高等植物为主，部分样品混有一定的低等水生生物。

三、甾烷类化合物分布特征

由表 1.4 可知，形成于海湾和开阔海环境的烃源岩，$C_{29}/C_{27}\alpha\alpha\alpha$（20R）分别分布在 0.2～1.2 和 0.23～1.5；而形成于三角洲的海相烃源岩 $C_{29}/C_{27}\alpha\alpha\alpha$（20R）分布范围较广，变化在 0.56～7.8。一般认为，C_{27}-C_{28}-C_{29} 规则甾烷的分布可以有效区分烃源岩有机质生源，对于中新生代的烃源岩样品高的 C_{27} 规则甾烷，指示有机质主要来源于浮游生物；C_{28} 规则甾烷的增加可能与不断增加的多种多样的浮游植物群类有关；与 C_{27} 规则甾烷和 C_{28} 规则甾烷比较，较多的 C_{29} 规则甾烷指示有机质主要来源于高等植物。来自全球 12 个盆地的海相烃源岩规则甾烷分布如图 1.18 所示。

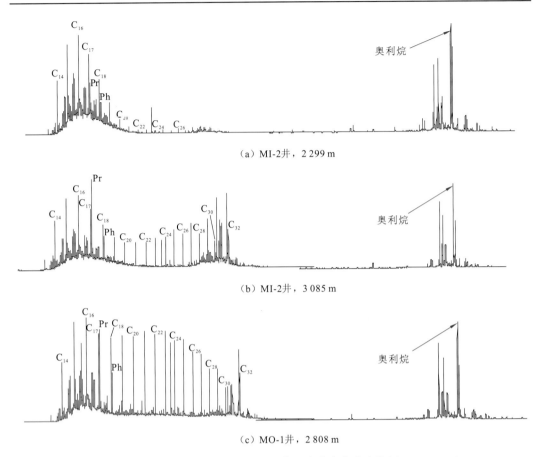

图 1.17　Agbada 组烃源岩的正构烷烃和萜烷类化合物分布特征（m/z =191）

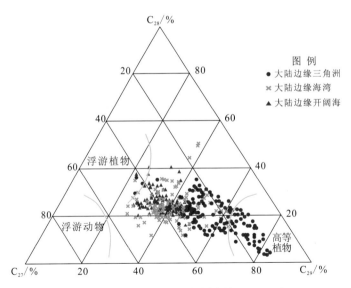

图 1.18　大陆边缘盆地海相烃源岩规则甾烷分布［底图据 Huang 和 Meinschein（1979）］

对于海湾和开阔海环境，与之耦合的烃源岩有机质生源是海洋内源的低等水生生物或陆源高等植物和低等水生生物的混合。对于大陆边缘三角洲，与之耦合的烃源岩有机质生源是陆源高等植物或陆源高等植物和低等水生生物的混合。不同地理单元海相烃源岩 C_{27}-C_{28}-C_{29} 规则甾烷分布指示的生源意义与显微组分组成的判识结果有较好的吻合性。且与前面分析结果不谋而合的是，甾烷分布同样也反映出，中生代以来的大陆边缘海相烃源岩在有机质生源构成上，不仅不是单一的藻类输入，甚至以藻类输入为主的情形也并不是常态，相反，它们或多或少都具有陆源高等植物的成分，生源输入具有明显的二元性。从古地理环境与有机质生源的耦合关系来看，大陆边缘盆地海相烃源岩的有机质生源以陆源高等植物输入为主，或者呈现陆源高等植物与低等水生生物混合输入的特点，均在情理之中。

在下刚果盆地深水区 MH 油田 MH-1 井 Likouala 组烃源岩 m/z=217 谱图（图 1.16）中可以看出，C_{27} 规则甾烷相对含量远远高于 C_{29} 规则甾烷含量，反映了有机质生源以海洋低等水生生物为主；但是从 Paloukou 组和 Madingo 组烃源岩 m/z=217 谱图（图 1.16）中可以看出，C_{27}-C_{28}-C_{29} 规则甾烷分布几乎呈现 V 形，C_{29} 规则甾烷略高于 C_{27} 规则甾烷，反映相对于海洋低等水生生物，其生源中陆源高等植物生源贡献更大。这些甾烷类化合物分布特征与 MH-1 井样品的萜烷类化合物分布特征相吻合。

在下刚果盆地深水-超深水区的某区块，Madingo 组烃源岩 m/z=217 谱图中可以看出 C_{27} 规则甾烷相对含量远远高于 C_{29} 规则甾烷含量，反映了有机质生源以海洋低等水生生物为主。而 Paloukou 组烃源岩中，C_{29} 规则甾烷略高于 C_{27} 规则甾烷，反映生源中陆源高等植物贡献更大。这些甾烷类化合物分布特征与某区块原油样品的萜烷类化合物分布特征相吻合。相对于 MH-1 井，深水-超深水某区块的 Madingo 组烃源岩以 C_{27} 规则甾烷占据优势，奥利烷极少，说明某区块的 Madingo 组烃源岩生源中以低等水生生物贡献为主。

从尼日尔三角洲盆地 Agbada 组烃源岩 m/z=217 谱图（图 1.19）中可以看出大部分样品中 C_{27} 规则甾烷相对含量远远低于 C_{29} 规则甾烷含量，反映了有机质生源以陆源高等植物为主。部分样品中 C_{27}-C_{28}-C_{29} 规则甾烷分布呈现 V 形，C_{29} 规则甾烷略等于 C_{27} 规则甾烷，表明部分样品中有机质生源既有低等水生生物又有陆源高等植物贡献。甾烷类化合物分布特征对有机质生源的指示，与萜烷类化合物分布特征相吻合。

四、稳定碳同位素组成特征

抽提物族组分的碳同位素特征进一步反映了海相烃源岩中陆源有机质的输入状况。一般情况下，海生植物的主要碳源为水体中的碳酸盐，而陆生植物则利用大气中的 CO_2，由于碳源的差异，与海生植物相比，陆生植物更富集 ^{12}C；腐殖型烃源岩 $\delta^{13}C_{饱和烃}$ 平均值为 -29.1‰～-27.5‰，腐泥型烃源岩的饱和烃具有较轻的碳同位素组成。

下刚果盆地盐岩层之上漂移期海相烃源岩抽提物饱和烃和芳香烃稳定碳同位素分布范围较广（图 1.20）。上白垩统 Madingo 组烃源岩 $\delta^{13}C_{饱和烃}$ 介于 -31.5‰～-28.6‰，$\delta^{13}C_{芳香烃}$ 值分布在 -29.5‰～-28.7‰，碳同位素整体偏轻，反映了烃源岩中以海洋水生生物为主

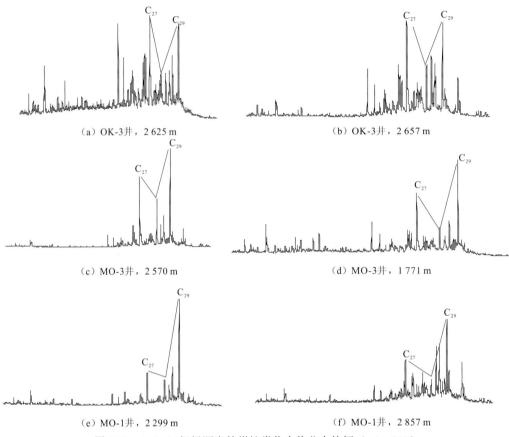

图 1.19 Agbada 组烃源岩的甾烷类化合物分布特征（m/z =217）

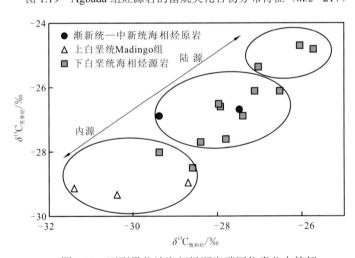

图 1.20 下刚果盆地海相烃源岩碳同位素分布特征

的特征；相对于下白垩统海相烃源岩，渐新统—中新统海相烃源岩的饱和烃和芳香烃碳同位素明显偏重，$\delta^{13}C_{饱和烃}>-29.5‰$，$\delta^{13}C_{芳香烃}>-27‰$，体现了烃源岩中陆源高等植物的贡献。盐岩层之上下白垩统和渐新统—中新统海相烃源岩整体比上白垩统 Madingo 组烃源岩的碳同位素较重。但部分样品 $\delta^{13}C_{饱和烃}$ 达-25.5‰，$\delta^{13}C_{芳香烃}$ 达-24.5‰，这反映了盐岩层之上海相烃源岩在有机质输入上存在多样性，也预示着有机质来源的多元化（陆源、海源或混合来源）。

对典型中-新生代大陆边缘盆地 121 个海相烃源岩碳同位素数据的分析发现(图 1.21)，$\delta^{13}C_{饱和烃}$ 在-31.1‰～-24.1‰变化，且普遍偏重（大于-28.0‰），进一步证实中-新生代大陆边缘盆地海相烃源岩显微组分组成复杂，反映出烃源岩有机质生源输入并非以单一的藻类输入为主，陆源高等植物生源或陆源高等植物与低等水生生物混合生源普遍存在，具有明显的二元性有机质生源输入的特点。

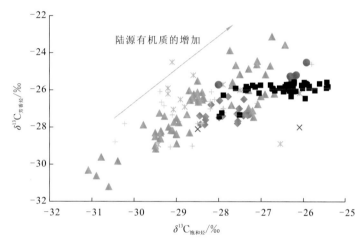

图 1.21 大陆边缘盆地海相烃源岩碳同位素特征

综上，通过对全球 12 个大陆边缘盆地海相烃源岩显微组分组成、生物标志化合物和稳定碳同位素特征的研究，揭示了中-新生代大陆边缘盆地的海相烃源岩虽沉积于海洋环境，但有机质生源输入复杂，常常可以看到陆源高等植物物质输入较多的现象，即海相烃源岩的有机质具有海洋低等水生生物和陆源高等植物双重输入的特点，表明了中-新生代以来大陆边缘盆地海相烃源岩的有机质生源输入具有明显的二元性，这是中-新生界海相烃源岩与下古生界烃源岩的根本差别。

大陆边缘盆地在地理上处于海陆过渡地带，独特的地理位置决定了海相烃源岩的形成必然受到海洋和大陆两种地质营力此消彼长的制约。一般无河流影响或河流影响较弱的大陆边缘开阔海和海湾环境，海洋浮游生物繁盛，其对沉积有机质的贡献较多，故而其显微组分组成分布密度型式呈现出腐泥组型或腐泥组较多的过渡组合型的特点。

受到大河影响的边缘海环境，河流不仅可以带来大量的陆源高等植物，而且由于河流淡水径流量大，与之相关的"河口"作用过程往往主要发生在相邻的大陆架上而非物理意义上的河口区域，极大地影响了陆源物质的输送和埋藏范围。因此海洋环境的前三角洲或海底扇埋藏了大量河流输入的陆源有机碳。而邻近的开阔海域或海湾除容纳近岸较高初级生产形成的海洋（自生的）有机碳外，还聚集了河流输入的部分陆源（外来的）有机碳。在这类环境中发育的海相烃源岩，明显表现出陆源有机质的海相沉积的特征，而有机碳的埋藏作用又主要发生在弱氧化-还原环境条件下，这就决定了多数情况下，受大河影响的大陆边缘海湾和开阔海环境以及大陆边缘三角洲体系的海相烃源岩，显微组分组成以过渡组合型和镜质组+惰质组—壳质组组合型为主，指示有机质生源的生物标志化合物和稳定碳同位素特征表现出明显陆源高等植物输入的特征。

由此可见，大陆边缘盆地不同地理单元间或同一地理单元内部，海相烃源岩显微组分组成、生物标志化合物和稳定碳同位素特征的差异不仅与沉积有机质的"双重生源输入"有关，而且与大陆边缘盆地"两种地质营力"此消彼长的相互关系有关。换言之，大陆边缘的地质-地理环境决定了海相烃源岩有机质组成的复杂性。

五、芳烃类化合物分布特征

部分芳烃类化合物也可以用于指示有机质的生源贡献。例如，高等植物分泌的含松香酸类物质的树脂在成岩作用下会形成惹烯。卡达烯是另一种指示高等植物输入标志的芳香烃化合物。可以用 m/z=219 和 m/z=183 来分别检测惹烯和卡达烯。在 Agbada 组烃源岩中大量检出惹烯和卡达烯（图 1.22 和图 1.23），进一步表明其有机质生源以高等植物为主。

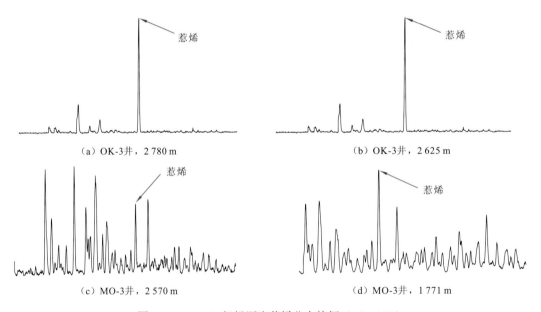

图 1.22　Agbada 组烃源岩惹烯分布特征（m/z =219）

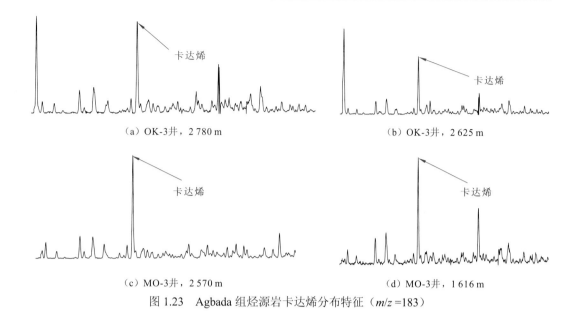

（a）OK-3井，2 780 m　　　　　　　　　　（b）OK-3井，2 625 m

（c）MO-3井，2 570 m　　　　　　　　　　（d）MO-3井，1 616 m

图 1.23　Agbada 组烃源岩卡达烯分布特征（m/z =183）

第三节　海相油气分子地球化学特征

一、海相原油地球化学和成因类型划分

（一）原油分子地球化学和同位素组成特征

1. 原油分子地球化学特征

大陆边缘盆地原油性质复杂，表现出多种生源贡献的特点。对成熟度相近，水洗和生物降解程度不明显的大陆边缘盆地原油样品分析可知，其正构烷烃一般呈单峰、双峰两种类型；原油 Pr/Ph 分布范围一般为 0.46～6.2，普遍具有姥鲛烷对植烷的优势（图 1.24）；原油中的甾类化合物包括孕甾烷、C_{27}-C_{28}-C_{29} 规则甾烷、重排甾烷和 4-甲基甾烷系列，以规则甾烷系列为主要成分，4-甲基甾烷和重排甾烷系列及低分子量孕甾烷系列一般较少。C_{27} 规则甾烷、C_{28} 规则甾烷及 C_{29} 规则甾烷一般呈 V 形分布，部分呈 L 形或反 L 形分布；萜类化合物以五环三萜烷系列为主，低分子量三环萜烷系列和四环萜烷占比较低，但指示陆源有机质输入的 C_{24} 四环萜烷或奥利烷的占比较高。

一般情况下，大陆边缘盆地原油饱和烃中指示陆源有机质输入的高碳数正构烷烃、C_{29} 规则甾烷、C_{24} 四环萜烷或奥利烷均较多（图 1.25），证明了中-新生代大陆边缘盆地海相原油的生烃母质并非是单一的海洋有机质来源，陆源高等植物生源或陆源高等植物与低等水生生物混合生源普遍存在，反映生烃母质具有明显的二元性有机质生源输入的特点。

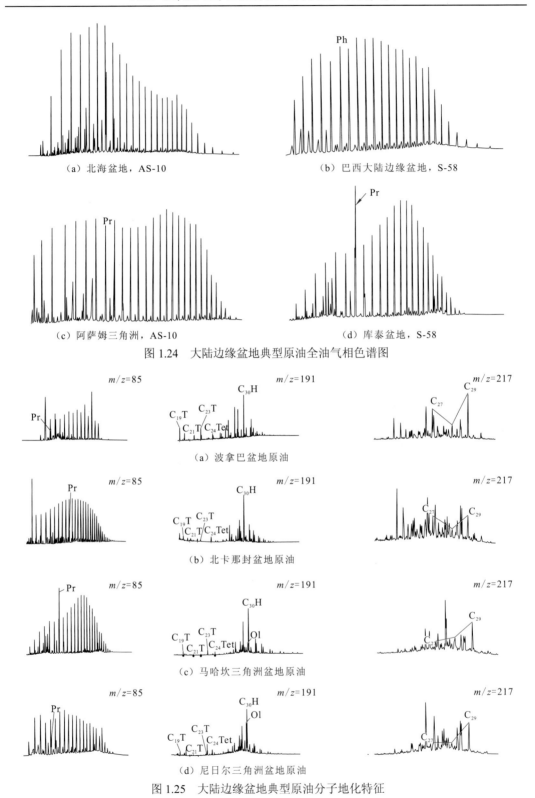

（a）北海盆地，AS-10　　　　　　　　　（b）巴西大陆边缘盆地，S-58

（c）阿萨姆三角洲，AS-10　　　　　　　　（d）库泰盆地，S-58

图 1.24　大陆边缘盆地典型原油全油气相色谱图

（a）波拿巴盆地原油

（b）北卡那封盆地原油

（c）马哈坎三角洲盆地原油

（d）尼日尔三角洲盆地原油

图 1.25　大陆边缘盆地典型原油分子地化特征

　　分别对尼日尔三角洲盆地、马哈坎三角洲盆地、波拿巴盆地和北卡那封盆地 4 个成熟度相近、水洗和生物降解程度不明显的原油样品进行对比分析。除了尼日尔三角洲盆地的原油密度为 0.88 g/cm³，属中质油外，其余盆地的原油密度为 0.79～0.82 g/cm³，是凝析油或轻质油。4 个盆地深水区的原油饱和烃正构烷烃一般呈双峰态分布，异构烷烃中姥鲛烷的占比较高；甾类化合物以规则甾烷系列为主要成分，其中 C_{27} 规则甾烷、C_{28} 规则甾烷及 C_{29} 规则甾烷一般呈 V 形或反 L 形分布；较规则甾烷系列，4-甲基甾烷和重排甾烷系列及低分子量孕甾烷系列一般较少；原油饱和烃中的萜类化合物以五环三萜烷系列为主，低分子量三环萜烷系列和四环萜烷较少，但较 C_{23} 三环萜烷，C_{24} 四环萜烷较多。

　　总之，原油在生物标志化合物上反映出较多的高碳数正构烷烃、C_{24} 四环萜烷、C_{29} 规则甾烷和奥利烷，此类原油与海相陆源型烃源岩具有相似的特征，预示着沉积于大陆边缘盆地的陆源高等植物来源有机质对大陆边缘盆地原油有重要贡献。

　　以澳大利亚西北大陆架的波拿巴盆地为例，根据生物标志物的地质意义，选取了反映有机质母质类型的 6 个参数 Pr/Ph、$C_{19}T/C_{19}T+C_{23}T$、C_{29}/C_{27} 甾烷、$C_{19}+C_{20}T/C_{23}$、$C_{19}T/C_{23}T$、$C_{24}Tet/C_{23}T$ 和反映成熟度的两个参数 $C_{29}\beta\beta/C_{29}$（$\alpha\alpha+\beta\beta$）、$C_{29}\alpha\alpha\alpha20S/$（$20R+20S$），用聚类分析的方法，对波拿巴盆地 32 个原油样品的成因类型进行分析。由类平均法的谱系聚类图（图 1.26）可知，波拿巴盆地的原油主要分为三种类型，I 类原油以海洋浮游生物的贡献为主；II 类原油中既有低等水生生物的贡献又有陆源高等植物的贡献；III 类原油的生源以陆源高等植物为主；其中 II 类原油依据成熟度可以进一步划分出低熟原油和成熟原油两个亚类（II_1 和 II_2）。

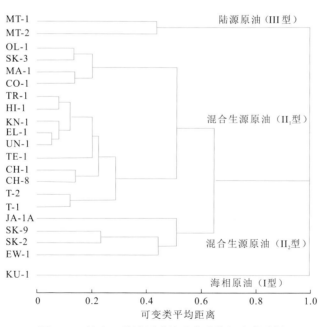

图 1.26　波拿巴盆地原油地球化学特征聚类分析

2. 原油稳定碳同位素组成

石油的碳同位素组成取决于生烃母质的生源、生成环境和演化程度，不同成因石油的碳同位素组成有较大差异。通常认为，生源以低等水生生物为主的有机质生成的原油，碳同位素组成轻，其 $\delta^{13}C$ 值偏轻；生源以陆源高等植物为主的有机质生成的原油，富含重同位素，其 $\delta^{13}C$ 值偏重。

大陆边缘盆地原饱和烃的碳同位素组成基本上分布在 $-32‰\sim-22‰$（图 1.27）。正构烷烃单体碳同位素组成分布曲线表现为，从 $nC_7\sim nC_{31}$ 总体上呈平稳变化，$<nC_{12}$ 和 $>nC_{25}$ 的首尾两端同位素组成略重（图 1.28）。原油和凝析油的碳同位素组成反映了母质类型的

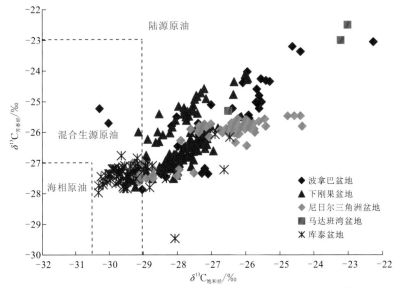

图 1.27 大陆边缘盆地原油的饱和烃和芳香烃碳同位素组成特征

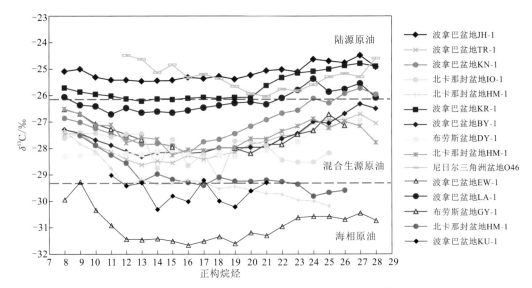

图 1.28 大陆边缘盆地原油正构烷烃碳同位素组成特征

变化。与饱和烃碳同位素组成相比，正构烷烃单体系列的碳同位素组成特征能更清楚地显示原油的生源变化。

（二）原油成因类型划分

大陆边缘盆地原油的分子标记物和稳定碳同位素组成特征见表 1.5。原油地球化学特征表明，大陆边缘盆地可能存在三种不同成因的原油：①有机质生源以陆源高等植物为主的原油；②陆源高等植物和海洋原地有机质混合生源贡献的原油；③有机质生源以低等水生生物为主的原油。值得指出的是，以陆源和混合生源的贡献为主，对大陆边缘盆地的原油而言具有十分重要的意义。

表 1.5　大陆边缘盆地原油的地球化学特征

原油类型	地球化学特征及判识指标	相关的烃源岩成因类型
有机质生源以陆源高等植物为主的原油	$Pr/Ph>3.5$，C_{27}-C_{28}-C_{29} 规则甾烷分布呈反 L 形（$C_{27}\ll C_{29}$），奥利烷指数高，$C_{19}Tr/(C_{19}Tr+C_{23}Tr)>0.6$，$C_{29}/C_{27}>1.5$，三降藿烷 Ts<Tm；$\delta^{13}C_{饱和烃}$ 重于-26‰，$\delta^{13}C_{芳香烃}$ 重于-24‰；有机质生源以陆源高等植物为主	海相陆源型烃源岩
陆源高等植物和海洋原地有机质混合生源贡献的原油	Pr/Ph 在 1.5~3.5，规则甾烷系列分布呈 V 形（$C_{27}<C_{29}$），奥利烷指数较高，$C_{19}Tr/(C_{19}Tr+C_{23}Tr)>0.6$，$C_{29}/C_{27}$ 为 0.6~1.5；$\delta^{13}C$ 小于-29‰	海相混合生源 II 型烃源岩
	Pr/Ph 在 1.5~3.5；规则甾烷系列分布呈 V 形（$C_{27}>C_{29}$），奥利烷指数较低，C_{30} 重排藿烷和 C_{29} 新藿烷占比高，$C_{19}Tr/(C_{19}Tr+C_{23}Tr)$ 为 0.2~0.6，C_{29}/C_{27} 为 0.6~1.5，轻烃链烷烃占比高，明显显示水生生物来源，重烃组分显示陆源有机质来源，明显的奇偶优势，$\delta^{13}C$ 为-29‰~-26‰	海相混合生源 I 型烃源岩
有机质生源以低等水生生物为主的原油	Pr/Ph 低（<1.5），规则甾烷系列分布呈 L 形（$C_{27}\gg C_{29}$），$C_{29}/C_{27}<0.6$，奥利烷指数低（<0.1）；$\delta^{13}C_{饱和烃}$ 小于-29‰，$\delta^{13}C_{芳香烃}$ 小于-28.5‰	海相内源型烃源岩

大陆边缘盆地原油的成因类型可以根据原油分子标记物指标 Pr/Ph、C_{29}/C_{27}、$C_{19}Tr/(C_{19}Tr+C_{23}Tr)$、奥利烷指数、$C_{27}$-$C_{28}$-$C_{29}$ 规则甾烷分布、饱和烃及芳香烃碳同位素组成来划分。本节建立了基于稳定碳同位素组成和分子标记物参数的海相原油判别指标体系和 5 种识别图版（图 1.27～图 1.31）。根据原油稳定碳同位素组成和分子地球化学特征可以将大陆边缘海相盆地的海相原油划分成三种成因类型：海相原油、混合生源原油和陆源原油。油源对比指示，这三类原油可分别与海相内源型、海相混合生源型及海相陆源型三类烃源岩基本对应（康洪全 等，2017）。

从原油成因类型判识图版上可见，大陆边缘盆地原油的生源母质从陆源到海相内源的连续变化，其中混合生源原油和陆源原油占重要地位，反映出大陆边缘盆地原油生烃母质的沉积受海、陆两种地质营力相互作用的结果。

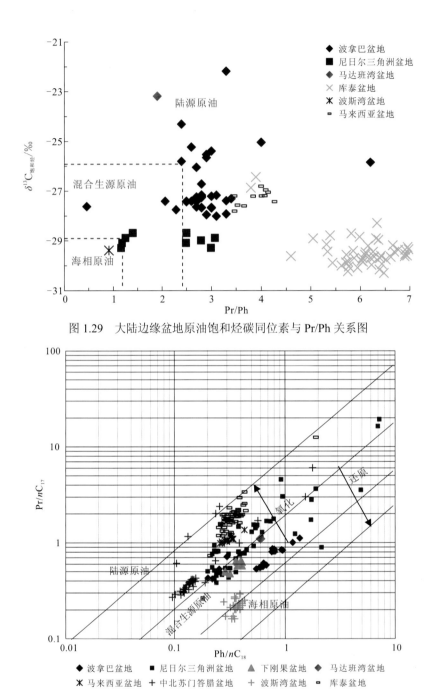

图 1.29　大陆边缘盆地原油饱和烃碳同位素与 Pr/Ph 关系图

图 1.30　大陆边缘盆地原油的类异戊二烯烃分布特征

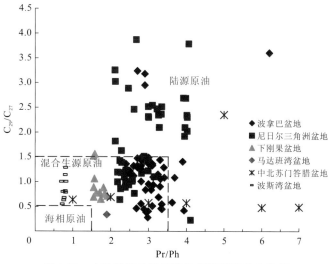

图 1.31　大陆边缘盆地原油的规则甾烷分布特征

二、海相天然气地球化学特征及成因类型划分

由于海外盆地的天然气样品采集和分析有较大难度，本节主要以澳大利亚西北大陆架北卡那封盆地为例，探讨大陆边缘盆地海相天然气的地球化学特征及成因类型划分。

（一）北卡那封盆地天然气地球化学特征

该盆地整体气多油少，天然气以凝析气为主，分布集中在埃克斯茅斯隆起和兰金凸起（图 1.32）。天然气分析数据来源于 Geoscience Australia 官网公开数据[①]，共 950 余样次。

盆地内天然气 $\delta^{13}C_1$ 为-49.80‰～-34.14‰，$\delta^{13}C_2$ 为-33.24‰～-36.30‰，$\delta^{13}C_3$ 为-31.96‰～-27.10‰，$\delta^{13}C_4$ 为-31‰～-27‰，整体呈 $\delta^{13}C_1<\delta^{13}C_2<\delta^{13}C_3<\delta^{13}C_4$ 趋势，为有机成因烷烃气。天然气干燥系数 $C_1/C_{1\sim5}$ 为 0.5～1.0，均值为 0.89，大部分天然气为湿气，仅在埃克斯茅斯隆起和埃克斯茅斯-巴罗-丹皮尔凹陷存在部分干气。由图 1.33 的天然气 $\delta^{13}C_1$-C_1/（C_2+C_3）关系可见，天然气主要为凝析油伴生气和煤成气，在拗陷中心的埃克斯茅斯-巴罗-丹皮尔凹陷存在部分原油伴生气，这与原油主要集中分布在拗陷中心的埃克斯茅斯-巴罗-丹皮尔凹陷有关。

随着有机质热演化程度的增加，烃类气体甲烷及其同系物碳同位素组成会越来越重。对于不同有机质成因的天然气，其甲烷及同系物 $\delta^{13}C_1$ 与 R_o 的相关关系不同。由图 1.34 可以看出，北卡那封盆地的天然气为 II-III 型有机质热成因天然气。随着成熟度的增加，天然气将越来越富集重碳同位素，根据 Whiticar（1999）的 $\delta^{13}C_1$-$\delta^{13}C_2$ 天然气成熟度判识图版［图 1.34（a）］，北卡那封盆地天然气成熟度主要集中在 0.9%～1.8%，巴罗凹陷天然气成熟度略低，R_o 集中在 0.9%～1.2%。

① http：//www.ga.gov.au/

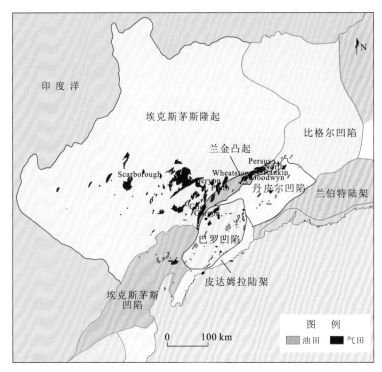

图 1.32　北卡那封盆地构造分区及油气分布图（底图据白国平 等，2013）

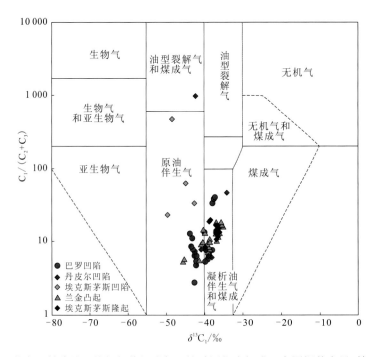

图 1.33　北卡那封盆地天然气气体组成与甲烷碳同位素组成（底图据戴金星 等，2000）

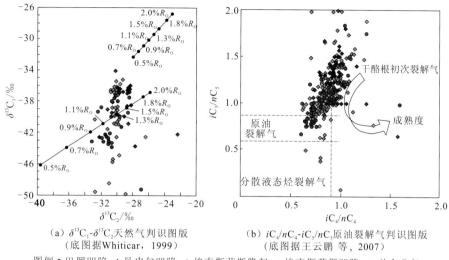

（a）$\delta^{13}C_1$-$\delta^{13}C_2$天然气判识图版　　　（b）iC_4/nC_4-iC_5/nC_5原油裂解气判识图版
（底图据Whiticar，1999）　　　　　（底图据王云鹏 等，2007）

图例 ● 巴罗凹陷　◆ 丹皮尔凹陷　◆ 埃克斯茅斯隆起　◇ 埃克斯茅斯凹陷　◇ 兰金凸起

图1.34　北卡那封盆地烷烃气稳定碳同位素组成和重烃组成

　　一般而言，随着成熟度的增加，在达到较高温度时原油会发生裂解，原油裂解气中的丁烷和戊烷的异正构比值具有先增加后减少的特点。如图1.34（b）所示，北卡那封盆地大部分天然气具有干酪根初次裂解气的烷烃气组成特点，重烃气组成中，异构丁烷和异构戊烷较低。原油裂解气主要是巴罗凹陷产出的部分天然气。

（二）北卡那封盆地天然气的成因分类

　　天然气的成因分类判识方案很多，目前常用的是根据原始物质来源，将天然气分为有机成因气、无机成因气和混合成因气。有机成因气进一步根据其气源岩母质类型分为油型气和煤型气，并按其生成热演化阶段，将油型气和煤型气分为生物气（未熟阶段）、热解气（成熟阶段）和裂解气（过熟阶段）。

　　北卡那封盆地天然气的烷烃气组成和甲烷碳同位素组成表明，天然气的成因与 III 型干酪根和 II 型干酪根的热裂解有关（图1.35）。然而，北卡那封盆地发育三角洲体系的沉积，潜在烃源岩有三角洲环境形成的煤层、海相陆源型和混合生源型烃源岩，前者是陆源高等植物富集的烃源岩，后两者是陆源有机质输入的分散有机质烃源岩。虽然它们都属 III 型或 II 型干酪根，但对天然气的贡献仍有一定的差别。黄汝昌和李景明（1997）曾提出用（$\delta^{13}C_2$-$\delta^{13}C_1$）-$\delta^{13}C_1$、（$\delta^{13}C_3$-$\delta^{13}C_2$）-$\delta^{13}C_1$、（$\delta^{13}C_4$-$\delta^{13}C_3$）-$\delta^{13}C_1$ 将天然气划分为生物低温降解气、细菌降解气、油型气、陆源有机气和煤成气。本节采用黄汝昌和李景明（1997）的分类方案进一步划分天然气成因类型。

　　北卡那封盆地天然气 $\delta^{13}C_1$ 在-34.14‰～-49.80‰；$\delta^{13}C_2$-$\delta^{13}C_1$ 在 3.95‰～23.9‰，集中在 5‰～14‰；$\delta^{13}C_3$-$\delta^{13}C_2$ 在-1.1‰～6.2‰，$\delta^{13}C_4$-$\delta^{13}C_3$ 在 0～2‰。根据图1.36和图1.37分析，天然气主要为陆源有机气，即以分散有机质的海相烃源岩的贡献为主。在兰金凸起和埃克斯茅斯隆起存在部分煤成气，盆地拗陷中心的埃克斯茅斯-巴罗-丹皮尔

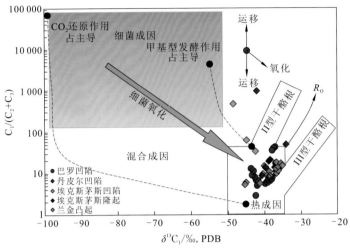

图 1.35　北卡那封盆地天然气 $\delta^{13}C_1$-[C_1/(C_2+C_3)]鉴别图

凹陷存在少量的油型气。陆源有机气是烃源岩中以分散状态出现的高等植物来源的偏腐殖型天然气，与北卡那封盆地的海相陆源型和混合生源型烃源岩有关。煤成气为沼泽相煤层和碳质页岩来源的腐殖型天然气。部分原油伴生气或油型气主要与拗陷中心埃克斯茅斯-巴罗-丹皮尔凹陷分布的倾油性的混合生源型烃源岩和油藏有关。

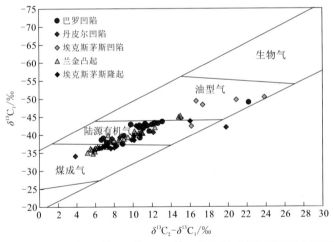

图 1.36　北卡那封盆地天然气（$\delta^{13}C_2$-$\delta^{13}C_1$）-$\delta^{13}C_1$ 鉴别图（底图据黄汝昌和李景明，1997)

三、重点盆地油气地球化学特征及油源对比

（一）样品概况

通过实测数据和文献收集数据，共收集到原油样品 135 个。其中下刚果盆地原油样品来源于深水区 KT、KTS、NK 和 MH 4 个油田和深水-超深水区的某区块，具体位置如图 1.38 所示。

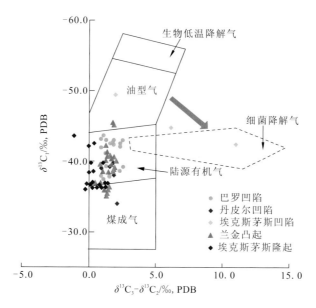

图 1.37　北卡那封盆地天然气（$\delta^{13}C_3-\delta^{13}C_2$）-$\delta^{13}C_1$ 鉴别图（底图据黄汝昌和李景明，1997)

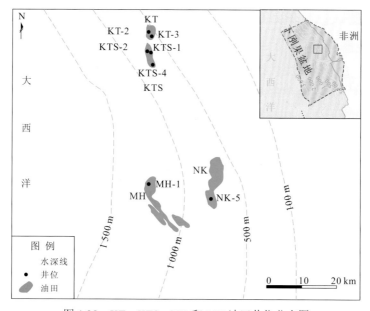

图 1.38　KT、KTS、NK 和 MH 油田井位分布图

　　深水区 KT、KTS、NK 和 MH 4 个油田内收集到 8 口钻井的 16 个油样。水深皆大于 500 m，其中 MH-1 井和 E-1 井水深超过 1 000 m，属于超深水区；15 个原油样品皆来源于阿尔布阶 Sendji 组，深度分布在 2 285～4 093 m（表 1.6），而 E-1 井样品来源于 Paloukou 组，深度分布在 1 708～1 989 m（表 1.6）。超深水某区块的原油样品来自于 D-1 井、D-3 井、D-2 井、D-4 井和 D-5 井。

表 1.6 下刚果盆地深水区原油样品基本信息及原油物性数据

样号	井名	地层	顶深/ m	底深/ m	原油密度/ (g /cm³)	含硫量/ %
E01	E-1	Paloukou 组	1 708	1 989	0.95	1.05
K01	KT-2	Sendji 组上段	2 285	2 323	0.84	0.04
K02	KT-3	Sendji 组	2 344	2 371	0.84	0.04
K03	KT-3	Sendji 组	2 368	2 371	0.84	0.06
K04	KTS-1	Sendji 组下段	2 944	2 952	0.83	0.05
K05	KTS-1	Sendji 组下段	2 995	3 026	0.80	0.03
K06	KTS-1	Sendji 组下段	3 008	3 026	0.86	0.04
K07	KTS-2	Sendji 组下段	2 810	2 821	—	—
K08	KTS-2	Sendji 组下段	2 921	2 937	—	—
K09	KTS-2	Sendji 组下段	3 003	3 019	—	—
K10	KTS-2	Sendji 组下段	3 282	3 323	0.77	—
K11	KTS-4	Sendji 组下段	2 677	2 758	0.75	—
K12	NK-5	Sendji 组下段	3 801.9	3 801.9	0.82	0.06
M01	MH-1	Sendji 组	4 021	4 042	0.86	0.32
M02	MH-1	Sendji 组	4 076	4 076	0.85	0.30
M03	MH-1	Sendji 组	4 065	4 093	0.87	0.34

尼日尔三角洲盆地原油样品采自西部浅水 OK、MO、MI 三个油田和陆上 AO 油田，共 39 个油样。深水区和部分浅水区原油来自文献 Samuel 等（2009）。

（二）下刚果盆地

1. Sendji 组原油

Sendji 组原油主要来自下刚果盆地西北部位于刚果（布）海域深水区 KT、KTS、NK 和 MH 4 个油田内 7 口钻井，深度分布在 2 285～ 4 093 m（表 1.6）。

样品 K01～K12 的 Sendji 组原油密度分布在 0.75～0.86 g/cm³，为轻质原油，样品 M01～M03 的 Sendji 组原油密度分布在 0.85～0.87 g/cm³，同样也为轻质原油，但略微偏重，样品 M01～M03 的原油密度与安哥拉某区块 G 油田渐新统—中新统 Paloukou 组储层中原油密度（0.87 g/cm³）相近，表明 MH-1 井 Sendji 组原油密度与其余 6 口井原油存在一定差异。因此，从已有的原油密度可以看出（表 1.6），下刚果盆地在全盆地范围内大部分原油总体为中-轻质油，而在该深水区 Sendji 组原油整体反映为轻质原油。

从表 1.6 可以看出，K01～K12 样品中含硫量为 0.03%～0.06%，非常低，而 M01～M03 样品中含硫量为 0.30%～0.34%，含硫量较高，远远高于其余 12 个 Sendji 组油样，表明原油属性上存在较大的差异性。下刚果盆地南部安哥拉某区块 G 油田原油含硫量为 0.32%，为海相成因，来源于盐上上白垩统成熟的海相烃源岩。

原油氯仿沥青"A"的族组成包括饱和烃、芳香烃、非烃和沥青质四个组分，从 15 个 Sendji 组油样的族组成相对占比上看（图 1.39），K01～K12 样品的饱和烃占比相当高，最低为 64.6%，最高达 81%，平均值为 72.1%，而芳香烃次之，平均值为 17.01%，非烃+沥青质相对较少，反映了 Sendji 组原油环化或芳构化组分较少，热成熟度较低。M01～M03 样品 Sendji 组原油的饱和烃相对于芳香烃、非烃和沥青质占比较高，平均值达 47.1%，接近氯仿沥青"A"总量的一半，芳香烃平均值达 32.6%，非烃和沥青质平均值为 20%，说明成熟度也不算高。15 个原油样品的族组成存在两种类型，其来源可能不同。同时，反映了 KT、KTS、NK 油田 Sendji 组原油相对 MH 深水油田 Sendji 组原油环化芳构化更低，成熟度更低。

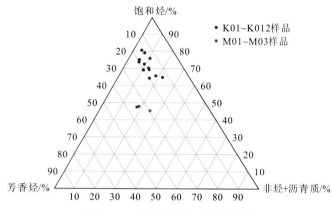

图 1.39 原油族组成三角关系图

从图 1.40 可以看出，M01～M03 样品原油饱和烃和芳香烃碳同位素分别为-29.3‰和-27.9‰，碳同位素偏轻。K01～K12 样品原油饱和烃和芳香烃的碳同位素分布范围分别为-27.78‰～-25.93‰和-25.63‰～-24.25‰，碳同位素偏重。这表明 MH 深水油田 Sendji 组原油的稳定碳同位素明显比 KT 等其他 3 个油田中 Sendji 组原油更轻，可能反映原油来源于不同的烃源岩。下刚果盆地盐下湖相烃源岩、盐上上白垩统海相烃源岩、Madingo 组海相及古近系烃源岩的饱和烃与芳香烃碳同位素数据点出现了大面积重叠，只有盐下湖相烃源岩中少数的同位素较轻的样品能与盐上上白垩统海相烃源岩相区别。盆地原油样品饱和烃和芳香烃同位素数据与盐上海相和盐下湖相烃源岩样品数据相互重叠，很难区分原油具体来源于哪一套烃源岩。因此，饱和烃和芳香烃碳同位素分布在区分下刚果盆地湖相和海相原油来源时显得有些难度，需要结合其他地球化学指标综合判断。

来自 KT、KTS 和 NK 油田 Sendji 组原油中 K01～K12 样品的正构烷烃 Pr/nC_{17} 和 Ph/nC_{18} 分别分布在 0.33～0.65 和 0.25～0.41，Pr/Ph 分布在 1.55～1.91，整体都大于 1.5，反映沉积水体为弱氧化环境。C_{27} 规则甾烷、C_{28} 规则甾烷和 C_{29} 规则甾烷占比分别分布在 33%～48%、19%～31%、31%～38%，甾烷占比整体上呈 C_{27} 规则甾烷>C_{29} 规则甾烷

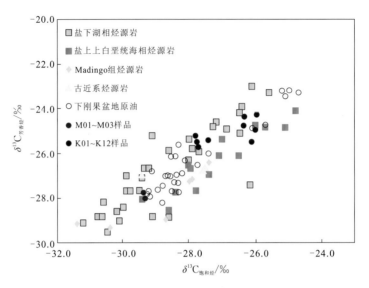

图 1.40　原油碳同位素分布与下刚果盆地其他地区原油和烃源岩同位素对比

注：M01～M03 样品和 K01～K12 样品数据来自本节研究，其余数据来源于 Cole 等（2000）

＞C_{28} 规则甾烷的规律。伽马蜡烷指数分布在 0.14～0.23，较低。C_{31}/C_{30} 藿烷介于 0.31～0.61。从 K12 样品的生物标志化合物谱图上可以看到，总离子流图呈正态分布，姥鲛烷大于植烷，含有较高的三环萜烷类化合物，极少的奥利烷，较低的伽马蜡烷，C_{27} 规则甾烷、C_{28} 规则甾烷和 C_{29} 规则甾烷呈 L 形分布（图 1.41）。

2. E-1 井 Paloukou 组原油

IHS Energy Group（2017）统计表明，下刚果盆地原油以轻质油为主（小于 0.87 g/cm³），占 59%；中质油（0.87～0.92 g/cm³）占 35%；重质油（大于 0.92 g/cm³）仅占 6%，并且主要为生物降解造成的原油密度加重。现有的 E-1 井 E01（深度为 1 708 m 的油样）原油密度为 0.95 g/cm³，为重质油（表 1.6）。从图 1.42 可以看出，该油样高碳数正构烷烃基本损失殆尽，表明其遭受了较严重的生物降解作用，由此导致了其高密度特征。E-1 井 E01 的含硫量为 1.05%。来自盐下下白垩统的湖相原油含硫量一般较低，小于 0.3%，个别样品因生物降解含硫量可能增大，来自盐上上白垩统海相烃源岩生成的原油含硫量较高，一般大于 0.3%。因此，含硫量成为区分下刚果盆地海相原油和湖相原油的重要指标。

从图 1.42 可以看出，E-1 井 1 716.1～1 735.3 m 的油样正构烷烃已经全部消失，见明显鼓包，其所遭受的生物降解作用最严重；而 E-1 井 1 982.1～1 989.2 m 的油样正构烷烃面貌完整，未受到生物降解作用的影响。E-1 井原油 Pr/Ph 为 0.96～1.43，表明原油的烃源岩形成于还原-弱还原沉积环境。

从萜烷的分布可以看出，E-1 井 Paloukou 组油样中都检出很高的奥利烷，表明了重要的高等植物贡献（图 1.43）。从甾烷的分布可以看出，E-1 井 Paloukou 组油样中 C_{29} 规则甾烷要低于 C_{27} 规则甾烷，表明了这些原油的烃源岩还接受了一定的低等水生生物的贡献（图 1.44）。

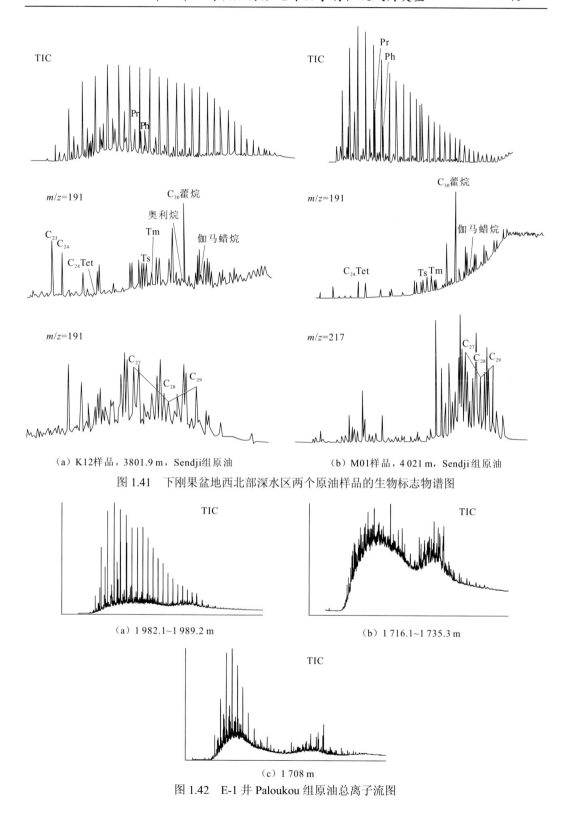

（a）K12样品，3801.9 m，Sendji组原油　　　　（b）M01样品，4 021 m，Sendji组原油

图 1.41　下刚果盆地西北部深水区两个原油样品的生物标志物谱图

（a）1 982.1~1 989.2 m

（b）1 716.1~1 735.3 m

（c）1 708 m

图 1.42　E-1 井 Paloukou 组原油总离子流图

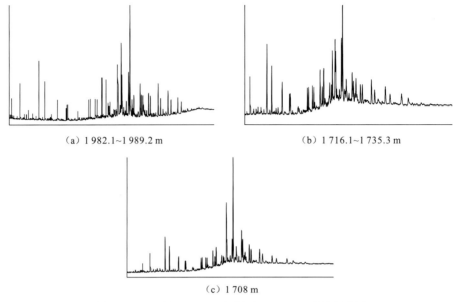

（a）1 982.1~1 989.2 m　　　　　　　　　　　（b）1 716.1~1 735.3 m

（c）1 708 m

图 1.43　E-1 井 Paloukou 组原油 m/z =191 质量色谱图

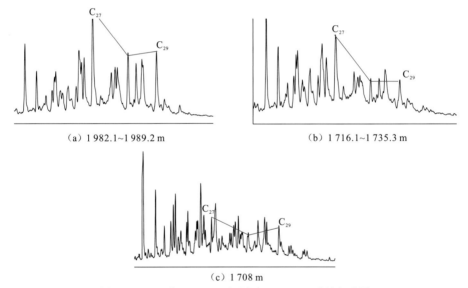

（a）1 982.1~1 989.2 m　　　　　　　　　　　（b）1 716.1~1 735.3 m

（c）1 708 m

图 1.44　E-1 井 Paloukou 组原油 m/z =217 质量色谱图

3. 下刚果盆地超深水某区块原油

从萜烷的分布来看（图 1.45），原油样品中藿烷以 C_{30} 藿烷为主，基本未检出代表高等植物生源输入的奥利烷，表明其烃源岩的生源物质以低等水生生物为主。且其中有一定丰度的三环萜烷检出，也进一步证明了低等水生生物的贡献。从甾烷的分布来看（图 1.46），原油样品中 C_{27} 规则甾烷明显高于 C_{29} 规则甾烷，进一步证明其烃源岩的生源物质以低等水生生物为主。

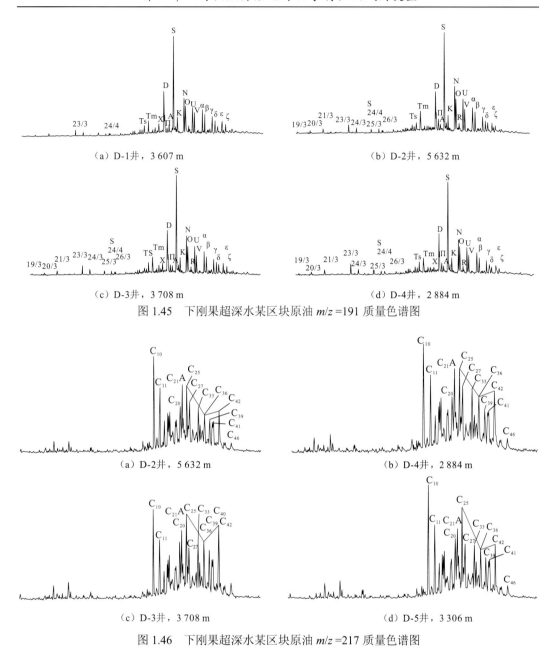

（a）D-1井，3 607 m

（b）D-2井，5 632 m

（c）D-3井，3 708 m

（d）D-4井，2 884 m

图 1.45　下刚果超深水某区块原油 m/z=191 质量色谱图

（a）D-2井，5 632 m

（b）D-4井，2 884 m

（c）D-3井，3 708 m

（d）D-5井，3 306 m

图 1.46　下刚果超深水某区块原油 m/z=217 质量色谱图

（三）尼日尔三角洲盆地

1. 原油链烷烃分布及其特征

链烷烃中正构烷烃的分布形态及奇偶优势常被用来指示有机质类型、生源、成熟度及生物降解等。通常认为，来自低等水生生物的有机质其饱和烃主碳数相对靠前，呈单峰态前峰型。高等植物来源的有机质主峰碳靠后，呈单峰态后峰型。混合生源则呈现出双峰态，其峰形态与高等植物和低等水生生物的相对量有关。尼日尔三角洲盆地中 AO、

OK 及部分 MI 油田原油链烷烃及正构烷烃分布完整，以单峰态前峰型为主，表明其生油母质具有低等水生生物的贡献，从海洋到陆地，最高碳数逐渐由低向高碳数偏移，显示陆源高等植物对烃源岩生源贡献的逐渐增加。碳数范围分布较宽（$C_{11}\sim C_{33}$），碳优势指数（carbon preference index，CPI）在 1.1 左右，无明显的奇偶优势，显示出原油低熟-成熟原油特征（图 1.47）。

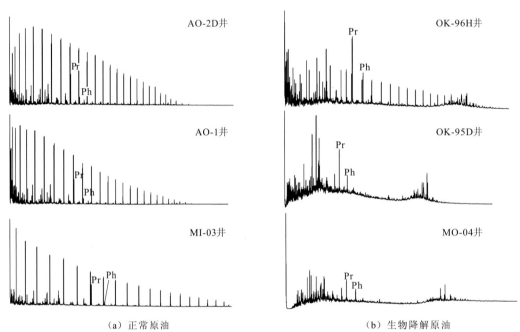

（a）正常原油 （b）生物降解原油
图 1.47 尼日尔三角洲盆地正常原油和生物降解原油两类原油的总离子流图特征

MO、OK 油田部分原油正构烷烃遭受轻度生物降解，少数正构烷烃遭受较严重的生物降解，正构烷烃消失殆尽，总离子流图上难以辨认正构烷烃化合物，而 $m/z=177$ 质量色谱图并未见到 25-降藿烷，因此，其降解程度属于 3~4 级的中度降解。

类异戊二烯烃中 Pr/Ph 常用来指示沉积环境，尼日尔三角洲盆地原油中 Pr/Ph 均较高，分布在 1.67~5.48，姥鲛烷相对植烷表现出强烈优势。不同地区相同成熟度的原油也表现出较大 Pr/Ph 差异，故认为成熟度对 Pr/Ph 的影响有限，高 Pr/Ph 很可能与河流带入大量陆源高等植物并在大陆架沉积、快速埋藏有关。

AO 油田 Pr/Ph 为 3.66~5.48，显示其源岩具有较高的陆源高等植物输入。MI、MO和 OK 油田原油 Pr/Ph 为 1.68~4.37，表明向海方向，陆源高等植物供给相应减少。

2. 甾萜类化合物特征

尼日尔三角洲盆地原油的甾萜类化合物分布呈现出不同的分布特征。

$\alpha\beta$ 藿烷相对于 $\beta\alpha$ 藿烷更稳定，因此，$\alpha\beta/(\alpha\beta+\beta\alpha)$ 值可以用于确定原油或者烃源岩的成熟度（Peters et al.，2005）。研究区原油的 $C_{29}\alpha\beta/(\alpha\beta+\beta\alpha)$ 和 $C_{30}\alpha\beta/(\alpha\beta+\beta\alpha)$ 藿烷分别为 0.85~0.95 和 0.80~0.90，表明其达到低熟-成熟热演化阶段（图 1.48）。

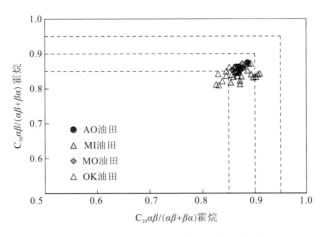

图 1.48　尼日尔三角洲盆地原油成熟度

升藿烷分布常常指示沉积环境的氧化还原特征，C_{35} 升藿烷指数[C_{35} 升藿烷/（C_{31}～C_{35}）升藿烷]大于 0.1 指示沉积环境为缺氧状态；小于 0.06 则代表水体或沉积物形成于弱氧化环境（Peters and Moldowan，1991）。奥利烷来源于陆源高等植物，被认为是衡量陆源高等植物输入的重要生物标志物（Nytoft et al.，2002）。值得注意的是，研究区原油样品中五环三萜类化合物奥利烷多少存在着显著差异。MO 油田原油奥利烷指数多数小于0.4，C_{35} 升藿烷指数位于 0.02～0.08；OK 油田原油奥利烷指数为 0.5～1.0，C_{35} 升藿烷指数为 0.03～0.05；而 MI 油田大部分原油样品奥利烷指数为 2.0～3.0，C_{35} 升藿烷指数为0.03～0.08（图 1.49）。另外值得注意的是，在原油中还检测出代表高等植物输入的 X 和Y 化合物。这些说明尼日尔三角洲盆地原油具有高的陆源高等植物输入，沉积于弱氧化-弱还原环境。

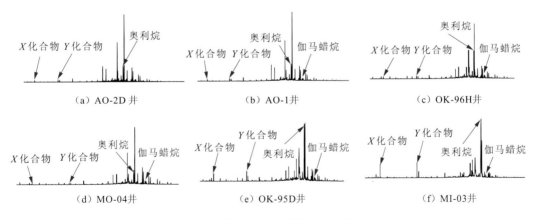

（a）AO-2D 井　　　　　　（b）AO-1 井　　　　　　（c）OK-96H 井

（d）MO-04 井　　　　　　（e）OK-95D 井　　　　　　（f）MI-03 井

图 1.49　尼日尔三角洲盆地原油萜烷分布特征（m/z =191）

原油中 C_{27} 规则甾烷被认为主要来自浮游植物藻类的贡献，C_{29} 规则甾烷一般指示陆源高等植物的输入（Peters and Moldowan，1991），尼日尔三角洲西部原油甾烷分布也表现出一定差异性。浅水区部分 OK 油田及 MO 油田原油的 C_{27} 规则甾烷、C_{28} 规则甾烷及C_{29} 规则甾烷分布呈现 V 形分布，表明有机质生源既有低等水生生物又有高等植物贡献；

MI 油田和部分 OK 油田原油具有明显的 C$_{29}$ 规则甾烷优势，表现出反 L 形，表明生源以高等植物的贡献为主，低等水生生物为辅（图 1.50）。

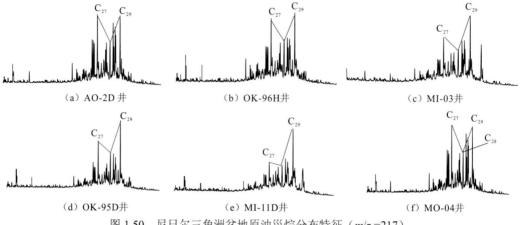

（a）AO-2D井 （b）OK-96H井 （c）MI-03井

（d）OK-95D井 （e）MI-11D井 （f）MO-04井

图 1.50　尼日尔三角洲盆地原油甾烷分布特征（m/z =217）

3. 芳香烃化合物特征

原油中芳香烃的分布、组成与原油母质沉积环境、原油母质类型及成熟度有密切关系。未熟-低熟原油芳香烃总离子流图中四环和五环化合物占优势，故呈现出后峰型或者双峰型，而高成熟度原油族组成中芳香烃馏分中二环和三环芳香烃占据优势（陈致林 等，1997）。尼日尔三角洲浅水区原油噻吩系列化合物较多，多环芳香烃如苯并蒽、荧蒽、芘、䓛等较少，反映了原油为成熟原油。

三芴系列化合物能提供多种地质—地球化学信息，芴中 C-9 原子在氧化条件下易被氧化为氧芴，还原条件下易被还原成硫芴。故芳香烃中三芴系列常被用来指示沉积环境，其相对组成指示沉积环境的氧化还原条件（林壬子 等，1987）。李水福和何生（2008）用硫芴、氧芴相对比值较之前的三角图能很好地区分油源母质形成的环境。AO 油田原油生油母质沉积环境为弱氧化环境，MI 油田、MO 油田、OK 油田原油中硫芴逐渐增大，反映其母质的沉积环境氧逸度逐渐减小，以弱还原环境为主（图 1.51）。

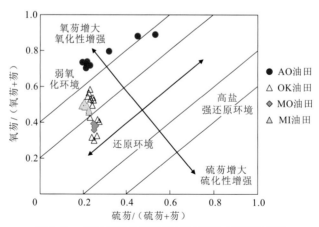

图 1.51　尼日尔三角洲盆地原油氧芴-硫芴关系图

惹烯、卡达烯被认为来自针叶树，1，2，7-三甲基萘起源于奥利烷型三萜类化合物（Peters et al.，2005），这些化合物均能指示被子植物的输入。AO 油田原油中惹烯、卡达烯和1，2，7-三甲基萘较多，MI 油田、MO 油田和 OK 油田也均有检测出，显示出原油中陆源高等植物输入丰富，沉积环境偏氧化。

Alexander 等（1988）认为烷基萘系列 1，2，5-三甲基萘和 1，2，7-三甲基萘来源于奥利烷型三萜类化合物，反映陆源高等植物生源的贡献。1，2，5-三甲基萘和1，2，7-三甲基萘在该批原油样品中均有检出，AO 油田、MI 油田、MO 油田、OK 油田此类化合物依次减少，反映陆源有机输入依次减少[图 1.52（a）]，这可能与它们离海岸线的远近有关，如 AO 油田最靠近海岸线，陆源物质输入最多。

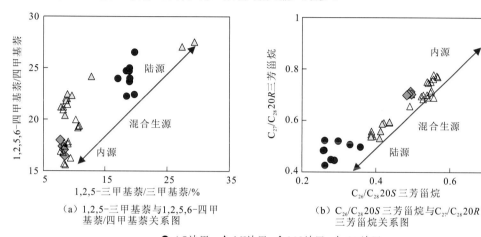

（a）1,2,5-三甲基萘与1,2,5,6-四甲基萘/四甲基萘关系图　　（b）$C_{26}/C_{28}20S$ 三芳甾烷与$C_{27}/C_{28}20R$ 三芳甾烷关系图

● AO油田　△ MI油田　◆ MO油田　△ OK油田

图 1.52　尼日尔三角洲盆地原油萘系列和三芳甾烷参数关系图

类似于规则甾烷，C_{26} 和 C_{27} 三芳甾烷被认为主要来源于浮游植物藻类，而 C_{28} 三芳甾烷一般指示陆源高等植物的输入，因此，高的 C_{26}/C_{28} 三芳甾烷和 C_{27}/C_{28} 三芳甾烷被认为与低等水生生物高的贡献有关，而低的 C_{26}/C_{28} 三芳甾烷和 C_{27}/C_{28} 三芳甾烷被认为与高的高等植物贡献有关。由图 1.52（b）可知，AO 油田和 MI 油田原油的有机质生源以高等植物为主，而 MO 油田和 OK 油田原油中高等植物的贡献较小。这与原油萘系列化合物的指示相吻合。这些都说明了海、陆两种地质营力相互作用对于尼日尔三角洲盆地烃源岩形成的影响。

4. 碳同位素组成及其特征

原油中碳同位素组成常用来判定源岩母质类型、油气源对比、混源油气的识别、油气运移及充注方向等。一般认为 $\delta^{13}C<-30‰$，其烃源岩沉积于海相环境；$\delta^{13}C$ 为-30‰～-28‰时，其烃源岩一般沉积于湖相环境，$\delta^{13}C>-28‰$时，其源岩一般沉积于陆相环境，常常与煤系源岩有关。海相来源的碳同位素常常比陆相来源的碳同位素轻（Hunt，1979；Fuex，1977）。

饱和烃和芳香烃作为原油最主要烃类组成，其同位素特征含有特定的地球化学信息。图 1.53 展示了尼日尔三角洲盆地不同地区原油饱和烃及芳香烃稳定碳同位素特征。浅水区原油稳定碳同位素偏重，饱和烃碳同位素重于-28‰，平均值为-26.2‰，其芳香烃碳同位素重于-26.5‰，平均值为-25.8‰。深水区原油碳同位素比浅水与陆上原油碳同位素轻，其饱和烃碳同位素为-29.5‰～-28.7‰，芳香烃碳同位素为-28.7‰～-27.5‰，表明深水区原油受到的低等水生生物影响更大，而浅水区和陆上原油受到高等植物贡献更大。

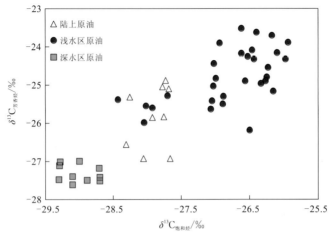

图 1.53　尼日尔三角洲盆地原油饱和烃-芳香烃碳同位素分布特征

从正构链烷烃单体碳同位素分布特征来看，尼日尔三角洲盆地原油显示出三种不同特征（图 1.54），尼日尔三角洲盆地陆上原油正构烷烃单体烃稳定碳同位素从低碳数向高碳数依次变重，呈斜线型，整体碳同位素重于-29‰，为典型的陆相原油。浅水区原油正构烷烃稳定碳同位素近似呈后峰型，整体随碳数的增加，碳同位素变轻，较陆上碳同位素偏轻，说明该原油对应的源岩具有陆源和海源两种生源的贡献。深水区原油的单体碳同位素整体随碳数的增加，碳同位素变重，但整体碳同位素明显比浅水区原油单体烃稳定碳同位素值偏轻，说明源岩以海相有机质输入为主。

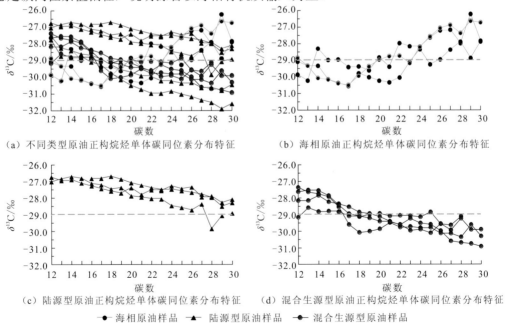

图 1.54　尼日尔三角洲盆地原油正构烷烃单体碳同位素分布特征

第四节　海相烃源岩成因类型划分与判别指标

一、沉积环境及干酪根类型

大陆边缘盆地海相烃源岩主要沉积于潮下的浅海-半深海环境，多为黏土矿物较多的泥页岩，少数为碳酸盐岩。烃源岩的干酪根类型多样，除巴林的阿瓦里油田、美国的森泥兰油田和巴西的加鲁巴油田的海相烃源岩属 II_s 型干酪根外，整体以 II 型和 III 型干酪根为主。据统计，大陆边缘盆地众多的地理单元中，只有大陆边缘海湾、大陆边缘开阔海和大陆边缘三角洲发育高有机质丰度的海相烃源岩，其中大陆边缘三角洲的海相烃源岩是指发育在三角洲平原、前三角洲或海底扇，但沉积于海洋环境的烃源岩。II 型干酪根的海相烃源岩主要沉积于大陆边缘海湾，其中典型的如波斯湾的 Tuwaiq Mountain 组、尼日尔三角洲的 Akata 组、北海的 Draupne 组和 Heather 组海相烃源岩；III 型干酪根的海相烃源岩主要沉积于大陆边缘三角洲，其中以马哈坎三角洲最为典型。

二、烃源岩成因类型的划分

以往，国内外学者主要依据干酪根类型划分海相烃源岩的类型。但是，基于干酪根类型的烃源岩类型划分显然不能客观反映中-新生代大陆边缘盆地海相烃源岩有机质性质复杂和生源输入具有明显的二元性的特点。烃源岩的显微组分组成和生物标志化合物具有明确的生源和沉积环境的含义，因而可以更好地表征海相烃源岩的成因。因此，本书在确定海相沉积环境的前提下，分析研究了海相烃源岩形成环境与有机岩石学和分子地球化学特征的耦合关系，以显微组分组成为主，辅以生物标志化合物参数，划分出中-新生代大陆边缘盆地海相烃源岩的三种成因类型，并提出其相应的判识标志。成因类型以"海相××型烃源岩"命名，冠之以"海相"，突出其沉积环境为海相；"海相"后续为有机质生源的指代。命名强调了沉积环境和有机质生源两大成因要素。

（一）海相内源型烃源岩

烃源岩的显微组分组成以腐泥组为主，大于 80%。正构烷烃一般呈前峰型，类异戊二烯烷烃类的植烷优势明显，C_{27}-C_{28}-C_{29} 规则甾烷呈 L 形或线形分布。烃源岩有机岩石学和分子地球化学特征指示其有机质生源以低等水生生物为主。此类烃源岩主要分布在大陆边缘海湾环境，以下刚果盆地的 Likouala 组和 Madingo 组、北伊拉克盆地的 Sargelu 组和墨西哥湾盆地的 Smackover 组为代表，在哥斯达黎加盆地（Loma Chumico 组）、南佛罗里达盆地（下白垩统的桑尼兰德灰岩）及波斯湾盆地（Tuwaiq Mountain 组和 Hanifa 组）也较为典型。

（二）海相陆源型烃源岩

烃源岩的显微组分组成以陆源高等植物的组分为主，镜质组、惰质组和壳质组之和占显微组分的 80%以上，腐泥组很少（小于 20%）。正构烷烃通常呈后峰型，C_{27}～C_{29} 规则甾烷的分布型式以反 L 形为主。烃源岩有机岩石学和分子地球化学特征指示其有机质生源以陆源高等植物输入为主。此类烃源岩主要发育在大陆边缘三角洲体系，陆地地质营力在有机质的输入过程中影响显著，主要表现在河流可以带来大量的陆源有机质，它们在浅海-半深海的前三角洲和海底扇埋藏、成岩，形成烃源岩，因此有机质生源的各项指标均指向陆源高等植物来源，如尼日尔三角洲的 Akata 组、马哈坎三角洲的 Balikpapan 群和下刚果盆地的 Paloukou 组等。

（三）海相混合生源型烃源岩

该类烃源岩是介于上述两者之间的过渡类型，在大陆边缘盆地广泛分布。有机岩石学和分子地球化学特征呈现出海洋浮游生物和陆源有机质双重贡献的特点。根据海洋内源物质和陆源高等植物物质贡献的比例关系，可将其进一步划分为海洋低等水生生物贡献较多的混合生源 I 型和陆源高等植物贡献较多的混合生源 II 型。其中，混合生源 I 型烃源岩显微组分组成中，陆源高等植物成因的组分较少，镜质组、惰质组和壳质组之和占显微组分的 20%～50%，腐泥组占比为 50%～80%；正构烷烃呈双峰态前峰型，C_{27}-C_{28}-C_{29} 规则甾烷呈不对称 V 形分布，反映烃源岩中以海洋低等水生生物占优的双重生源输入特点。典型烃源岩如大西洋两岸盆地塞诺曼阶—土伦阶烃源岩、墨西哥湾盆地北部牛津阶—提塘阶烃源岩、北伊拉克盆地 Chia Gara 组、北海盆地上侏罗统的上 Draupne 组及澳大利亚西北大陆架的 Dingo 组和 Vulcan 组。混合生源 II 型烃源岩的有机质来源主要为高等植物物质，但低等水生生物也有一定的贡献，烃源岩显微组分组成中镜质组、惰质组和壳质组之和占显微组分的 50%～80%，腐泥组较少，占比为 20%～50%；正构烷烃呈双峰态后峰型，C_{27}～C_{29} 规则甾烷呈不对称 V 形分布，晚白垩世以后的烃源岩样品奥利烷等生物标志化合物明显。该亚类烃源岩广泛分布于西非和亚太大陆边缘的各盆地。

三、海相烃源岩成因类型与干酪根类型关系

值得注意的是，烃源岩成因类型并非干酪根类型的别称。干酪根类型的划分主要依据烃源岩有机质的平均化学组成，在 Van Krevelen 图解上确定。烃源岩成因类型取决于海相沉积环境中的有机质生源输入状况，它是由显微组分组成和生物标志化合物分布特征来划分的，因此，同一种成因类型中可能有不同的干酪根类型，而相同的干酪根类型也可能出现在不同的成因类型中。但归根到底，显微组分作为干酪根的基本组成单元，其组成决定了干酪根的平均化学成分（C、H、O 元素组成）特征，显微组分组成和干酪根类型之间存在明确的对应关系。

海相内源型烃源岩的显微组分组成腐泥组占比>80%，H/C 原子比为 1.23～1.58，S/C 原子比>0.02，对应的干酪根类型为 II_S 型。海相陆源型烃源岩的显微组分组成为镜质组、惰质组和壳质组之和占显微组分 80%以上，腐泥组占比<20%，其 H/C 原子比变化范围较广为 0.63～1.4，对应的干酪根类型多样，不仅有 III 型，还有 II_1 型和 II_2 型干酪根；其中，显微组分组成以镜质组和惰质组为主的海相烃源岩（镜质组和惰质组占比>50%），

其 H/C 原子比为 0.63~0.8，有机质类型为 III 型；而壳质组较多（壳质组占比为 30%~
50%）的海相烃源岩，干酪根的 H/C 原子比在 0.8~1.4，有机质类型为 II_2 型或 II_1 型。
混合生源型烃源岩的显微组分组成中陆源高等植物成因组分为 20%~80%，腐泥组占比
为 20%~80%，干酪根 H/C 原子比为 0.8~1.45，其中混合生源 I 型烃源岩显微组分中腐
泥组占比为 50%~80%，陆源高等植物成因的组分较少，镜质组、惰质组和壳质组之和
占显微组分的 20%~50%，干酪根 H/C 原子比为 1.0~1.45，对应有机质类型不仅有 II_1
型而且有 II_S 型；混合生源 II 型烃源岩显微组分中镜质组、惰质组和壳质组之和占显微
组分的 50%~80%，腐泥组较少，占比为 20%~50%；干酪根 H/C 原子比为 0.8~1.3，
S/C 原子比<0.02，对应有机质类型为 II_1 型或 II_2 型。由此并结合 512 个样品干酪根类型
分析资料，提出了图 1.55 的海相烃源岩成因类型与干酪根类型关系的判识图版。

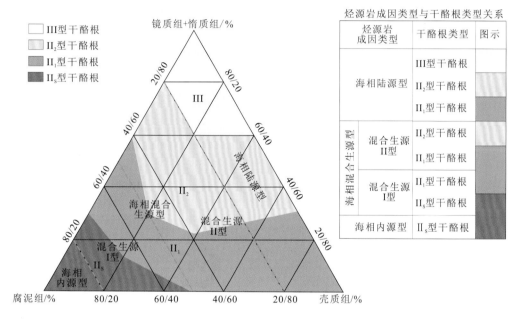

图 1.55　海相烃源岩成因类型与干酪根类型关系的判识图版

　　通常情况下，I 型干酪根被称为腐泥型干酪根，III 型干酪根被称为腐殖型干酪根，
而 II 型干酪根则被称为腐殖-腐泥型干酪根，同时，不仅腐泥型与低等水生生物来源、
腐殖型与高等植物来源被画上等号，还忽略了壳质组是典型的 II 型干酪根组分且来源于
高等植物的事实。因此，对于任何关于海相陆源型烃源岩与液态烃具有成因联系的分析，
可能会遭到质疑。由图 1.55 可见，壳质组占比增加至 40%以上时，海相陆源型烃源岩
的干酪根类型将由 III 型向 II 型变化，壳质组占比增加至 65%以上时，干酪根类型甚至
变化为 II_1 型，具有这样干酪根类型的烃源岩当然是倾油的。换言之，海相陆源型烃源
岩可以具有 III 型、II_2 型和 II_1 型等不同的干酪根类型。例如，北卡那封盆地 Mungaroo
组的海相烃源岩，显微组分组成富镜质组和惰质组（约 83%），干酪根类型为 III 型，倾
气[图 1.56（a）]；Legendre 组海相烃源岩的显微组分组成中壳质组占比为 67%、腐泥
组占比为 7%、镜质组+惰质组占比为 25%，由于烃源岩富含壳质组，其干酪根类型则为

II₁型，倾油性略强于倾气性[图 1.56（b）]；波拿巴盆地 Plover 组的海相烃源岩中壳质组占比为 42%、腐泥组占比为 13%、镜质组+惰质组占比为 45%，其干酪根类型属 II₂型干酪根，倾气性优于倾油性[图 1.56（c）]。

图 1.56　大陆边缘盆地海相烃源岩的显微组分组成特征

（a）海相陆源型烃源岩，III 型干酪根，可见丝质体和镜质体，MC-1 井，Mungaroo 组，北卡那封盆地，泥岩，反射光，50×；（b）海相陆源型烃源岩，II₁型干酪根，可见大量孢子体，NO-1 井，Legendre 组，北卡那封盆地，泥岩，荧光，50×；（c）海相陆源型烃源岩，II₂型干酪根，可见镜屑体和孢子体，CL-1 井，Plover 组，波拿巴盆地，泥岩，荧光，50×；（d）混合生源型烃源岩，II₂型干酪根，EP-1 井，下 Vulcan 组，波拿巴盆地，泥岩，均质镜质体，反射光，50×；（e）混合生源型烃源岩，II₂型干酪根，EP-1 井，下 Vulcan 组，波拿巴盆地，泥岩，结构藻类体，荧光，50×；（f）混合生源型烃源岩，II₂型干酪根，EP-1 井，下 Vulcan 组，波拿巴盆地，泥岩，生物组构，反射光，10×；（g）混合生源型烃源岩，II₁型干酪根，VL-1B，Echuca Shoals 组，波拿巴盆地，泥岩，镜屑体和结构藻类体，反射光，50×；（h）混合生源型烃源岩，II₁型干酪根，VL-1B，Echuca Shoals 组，波拿巴盆地，泥岩，结构藻类体和黄铁矿，荧光，50×；（i）混合生源型烃源岩，II₁型干酪根，VL-1B，Echuca Shoals 组，波拿巴盆地，泥岩，海绵骨针，荧光，10×；（j）混合生源型烃源岩（据 Krajewski，2013），II₅型干酪根，露头样品，Botneheia 组，巴伦支海，泥岩，层状藻类体、镜屑体和壳屑体，荧光，50×；（k）混合生源型烃源岩（据 Krajewski，2013），II₅型干酪根，露头样品，Botneheia 组，巴伦支海陆架，泥岩，层状藻类体，荧光，50×；（l）混合生源型烃源岩（据 Krajewski，2013），II₅型干酪根，露头样品，Botneheia 组，巴伦支海陆架，泥岩，结构藻类体，荧光，50×

对于海相混合生源型烃源岩，混合生源的特点决定了它的干酪根类型具有某种腐殖-腐泥型或腐泥-腐殖型的过渡特点，即它的干酪根类型是 II 型。随着海洋内源成分的增加，成因类型由混合生源 II 型向混合生源 I 型转变，相应的干酪根类型从 II_2 型向 II_1 型转变，当内源显微组分（腐泥组）大于 70% 时，干酪根类型甚至变化为 II_s 型。例如，波拿巴盆地下 Vulcan 组的混合生源型烃源岩，可见残余的水生生物组构，显微组分组成中腐泥组占比为 47%，镜质组+惰质组占比为 45%，壳质组占比为 7%，其干酪根类型属 II_2型。Echuca Shoals 组的混合生源型烃源岩，可见海绵骨针，显微组分组成中腐泥组占比 62.5%，镜质组和惰质组占比 25%，壳质组较少，小于 10%，其干酪根类型为 II_1 型。巴伦支海陆架 Botneheia 组烃源岩富塔斯马尼亚藻，显微组分中腐泥组占比为 72%，可见少量的镜屑体和壳屑体（约 28%），干酪根类型为 II_s 型[图 1.56（j）、（k）、（l）]，倾油。这是由于富硫干酪根 S—S 键和 C—S 键键能较低，可优先断裂，提高硫的初始自由基浓度，促使 C—C 键在低温下快速裂解，从而提高有机质裂解生油的速率，故较 II 和 III 型干酪根，II_s 型干酪根更易生油。

对于海相内源型烃源岩，显微组分组成中海洋内源的腐泥组分占 80% 以上，但是其干酪根类型往往却非典型的 I 型。由于海洋藻类生物化学物质的富氢程度一般不如湖相藻类及沉积环境水体分层的特点，与海洋藻类来源相关的干酪根类型一般为 II_1 型和 II_s 型，少见 I 型。发育于大陆边缘海湾环境的海相烃源岩，干酪根类型主要为 II_s 型，这是与在大陆边缘海湾的碳酸盐-蒸发岩沉积环境中，更有利于硫酸盐还原菌的发育有关。强烈的还原环境使得硫酸盐被转化为还原态硫，当沉积水介质环境缺少黏土矿物水解形成的金属离子，无法与还原态硫结合形成金属硫化物时，大部分的还原硫在同生阶段加成进入沉积类脂分子中，从而导致海相内源型烃源岩有机质的 S/C 原子比较高。波斯湾盆地烃源岩即是如此，Tuwaiq Mountain 组烃源岩显微组分组成中以富氢的层状藻类体为主，可见少量的镜屑体和壳屑体，干酪根类型为 II_s 型。

四、烃源岩成因类型的判别指标

通过对大陆边缘盆地海相烃源岩特征的总结，形成了大陆边缘盆地海相烃源岩成因类型的判别指标体系（表 1.7）。建立基于显微组分、生物标志化合物分布、饱和烃和芳香烃碳同位素组成海相烃源岩成因类型判识图版（图 1.57～图 1.60），三种成因类型的烃源岩在判别图版上可以被明显地区分开。

从微观角度看，沉积岩中的有机质是由性质与特征各异的显微组分所构成，显微组分不仅是具有明确生源和沉积环境含义的基本有机质组成成分，而且是油气生成的基本单元。腐泥组 H/C 原子比高，是富氢、倾油的显微组分；镜质组和惰质组 H/C 原子比较低，一般是贫氢、倾气的显微组分；壳质组的先质虽是高等植物，但其来源于高等植物的类脂物，故其化学成分相对富氢，H/C 原子比较高，也是倾油的显微组分；可见，不同显微组分的化学性质及倾油气性差异明显，它们以一定比例组合成了烃源岩的生烃母质，进而影响了烃源岩总体的倾油性或倾气性。所以，显微组分组成以腐泥组为主的海

表 1.7　　大陆边缘盆地海相烃源岩成因类型的判识指标

成因类型	显微组分组成	TOC含量/%	HI/（mg/g）	地球化学参数						
				Pr/Ph	C_{29}/C_{27}	$\delta^{13}C_{饱和烃}$ /‰	$\delta^{13}C_{芳香烃}$ /‰	奥利烷指数	X/$(X+C_{20}TT)$	X/$(X+C_{24}TT)$
海相陆源型	镜质组+惰性组+壳质组占比＞80%；腐泥组占比＜20%	0.0～50.0	0～500（II_1～III）	＞4.0	＞3.0	＞-27.5	＞-24.5	＞1.00	＞0.65	＞0.65
海相混合生源型	镜质组+惰性组+壳质组占比为20%～80%；腐泥组占比为20%～80%	0.0～4.0	200～500（II）	1.2～4.0	0.75～3.0	-27.5～-28.5	-24.5～-27.0	0.28～1.00	0.40～0.65	0.30～0.65
海相内源型	镜质组+惰性组+壳质组占比＜20%；腐泥组占比为20%～80%；	2.0～4.0	400～600（I～II_1）	＜1.2	＜0.75	＜-28.5	＜-27.0	＜0.28	＜0.40	＜0.30

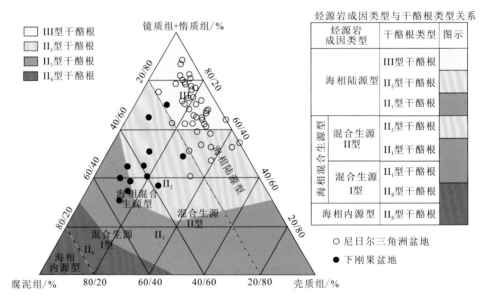

图 1.57　　大陆边缘盆地海相烃源岩成因类型显微组分判识图版

相内源型烃源岩和以壳质组为主的海相陆源型烃源岩属典型的倾油性岩石，而以镜质组和惰性组为主的海相陆源型烃源岩是典型的倾气性岩石；显微组分组成介于内源型和陆源型之间的混合生源型烃源岩，其倾油性取决于富氢显微组分的比例，或是倾油性略强于倾气性，或是倾气性优于倾油性。

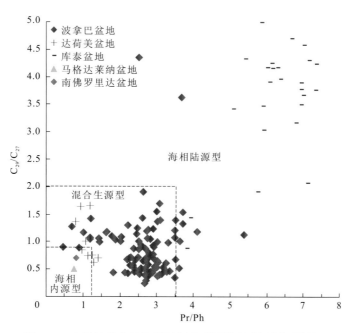

图 1.58　大陆边缘盆地海相烃源岩成因类型坐标判识图版一

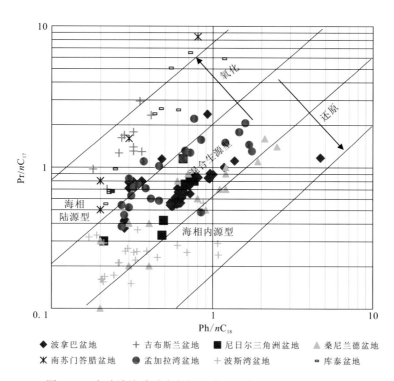

图 1.59　大陆边缘盆地海相烃源岩成因类型生标判识图版二

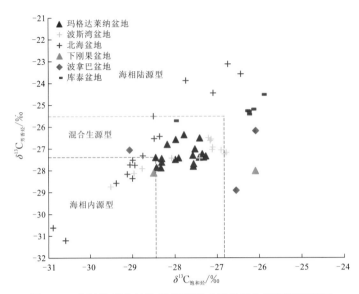

图 1.60　大陆边缘盆地海相烃源岩成因类型生标判识图版三

五、重点盆地海相烃源岩成因类型

以往，国内外学者主要依据干酪根类型划分海相烃源岩的类型。但是，基于干酪根类型的烃源岩类型划分显然不能客观反映被动大陆边缘盆地海相烃源岩有机质类型复杂和生源输入普遍具有二元性的特点。

在确定海相沉积环境的前提下，分析研究了海相烃源岩形成环境与有机岩石学和分子地球化学特征的耦合关系，以显微组分组成为主，辅以生物标志化合物参数，将西非被动大陆边缘重点盆地的海相烃源岩划分为海相内源型、海相混合生源型和海相陆源型三种成因类型烃源岩（图 1.61）。

（一）下刚果盆地

下刚果盆地的海相烃源岩主要有两类：海相内源型和海相混合生源型。

海相内源型烃源岩以海洋水生生物输入为主，具体地球化学特征体现在：显微组分以腐泥组为主；稳定碳同位素较轻，$\delta^{13}C_{饱和烃}<-28.5‰$，$\delta^{13}C_{芳香烃}<-28.0‰$；$C_{27}$ 规则甾烷明显多于 C_{29} 规则甾烷，基本未检出或少量检出奥利烷，检出较丰富的三环萜烷（图 1.16、图 1.20、图 1.62）。此类烃源岩主要分布在 MH-1 井附近的 Likouala 组和超深水某区块的 Madingo 组。

海相混合生源型烃源岩特征具体体现如下：显微组分既有相当数量来源于低等水生生物的腐泥组，也有相当数量来源于高等植物的镜质组和惰质组；$\delta^{13}C_{饱和烃}>-28.5‰$，$\delta^{13}C_{芳香烃}>-28.0‰$，奥利烷指数为 $0.05\sim0.18$，C_{27} 规则甾烷和 C_{28} 规则甾烷多于 C_{29} 规则甾烷，此类烃源岩主要分布在 MH-1 井附近的 Madingo 组和超深水某区块的 Paloukou 组。

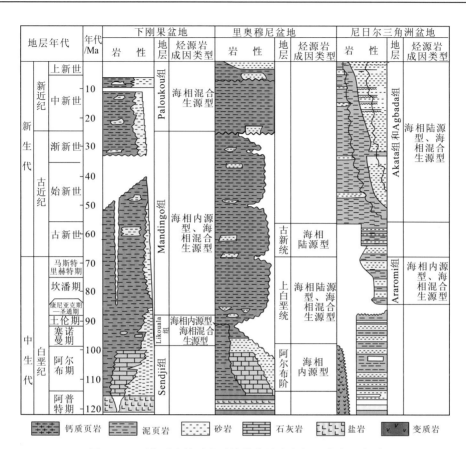

图 1.61　西非重点被动大陆边缘盆地海相烃源岩成因类型

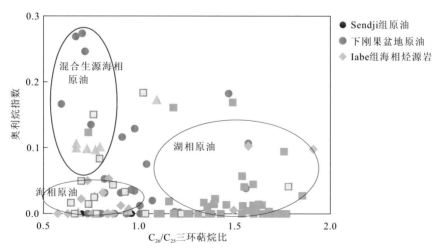

图 1.62　下刚果盆地海相烃源岩成因类型：C_{26}/C_{25} 三环萜烷比与奥利烷指数的关系

（二）里奥穆尼盆地

关于里奥穆尼盆地下白垩统阿普特阶—阿尔布阶烃源岩成因类型，前人已经有所研究，确定其有机质来源主要为藻类体，沉积环境为湖泊-局限海环境(Dailly and Kenny, 2000)。烃源岩评价该层段烃源岩为盆地主力烃源岩。而上白垩统烃源岩由于取样获得的资料揭示为未成熟的烃源岩，很少有人关注到该套烃源岩层，且研究较少，关于该段烃源岩的成因问题更是无人问津。通过钻井获得了该套地层新的地质资料和地球化学资料，为研究上白垩统烃源岩成因问题提供重要的依据。研究表明，里奥穆尼盆地上白垩统烃源岩主要发育于浅海-半深海环境。

从 AD-1 井岩屑样品岩石热解获得的数据，根据 HI-T_{max} 关系图，上白垩统海相页岩干酪根类型主要为 II 型，其次为 III 型，除了土伦阶页岩中存在 II_1 干酪根外，坎潘阶—马斯特里赫特阶、圣通阶、康尼亚克阶样品中皆不存在，并且都以 II_2 型为主，III 型次之，II_2 型干酪根在整个上白垩统层段占绝大部分。根据西非典型被动大陆边缘盆地发育的上白垩统等时源岩来看，III 型干酪根可能表示其有机质主要来源于陆源高等植物，而 II 型干酪根可能来源于藻类体，也可能来源于陆源有机质，很显然仅仅依靠区域性烃源岩地层对比来考量该盆地烃源岩的有机质来源问题显然没有足够的说服力。

通过对 AD-1 井上白垩统层段样品显微组分观察显示，几乎所有样品都观察到了反映陆源有机质的镜质体、惰质体和壳质体等组分，部分样品观察到具海洋生物特征的藻类体和类粪团粒等显微组分。其中，上白垩统最底部层段土伦阶样品显微组分组成具有高度多样性。较多的样品显示具有大量的镜屑体、惰屑体，其整体磨圆度较高，未见完整的细胞结构的显微组分，可能是陆源有机质经较远距离搬运造成的，干酪根类型为 III 型，根据大陆边缘盆地海相烃源岩成因类型划分标准，这些烃源岩为典型的海相陆源型烃源岩。土伦阶部分样品中存在一定的海洋藻类体和类粪团粒组分，反映海洋有机质输入的特征，常见矿物沥青基质，可能为藻类体来源，干酪根类型为 II_1 型，这类烃源岩可能为混合生源型烃源岩。坎潘阶—马斯特里赫特阶、圣通阶和康尼亚克阶样品的显微组分特征无明显差别，皆含有大量的镜屑体、惰屑体和壳屑体，镜屑体和壳屑体占所有显微组分组成的 70%～90%。相对于土伦阶，这些层段具有更高的陆源有机质输入的特征，干酪根类型为 III 型和 II_2 型，根据海相烃源岩成因类型划分标准，上白垩统中上部富有机质泥页岩为海相陆源型烃源岩。因此，根据上白垩统烃源岩层段沉积环境、干酪根类型和显微组分组成发现，上白垩统烃源岩具有陆源和海源两类有机质输入，沉积于浅海-半深海环境，烃源岩成因类型上以海相陆源型为主，其次是海相混合生源型。

（三）尼日尔三角洲盆地

根据大陆边缘盆地海相烃源岩成因类型划分标准，依据生物标志物和显微组分组成，可划分尼日尔三角洲盆地 Agbada 组海相烃源岩成因类型。选取了 9 个参数（奥利烷指数，伽马蜡烷参数，$C_{22}TT/C_{21}TT$，$C_{23\sim26}TT/C_{19\sim21}TT$，Pr/Ph，$\alpha\beta$ 藿烷/甾烷，三芳甾烷，饱和烃同位素，三芴系列）对 Agbada 组海相烃源岩进行聚类分析，结果表明：Agbada 组海相烃源岩以海相陆源型为主，部分为海相混合生源型（图 1.61、图 1.63）。

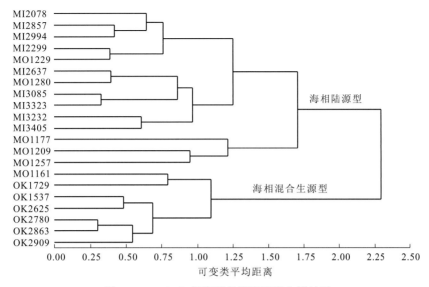

图 1.63　Agbada 组海相烃源岩聚类分析结果

从 Pr/nC$_{17}$-Ph/nC$_{18}$ 和 Pr/Ph-C$_{29}$/C$_{27}$ 规则甾烷相关关系图（图 1.64）可知，Agbada 组烃源岩发育海相陆源型和海相混合生源型两种成因类型的烃源岩。

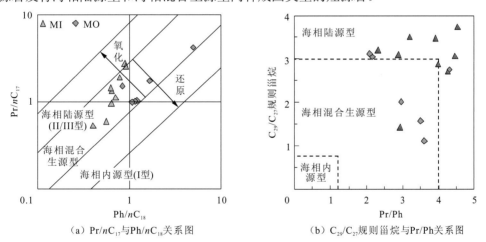

（a）Pr/nC$_{17}$ 与 Ph/nC$_{18}$ 关系图　　　（b）C$_{29}$/C$_{27}$ 规则甾烷与 Pr/Ph 关系图

图 1.64　Agbada 组海相烃源岩 Pr/nC$_{17}$-Ph/nC$_{18}$ 和 C$_{29}$/C$_{27}$ 规则甾烷-Pr/Ph 相关关系图

在尼日尔三角洲盆地，上白垩统 Araromi 页岩 Pr/Ph 也较低，为 0.78～2.02，奥利烷也很少，奥利烷指数为 0～0.21（图 1.65），表明其生源贡献以低等水生生物为主。从甾烷的分布特征来看，生源贡献以藻类和细菌为主（图 1.66）。因此，奥利烷指数和甾烷的分布特征都表明，上白垩统 Araromi 页岩以海相内源型烃源岩为主，可能还有海相混合生源型烃源岩。因此，总体来看，尼日尔三角洲盆地发育三种不同成因类型的烃源岩，其特点见表 1.8。

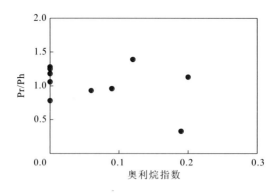

图 1.65 Araromi 组烃源岩 Pr/Ph-奥利烷指数相关关系图

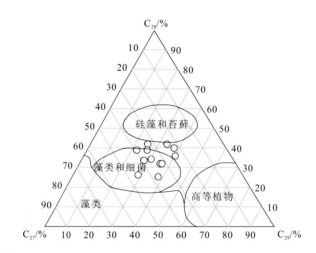

图 1.66 Araromi 组烃源岩 C_{27}-C_{28}-C_{29} 规则甾烷分布三角图

表 1.8 尼日尔三角洲盆地海相烃源岩地球化学特征

成因类型	甾烷/藿烷	C_{23} TT/ $C_{30}\alpha\beta$ 藿烷	奥利烷指数	伽马蜡烷指数	Pr/Ph	C_{29}/C_{27} 规则甾烷
海相陆源型	0.89～5.17/ 3.18	0.01～0.09/ 0.03	0.89～3.37/ 1.67	0.36～1.44/ 0.7	2.08～4.36/ 3.4	1.11～3.74/ 2.17
海相混合生源型	0.43～0.96/ 0.7	0.10～0.48/ 0.26	0.52～1.37/ 0.9	0.99～2.26/ 1.49	1.51～2.61/ 2.0	0.99～2.01/ 1.7
海相内源型	—	—	0～0.21/ 0.06	—	0.78～2.02/ 1.20	0.55～1.65/ 1.01

注：数据格式为最小值～最大值 / 平均值

（1）海相陆源型烃源岩：以典型的陆源高等植物输入为主；显微组分组成以来源于陆源高等植物的镜质组和壳质组为主，藻类体少见；C_{27}-C_{28}-C_{29} 规则甾烷呈反 L 形分布，

明显的 C_{29} 规则甾烷优势，奥利烷指数为 0.89～3.37，C_{29}/C_{27} 规则甾烷为 1.11～3.74，高 Pr/Ph，分布在 2.08～4.36。

（2）海相混合生源型：显微组分既有相当数量来源于低等水生生物的腐泥组，也有相当数量的来源于高等植物的镜质组和惰质组；较多的奥利烷，奥利烷指数为 0.52～1.37，中等的 Pr/Ph，分布在 1.51～2.61，规则甾烷呈 V 形分布，C_{29}/C_{27} 规则甾烷为 0.99～2.01。

（3）海相内源型：以海洋水生生物输入为主；基本无奥利烷检出，奥利烷指数为 0～0.21，低-中等 Pr/Ph，分布在 0.78～2.02，C_{27}-C_{28}-C_{29} 规则甾烷呈以 L 形分布为主，明显的 C_{27} 规则甾烷优势，C_{29}/C_{27} 规则甾烷为 0.55～1.65，检出较丰富的三环萜烷。

第二章 海相烃源岩有机相划分

第一节 有机相的概念

有机相是国内外广泛应用于油气资源评价和盆地远景预测的工具，由于它涵盖了有机质的形成、演化及空间展布特征，进而也成为油、气、煤多种能源矿产综合勘探的有效方法。但不同学者对有机相概念的理解不同，其使用范围和划相指标也存在较大差异。沉积有机质来源的不同和地球化学转化过程的差异，将导致可燃有机矿产的多样性，而有机相控制了生源母质的转化方向。有机相集沉积学、有机岩石学和有机地球化学于一体，是评价和预测盆地油、气资源潜力的最有效方法之一。

有机相的起源和发展与煤岩学密切相关，其概念始于煤岩学对煤相的划分。Rogers（1980）首次将其引入石油地质领域，提出用有机相概念来评价烃源岩。许多学者从煤相的角度来揭示烃源岩的有机相特征，根据成煤沼泽类型划分有机相，其划相指标偏重于煤岩学特征（Teichmüller，1989）。金奎励和王宜林（1997）通过对吐哈盆地和准噶尔盆地烃源岩的研究，将有机相划分为干燥沼泽相、森林沼泽相、流水沼泽相和开阔水体相，并应用于煤成烃特别是煤成油的资源评价。而油气地球化学家更注重烃源岩的油气生成潜力，其有机相的划分主要反映地质体中有机质的富氢程度和生源特性。Jones（1987）据干酪根类型将有机相分为 4 种主要有机相（A，B，C，D）和 3 种过渡型有机相（AB，BC，CD）。另一些学者对有机相的研究重视有机质的沉积背景，即无机沉积岩的沉积特征，如 Tyson（1996）在 Jones 的基础上通过层序地层、有机相和孢粉相的研究总结了不同体系域沉积有机质的一系列特征。总之，至今，烃源岩有机相分析在石油勘探中得到了广泛的应用（梁狄刚 等，2000；郝芳和陈建渝，1994；Tyson and Pearson，1991；Jones，1987；Demaisonand Moore，1980；Hutton et al.,1980）。

但是，这里特别要指出的是，有机相的定义和划分仍没有完全统一，一些研究者（张宝民 等，2007；梁狄刚，2004）比较强调有机相是具有一定丰度和成因类型的有机质地层单元，因而有机相分析不仅要表征烃源岩特征，而且更重要的是确定烃源层、圈定烃源区和烃源体的分布。本书主张有机相研究应遵循有机质赋存环境——有机质自身特征——烃源岩展布规律开展。以往有机相的划分存在的突出问题是可操作性差，或是沉积相的翻版即为有机相，或是用有机质类型代替有机相。

沉积相研究的基础理论来源于沉积岩石学，同样，有机岩石学是研究有机相的重要理论依据和技术手段。综合前人研究成果，本书认为有机相是沉积相、地球化学相、生物相及有机质类型的综合反映。它不仅反映了有机质的生烃质量，也反映了有机质的形成环境。而有机岩石学的最基本单位——显微组分是划分有机质类型的基础。显微组分的数量直接反映了烃源岩的有机质丰度，显微组分的光性和种类是烃源岩演化程度、生烃潜力、生源特征及沉积环境最直观的标志。生物相控制了显微组分的组成，换句话说，显微组分的组成是影响地球化学相及有机质类型的最关键性因素。因此，有机相其实是沉积相和显微组分组成的综合反映。基于此认识，本书以沉积相和显微组分组成来划分西非重点被动大陆边缘盆地海相烃源岩的有机相。以有机岩石学为基础划分的沉积有机相，可以较好地反映地质体中有机质的数量、类型、成熟度和沉积环境，以及与其有成因联系的烃产物类型之间的关系。

第二节　地球化学相

地球化学相是根据沉积介质的物理化学特征的不同，将其划分为一系列的地球化学环境，而不同的相带在生源及沉积氧化环境上各不相同。本书旨在依据研究区的资料及现有样品的实验结果，将重点研究区尼日尔三角洲盆地烃源岩划分出不同的地球化学相，为有机相的划分提供基础。

一般姥鲛烷和植烷来源于光合生物体内的叶绿素 a 和紫硫细菌类某一类细菌叶绿素 a 及叶绿素 b 结构中的植基侧链，沉积物中的还原或缺氧条件有利于植基侧链断链生成植醇，植醇则在还原条件下形成植烷，在偏氧化性条件下优先转化成植酸，植酸脱去羧基则形成姥鲛烷。Pr/Ph 受多种因素控制，高 Pr/Ph（大于 3.0）不仅反映该类烃源岩沉积环境为偏氧化条件，也指示该烃源岩具陆源高等植物生源贡献。尤其是本书三个主要研究区中尼日尔三角洲盆地的烃源岩抽提物中 Pr/Ph 均较高，其高 Pr/Ph 很可能与河流带入大量陆源高等植物并在大陆架快速埋藏沉积有关。

选取反映沉积环境和生源输入的 4 个参数[Pr/Ph，Y/（Y+C_{20}-三环烷），C_{29}/C_{27} 规则甾烷和奥利烷指数]，将海相烃源岩划分为 6 种地球化学相（表 2.1）。

表 2.1　被动大陆边缘盆地海相烃源岩地球化学相分类表

地球化学相	沉积相	沉积环境	地球化学特征及其判别指标	生源输入
低 Pr/Ph 还原相	大陆斜坡相局限海、潟湖	还原环境	Pr/Ph< 1.2，Y/（Y+C_{20}-三环烷）<0.15，C_{29}/C_{27} 规则甾烷<0.6，奥利烷指数<0.05	海洋低等水生生物为主，少量陆源高等植物
中 Pr/Ph 还原相	外浅海	还原环境	Pr/Ph 为 1.2～2.5，Y/（Y+C_{20}-三环烷）为 0.35～0.8，C_{29}/C_{27} 规则甾烷为 1.1～1.5，奥利烷指数为 0.2～0.5	海洋低等水生生物和陆源高等植物的混合
低 Pr/Ph 氧化还原过渡相	内浅海过渡带	弱氧化-弱还原环境	Pr/Ph< 1.2，Y/（Y+C_{20}-三环烷）为 0.15～0.35，C_{29}/C_{27} 规则甾烷为 0.6～1.1，奥利烷指数为 0.05～0.2	海洋低等水生生物为主，混有一定陆源高等植物
中 Pr/Ph 氧化还原过渡相	内浅海、三角洲前缘	弱氧化-弱还原环境	Pr/Ph 为 1.2～2.5，Y/（Y+C_{20}-三环烷）>0.8，C_{29}/C_{27} 规则甾烷为 1.5～3.0，奥利烷指数为 0.5～1.5	陆源高等植物为主，混有一定海洋低等水生生物

续表

地球化学相	沉积相	沉积环境	地球化学特征及其判别指标	生源输入
高 Pr/Ph 氧化还原过渡相	下三角洲平原、沼泽	弱氧化-弱还原环境	Pr/Ph>2.5，Y/（Y+C_{20}-三环烷）>0.8，C_{29}/C_{27}规则甾烷为 1.5~3.0，奥利烷指数为 0.5~1.5	以陆源高等植物为主
高 Pr/Ph 氧化相	海底扇、陆上三角洲冲积平原	氧化环境	Pr/Ph>2.5，Y/（Y+C_{20}-三环烷）>0.8，C_{29}/C_{27}规则甾烷>3.0，奥利烷指数>1.5	以陆源高等植物为主

低 Pr/Ph 还原相，发育于大陆斜坡相、局限海、潟湖等环境，其特征为：Pr/Ph<1.2，Y/（Y+C_{20}-三环烷）<0.15，低奥利烷指数，具 C_{27} 规则甾烷优势，生源输入以海洋低等水生生物为主（表 2.1）。

中 Pr/Ph 还原相，发育于外浅海，其特征为：Pr/Ph 为 1.2~2.5，Y/（Y+C_{20}-三环烷）为 0.35~0.8，奥利烷指数介于 0.2~0.5，C_{27}-C_{28}-C_{29}规则甾烷呈 V 形分布，生源输入为海洋低等水生生物和陆源高等植物的混合（表 2.1）。

低 Pr/Ph 氧化还原过渡相，发育于内浅海过渡带，其特征为：Pr/Ph<1.2，Y/（Y+C_{20}-三环烷）为 0.15~0.35，奥利烷指数为 0.05~0.2，C_{27}-C_{28}-C_{29}规则甾烷呈 L 形分布，生源输入以海洋低等水生生物为主，混有一定的陆源高等植物。

中 Pr/Ph 氧化还原过渡相，发育于内浅海、三角洲前缘，其特征为：Pr/Ph 为 1.2~2.5，Y/（Y+C_{20}-三环烷）>0.8，奥利烷指数为 0.5~1.5，生源输入以陆源高等植物贡献为主，混有一定的海洋低等水生生物。

高 Pr/Ph 氧化还原过渡相，发育于下三角洲平原、沼泽，其特征为：Pr/Ph>2.5，Y/（Y+C_{20}-三环烷）>0.8，奥利烷指数为 0.5~1.5，C_{27}-C_{28}-C_{29}规则甾烷分布以反 L 形为主，生源输入以陆源高等植物为主。

高 Pr/Ph 氧化相，发育于海底扇、陆上三角洲冲积平原，其特征为：Pr/Ph>2.5，Y/（Y+C_{20}-三环烷）>0.8，奥利烷指数>1.5，C_{27}-C_{28}-C_{29}规则甾烷分布以反 L 形为主，生源输入以陆源高等植物为主。

第三节　海相烃源岩有机相类型及划分标准

有机相是沉积相、地球化学相、生物相及有机质类型的综合反映，而生物相控制了显微组分组成，显微组分的组成是影响地球化学相及有机质类型的最关键性因素。因此，有机相其实是沉积相和显微组分组成的综合反映。然而，沉积有机质富集是生产力、保存条件、可容空间等多因素耦合的结果，而这些因素又受到各个盆地特殊的构造背景、古地理和沉积环境的影响。因此，不同盆地的有机相划分方案应该是不同的，但是其原理和方法是一致的。总的来说，有机相划分需要充分体现地层单元中有机质来源、性质和沉积环境，但不局限于某一单独的沉积相单元，有机相边界可以跨越多个地层单元，一个地层单元也可能有多个有机相。有机相命名统一采用沉积相名称+显微组分组合的方式，其代号由陆地向海洋依次由 A、B、C、D、E 等字母表示。

　　根据海相烃源岩显微组分组成、TOC 含量、HI、H/C 原子比、Pr/Ph 和奥利烷指数等有机地球化学参数，建立了无大型三角洲供给的被动大陆边缘盆地海相烃源岩有机相划分方案（表 2.2）和大型三角洲供给的被动大陆边缘盆地海相烃源岩有机相划分方案（表 2.3），并总结了不同有机相类型的地质地球物理参数，包括岩性组合、测井参数和地震相类型等（表 2.4、表 2.5）。

表 2.2　无大型三角洲供给的被动大陆边缘盆地有机相划分方案（有机地球化学参数）

有机相类型	沉积相	地球化学相	显微组分组成	TOC 含量 /%	地球化学特征			
					HI/ (mg/g)	H/C 原子比	Pr/Ph	奥利烷指数
A 相	内浅海镜-壳组合有机相	内浅海	中-高 Pr/Ph 还原相（弱氧化-弱还原）	以镜质组为主，镜质组+惰质组占比 50%～70%；腐泥组+壳质组占比 30%～50%；壳质组占比<30%	0～2.0	100～500 (II₁～III)	1.0～1.4	1.0～3.0	0.5～1.5
B 相	外浅海壳-腐组合有机相	外浅海	低 Pr/Ph 还原相（弱还原-还原）	镜质组+惰质组占比<50%；壳质组占比 30%～50%；腐泥组占比 20%～30%	2.0～4.0	200～500 (II)	>1.4	< 1.0	<0.3
C 相	局限海富腐泥组有机相	局限海	低 Pr/Ph 还原相（还原）	镜质组+惰质组占比<50%；腐泥组+壳质组占比>50%；腐泥组占比>40%	2.0～4.0	400～600 (II)	>1.5	< 1.0	<0.05
D 相	深水贫有机质有机相	半深海-深海	低 Pr/Ph 还原相（还原）	镜质组+惰质组占比<40%；壳质组<腐泥组	<0.5	<150 (III)	<0.8	1.0	<0.05

注：以下刚果盆地为例

表 2.3　大型三角洲供给的被动大陆边缘盆地海相烃源岩有机相划分方案（有机地球化学参数）

有机相类型	沉积相	地球化学相	显微组分组成	TOC 含量 /%	地球化学特征			
					HI/ (mg/g)	H/C 原子比	Pr/Ph	奥利烷指数
A 相	近岸沼泽镜-壳组合有机相	三角洲平原	中 Pr/Ph 氧化还原过渡相（弱氧化-弱还原）	以镜质组为主，镜质组+惰质组占比>70%；腐泥组+壳质组占比<30%；腐泥组占比<10%	30～50	<150 (III)	<0.8	>3.0	>1.5
B 相	三角洲前缘浅海镜-壳组合有机相	滨岸带、内浅海、三角洲前缘亚相	中-高 Pr/Ph 氧化还原相（弱氧化-弱还原）	以镜质组为主，镜质组+惰质组占比为 40%～70%；腐泥组+壳质组占比为 30%～50%；壳质组占比<30%	0.8～2.5	100～500 (II₁～III)	1.0～1.4	1.0～2.0	0.5～1.5

续表

有机相类型	沉积相	地球化学相	显微组分组成	TOC 含量 /%	HI/ (mg/g)	H/C 原子比	Pr/Ph	奥利烷 指数
C 相	前三角洲浅海壳-腐组合有机相	外浅海	低 Pr/Ph 还原相（弱还原-还原）	镜质组+惰质组占比<50%；壳质组占比为30%～50%；腐泥组占比为20%～30%	2.0～4.0	200～500（II）	>1.4	<1.0	<0.3
D 相	深水重力流含镜质组有机相	浊积扇、海底扇、浊流	高 Pr/Ph 氧化相（氧化）	以镜质组为主，镜质组+惰质组占比>70%；腐泥组+壳质组占比<30%；腐泥组占比<10%	0.5～1.0	<150（III）	<0.8	>3.0	>1.5
E 相	深水贫有机质有机相	半深海-深海	低 Pr/Ph 还原相（还原）	镜质组+惰质组占比<40%；壳质组占比<腐泥组占比	<0.5	<150（III）	<0.8	<1.0	<0.05

注：以尼日尔三角洲盆地为例

表 2.4 无大型三角洲供给的被动大陆边缘盆地有机相划分方案（地质地球物理参数）

有机相类型	沉积相	岩性特征	测井相				地震相	有机质类型	烃源岩品质
			GR/ API	AE60/ (Ω·m)	RHOB/ (g/cm³)	DT/ (us/ft)			
A 相	内浅海镜-壳组合有机相	内浅海	暗色泥岩夹薄层灰质泥岩，黄铁矿发育	150～250	>0.8	2.0～2.2	130～150	亚平行反射为主，低频中高连续强振幅	II₁～III	中等
B 相	外浅海壳-腐组合有机相	外浅海	厚层暗色泥岩，黄铁矿丰富，有孔虫及放射虫发育	120～200	>0.6	<2.2	110～150	平行-亚平行反射，低频中低连续弱振幅	II	较好
C 相	局限海富腐泥组有机相	局限海	厚层泥灰岩或灰质泥岩，藻类发育	120～200	0.4～0.8	2.2～2.6	110～115	平行-亚平行反射，低频中低连续弱振幅	II	好
D 相	深水贫有机质有机相	半深海-深海	灰色黏土岩，黄铁矿丰富，微古生物不发育	90～120	0.4～0.6	2.2～2.5	80～120	平行反射为主，低频中低连续弱振幅	III	差

注：以下刚果盆地为例

表 2.5　大型三角洲供给的被动大陆边缘盆地海相烃源岩有机相划分方案（地质地球物理参数）

| 有机相类型 | 沉积相 | 岩性特征 | 测井相 | | | | 地震相 | 有机质类型 | 烃源岩品质 |
			GR/API	AE60/(Ω·m)	RHOB/(g/cm³)	DT/(us/ft)			
A相	近岸沼泽镜-壳组合有机相	三角洲平原	暗色泥岩，碳质泥岩，含植物碎屑	>200	>0.8	<1.8	>150	平行-亚平行反射，低频中低连续弱振幅	III	好
C相	三角洲前缘浅海镜-壳组合有机相	滨岸带、内浅海、三角洲前缘亚相	暗色泥岩夹薄层灰质泥岩	50～120	0.2～0.6	<1.8	>150	亚平行反射为主，中低频中连续弱振幅	II₁～III	中等
B相	前三角洲浅海壳-腐组合有机相	外浅海	厚层泥灰岩或灰质泥岩，藻类发育	150～200	0.4～0.6	2.2～2.6	110～115	平行-亚平行反射，低频中低连续弱振幅	II	较好
D相	深水重力流含镜质组有机相	浊积扇、海底扇、浊流	厚层砂岩夹暗色泥岩及薄煤层	<90	>0.6	<2.0	>130	亚平行反射为主，中低频中高连续强振幅	III	差
E相	深水贫有机质有机相	半深海-深海	灰色黏土岩，黄铁矿丰富，微古生物不发育	90～120	0.4～0.6	2.2～2.5	80～120	平行反射为主，低频中低连续弱振幅	III	差

注：以尼日尔三角洲盆地为例

无大型三角洲供给的被动大陆边缘盆地海相烃源岩有机相包括 4 种类型，分别是 A 相，内浅海镜-壳组合有机相；B 相，外浅海壳-腐组合有机相；C 相，局限海富腐泥组有机相；D 相，深水贫有机质有机相。

大型三角洲供给的被动大陆边缘盆地海相烃源岩有机相包括 5 种类型，分别是 A 相，近岸沼泽镜-壳组合有机相；B 相，三角洲前缘浅海镜-壳组合有机相；C 相，前三角洲浅海壳-腐组合有机相；D 相，深水重力流含镜质组有机相；E 相，深水贫有机质有机相。

第四节　不同成因类型海相烃源岩有机相特征

一、无大型三角洲的被动陆缘盆地海相烃源岩有机相

（一）有机相类型

本书以 Rogers（1980）和 Jones（1987）对有机相的认识和划分原则为基础，基于海相烃源岩的成因类型，根据烃源岩的沉积相、地球化学特征和显微组分组成，将无大型三角洲的被动陆缘下刚果盆地海相烃源岩划分成 4 类有机相（图 2.1 和表 2.2）。

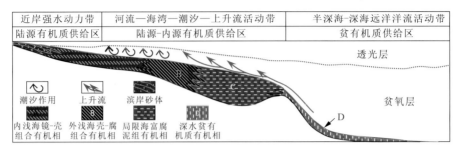

图 2.1　下刚果盆地海相烃源岩有机相划分及其分布

内浅海镜-壳组合有机相发育于内浅海，形成于弱氧化-弱还原环境，地球化学相为中-高 Pr/Ph 还原相，Pr/ Ph 为 1.0～3.0，其显微组分以镜质组为主，镜质组+惰质组占比为 50%～70%，腐泥组+壳质组占比为 30%～50%，壳质组占比<30%，TOC 含量为 0～2.0%，HI 为 100～500 mg/g，有机质类型以 II$_1$～III型为主，H/C 原子比为 1.0～1.4，奥利烷指数为 0.5～1.5。

外浅海壳-腐组合有机相发育于外浅海，形成于弱还原-还原环境，地球化学相为低 Pr/Ph 还原相，Pr/Ph<1.0，其显微组分以壳质组和腐泥组为主，镜质组+惰质组占比<50%，壳质组占比 30%～50%，腐泥组占比 20%～30%；TOC 含量为 2.0%～4.0%，HI 为 200～500 mg/g，有机质类型以 II 型为主，H/C 原子比>1.4，奥利烷指数<0.3。

局限海富腐泥组有机相发育于局限海环境，地球化学相为低 Pr/Ph 还原相，Pr/Ph<1.0，陆源高等植物少，镜质组+惰质组占比<50%，腐泥组+壳质组占比>50%，腐泥组占比>40%；TOC 含量为 2.0%～4.0%，HI 为 400～600 mg/g，有机质类型以 II$_s$ 为主，H/C 原子比>1.5，奥利烷指数<0.05。

深水贫有机质有机相：发育于半深海-深海，形成于还原环境，地球化学相为低 Pr/Ph 还原相，Pr/Ph<1.0，显微组分组成特征为镜质组+惰质组占比<40%，壳质组占比<腐泥组占比，TOC 含量<0.5%，HI<150 mg/g，有机质类型以III型为主，H/C 原子比<0.8，奥利烷指数<0.05。

下刚果盆地 MH-1 井资料最为齐全，因此本书以 MH-1 井为例划分下刚果盆地海相烃源岩有机相，其中，下白垩统阿尔布阶 Sendji 组主要为碳酸盐岩，一般作为储层；而主要烃源岩见于上白垩统—中新统 Likouala 组、Madingo 组和 Paloukou 组发育的富有机质泥页岩，以晚白垩世—中新世时期发育的烃源岩作为主要研究对象。

（二）有机相划分

Likouala 组分布于 3 005～3 410 m，以灰质泥岩为主。该组下段烃源岩抽提物具中等 Pr/Ph（1.2～2.5），C$_{29}$/C$_{27}$ 规则甾烷为 1.1～2.0，沉积环境为弱氧化环境（图 2.2），其地球化学相为中等 Pr/Ph 氧化还原过渡相，其显微组分整体很少，其中，镜质组+惰质组占比达到 50%～70%，壳质组占比低于 30%（图 2.3），有机相以内浅海镜-壳组合有机相为主（图 2.4）。上段烃源岩抽提物具低 Pr/Ph（<1.2），C$_{29}$/C$_{27}$ 规则甾烷低，奥利烷指

数低（图 2.5），沉积环境为还原环境，地球化学相以低 Pr/Ph 还原相为主，其显微组分中壳质组和腐泥组较多，占比达到 49%，镜质组+惰质组占比在 51% 左右（图 2.6），有机相为内浅海镜-壳组合有机相（图 2.4）。

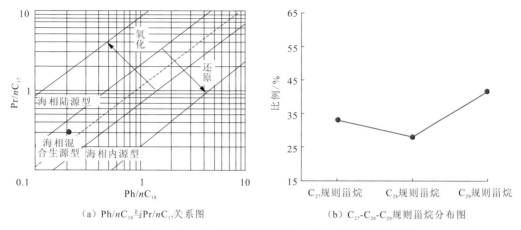

（a）Ph/nC$_{18}$与Pr/nC$_{17}$关系图　　　　　（b）C$_{27}$-C$_{28}$-C$_{29}$规则甾烷分布图

图 2.2　Likouala 组下段烃源岩生物标志物地球化学特征

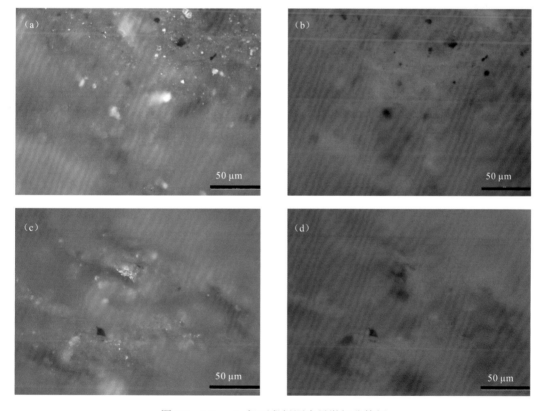

图 2.3　Likouala 组下段烃源岩显微组分特征

（a）镜质组，反射光，3 365 m；（b）腐泥组，荧光，3 265 m；（c）镜质组，反射光，3 260 m；（d）腐泥组，荧光，3 220 m

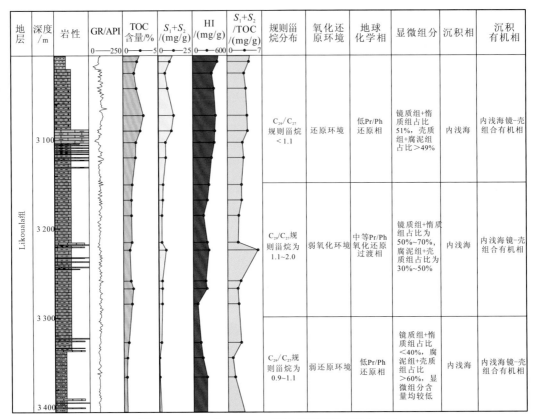

图 2.4　MH-1 井 Likouala 组海相烃源岩有机相划分

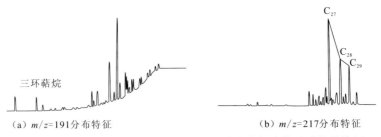

（a）m/z=191分布特征　　　　　　　（b）m/z=217分布特征

图 2.5　Likouala 组上段（3 216 m）烃源岩生物标志物地球化学特征

　　Madingo 组下段以泥岩为主，底部出现明显的硅化现象，偶见黄铁矿化的有孔虫；而 Madingo 组上段整体以泥质灰岩为主，局部夹浅绿色灰质泥岩，沉积环境为外浅海。

　　Madingo 组下段具有低 Pr/Ph（<1.2）特征，C_{29}/C_{27} 规则甾烷低于 1.1，奥利烷指数低，沉积环境为还原环境（图 2.7），地球化学相为低 Pr/Ph 还原相；显微组分中镜质组+惰质组占 45%，壳质组+腐泥组占 55%（图 2.8），因此，Madingo 组下段烃源岩有机相为外浅海壳-腐组合有机相（图 2.9）。

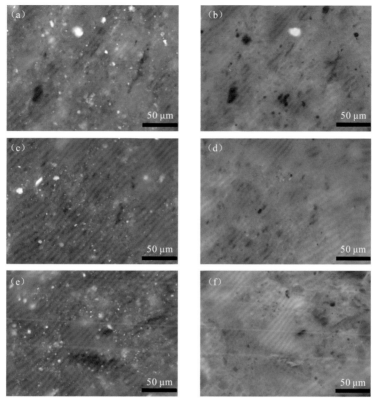

图 2.6 Likouala 组上段烃源岩显微组分特征

（a）镜质组，反射光，3 070 m；（b）腐泥组，荧光，3 070 m；（c）镜质组，反射光，3 090 m；（d）腐泥组，荧光，3 090 m；

（e）镜质组，反射光，3 105 m；（f）腐泥组，荧光，3 105 m

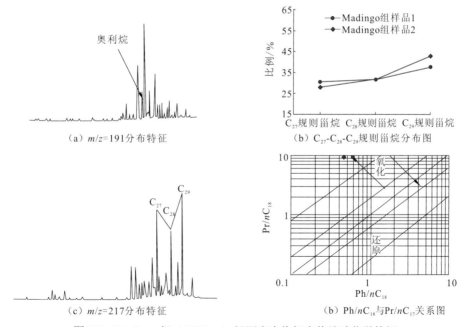

图 2.7 Madingo 组（2 826 m）烃源岩生物标志物地球化学特征

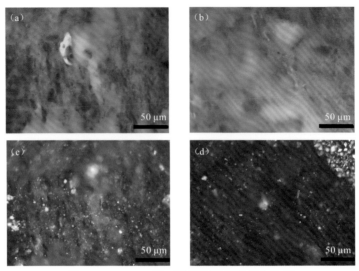

图 2.8　Madingo 组下段烃源岩显微组分特征

（a）腐泥组，荧光，2 924 m；（b）腐泥组，荧光，2 962 m；（c）镜质组，反射光，2 945 m；（d）镜质组，反射光，2 990 m

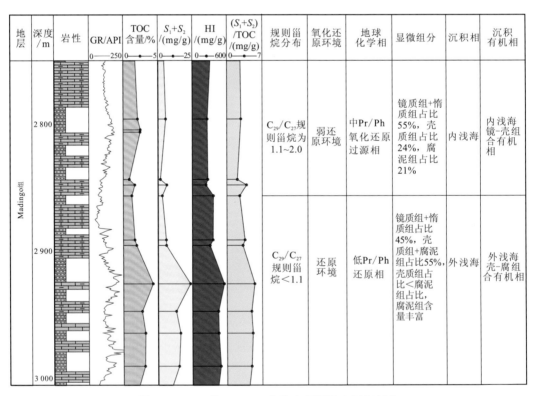

图 2.9　MH-1 井 Madingo 组海相烃源岩有机相划分

Madingo 组上段烃源岩抽提物具有中等 Pr/Ph（1.2～2.5）特征，C_{29}/C_{27} 规则甾烷为 1.1～2.0，奥利烷指数较低，沉积环境为弱还原环境（图 2.7），地球化学相为中 Pr/Ph 氧化还原过渡相；显微组分中镜质组+惰质组占比高，达 55%，壳质组占比为 24%，腐泥组占比为 21%，陆源有机质输入量相对下段增加（图 2.10），Madingo 组上段烃源岩有机相为内浅海镜-壳组合有机相。

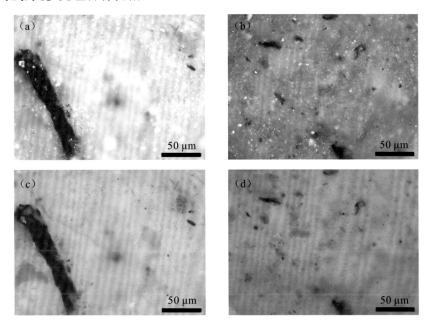

图 2.10　Madingo 组上段烃源岩显微组分特征

（a）镜质组，反射光，2 805 m；（b）镜质组，反射光，2 846 m；（c）腐泥组和镜质组，荧光，2 805 m；
（d）腐泥组和镜质组，荧光，2 846 m

Paloukou 组下段地层以泥岩为主，中部夹带有浊积砂岩，底部出现了灰岩和泥岩地层，局部含有海绿石和黄铁矿，岩屑中很少出现贝壳和有孔虫类。下段岩样抽提物具中等 Pr/Ph（1.2～2.5），沉积环境为弱氧化环境，地球化学相为中等 Pr/Ph 氧化还原过渡相，C_{29}/C_{27} 规则甾烷为 2.0～3.0，奥利烷指数较高（图 2.11、图 2.12）。下段的显微组分组成以矿物沥青基质为主，镜质组+惰质组占比为 49%，腐泥组+壳质组占比为 51%（图 2.13），有机相为外浅海壳-镜组合有机相（图 2.14）。

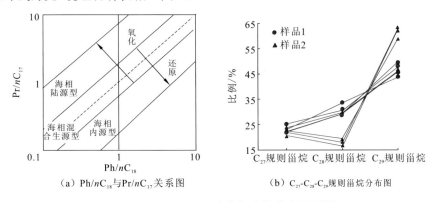

（a）Ph/nC_{18} 与 Pr/nC_{17} 关系图　　　（b）C_{27}-C_{28}-C_{29} 规则甾烷分布图

图 2.11　Paloukou 组烃源岩生物标志物地球化学特征

奥利烷
伽马蜡烷
C_{29}
C_{27}

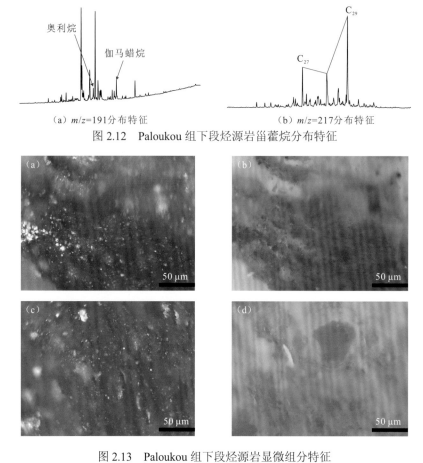

（a）m/z=191分布特征　　（b）m/z=217分布特征

图 2.12　Paloukou 组下段烃源岩甾藿烷分布特征

（a）
50 μm
（b）
50 μm
（c）
50 μm
（d）
50 μm

图 2.13　Paloukou 组下段烃源岩显微组分特征

（a）镜质组和腐泥组，反射光，2 720 m；（b）镜质组和腐泥组，荧光，2 720 m；（c）镜质组和腐泥组，反射光，2 695 m；（d）镜质组和腐泥组，荧光，2 590 m

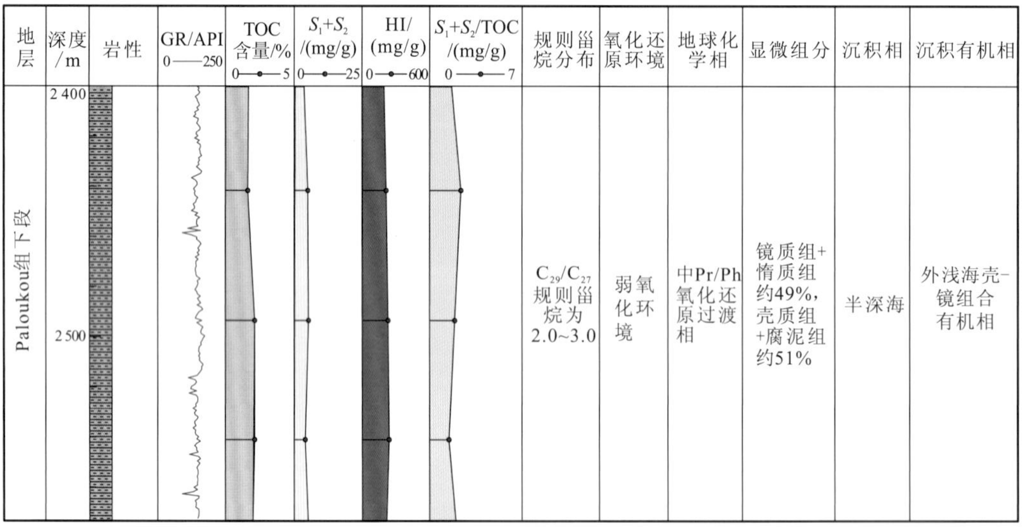

地层
深度/m
岩性
GR/API
0——250
TOC含量/%
0——5
S_1+S_2/(mg/g)
0——25
HI/(mg/g)
0——600
S_1+S_2/TOC/(mg/g)
0——7
规则甾烷分布
氧化还原环境
地球化学相
显微组分
沉积相
沉积有机相
Paloukou组下段
2 400
2 500
C_{29}/C_{27}规则甾烷为2.0~3.0
弱氧化环境
中Pr/Ph氧化还原过渡相
镜质组+惰质组约49%，壳质组+腐泥组约51%
半深海
外浅海壳-镜组合有机相

图 2.14　Paloukou 组下段海相烃源岩有机相划分

Paloukou 组上段岩样抽提物 Pr/Ph 低（<1.2），弱还原环境，其地球化学相为低 Pr/Ph 氧化还原过渡相，C_{29}/C_{27} 规则甾烷为 1.1～1.5（图 2.11 和图 2.15），显微组分少，镜质组+惰质组占比<40%，壳质组占比<腐泥组占比（图 2.16），沉积环境为半深海，其有机相为深水贫有机质有机相。

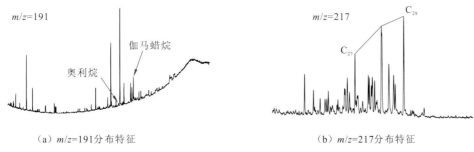

（a）m/z=191分布特征　　　　　　　　　　（b）m/z=217分布特征

图 2.15　Paloukou 组上段烃源岩甾藿烷分布特征

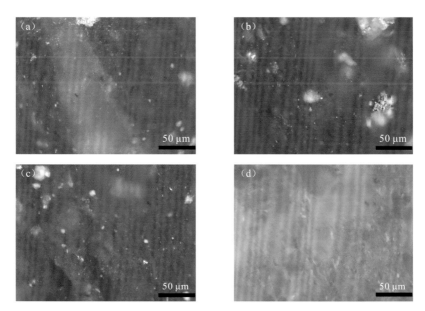

图 2.16　Paloukou 组上段烃源岩显微组分特征

（a）镜质组，反射光，2 540 m；（b）镜质组，反射光，2 490 m；（c）镜质组，反射光，2 440 m；（d）腐泥组，荧光，2 390 m

（三）西非下刚果盆地海相烃源岩有机相演化规律

从下刚果盆地钻井揭示海相烃源岩的有机相纵向演化上可以看出，Likouala 组烃源岩有机相为内浅海镜-壳组合有机相，其下段 TOC 含量、生烃潜力（岩石中游离烃 S_1+热解烃 S_2）和 HI 较低，而上段 TOC 含量、S_1+S_2 和 HI 较高，整体上看为差-中等烃源岩。Madingo 组下段烃源岩有机相是外浅海壳-腐组合有机相，相对于其他段，该段 TOC 含量、S_1+S_2 和 HI 最高，为优质烃源岩发育层段；上段烃源岩有机相是内浅海镜-壳组合有机相，该段 TOC 含量、S_1+S_2 和 HI 较高，为中等烃源岩发育层段。Paloukou 组下段烃源岩有机相是外浅海壳-镜组合有机相，该段 TOC 含量、S_1+S_2 和 HI 也很高，为优质烃源岩发育层段，上段烃源岩有机相是深水贫有机质有机相，该段 TOC 含量、S_1+S_2 和 HI 较低，为差烃源岩。因此，总体上看，下刚果盆地优质海相烃源岩的有机相发育层段是在 Madingo 组和 Paloukou 组下段（图 2.17）。下刚果盆地海相烃源岩的有机相演化趋势可能与海侵过程有关，Likouala 组沉积时期，海水较浅，沉积环境为内浅海；随着海侵的深入，Madingo 组和 Paloukou 组下段沉积时期，海水变深，沉积环境以外浅海为主，生源贡献以低等水生生物为主；Paloukou 组上段沉积时期，海水进一步变深，沉积环境以半深海为主，生产力低，以随海底扇带入的高等植物贡献为主。

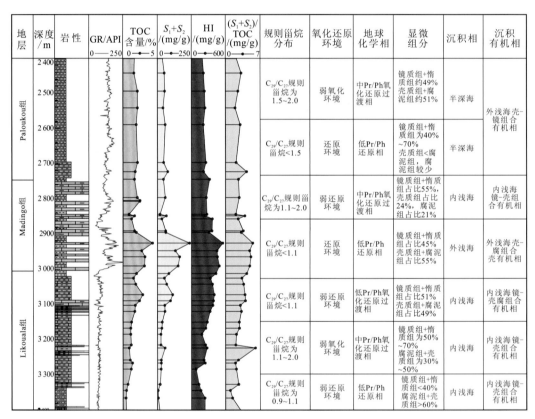

图 2.17　下刚果盆地主力海相烃源岩层段有机相划分

（四）下刚果盆地主力烃源岩层段有机相分布

根据下刚果盆地单井有机相特征及地震相和沉积相平面展布特征，编绘了下刚果盆地有机相平面分布图。

Madingo 组包含四种有机相类型（图 2.18），由陆地向海洋分别为：内浅海镜-壳组合有机相，其 TOC 含量为 0～2.0%；外浅海壳-腐组合有机相，其 TOC 含量为 2.0%～

4.0%；局限海富腐泥组有机相分布最为广泛，主要发育在盆地中部及南部，TOC 含量为
2.0%～4.0%；深水贫有机质有机相，其 TOC 含量<0.5%。

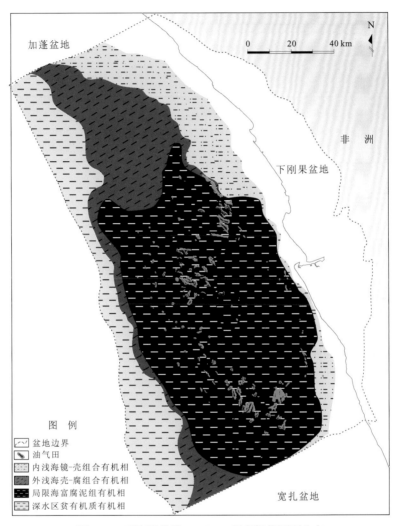

图 2.18　下刚果盆地 Madingo 组有机相平面分布

（五）下刚果盆地海相烃源岩有机相的地球化学特征

下刚果盆地海相烃源岩有机相的地球化学特征见表 2.6。局限海富腐泥组有机相烃源
岩的有机质丰度很好-极好，有机质类型为 II_S 型，倾油，为优质烃源岩；外浅海壳-腐组
合有机相烃源岩的有机质丰度很好-极好，有机质类型为 II 型，倾油，为优质烃源岩；
内浅海镜-壳组合有机相的烃源岩有机质丰度差-好，有机质类型为 II_1 型～III 型，倾油，
为差-中等烃源岩；深水区贫有机质有机相的烃源岩有机质丰度差，有机质类型为 III 型，
为差烃源岩。

表 2.6　下刚果盆地海相烃源岩有机相的地球化学特征

有机相类型	沉积相	地球化学相	显微组分组成	烃源岩地球化学特征			
				有机质丰度	有机质类型	倾油气性	烃源岩性质
局限海富腐泥组有机相	局限海	低 Pr/Ph 还原相（还原）	镜质组+惰质组占比<50%；腐泥组+壳质组占比>50%；腐泥组占比>40%	很好-极好	II_s	倾油	优质烃源岩
外浅海壳-腐组合有机相	外浅海	低 Pr/Ph 还原相（弱还原-还原）	镜质组+惰质组占比<50%；壳质组占比为 30%～50%；腐泥组占比为 20%～30%	很好-极好	II	倾油	优质烃源岩
内浅海镜-壳组合有机相	内浅海	中 Pr/Ph 氧化还原过渡相（弱氧化-弱还原）	以镜质组为主，镜质组+惰质组占比为 50%～70%；腐泥组+壳质组占比为 30%～50%；壳质组占比<30%	差-好	II_1～III	倾油	差-中等烃源岩
深水区贫有机质有机相	半深海-深海	低 Pr/Ph 还原相（还原）	镜质组+惰质组占比<40%；壳质组占比<腐泥组占比	差	III	—	差烃源岩

（六）原油与有机相关系

一般来说，在不遭受明显次生变化影响的条件下，原油会继承烃源岩的地球化学特征，因此可以利用原油的地球化学特征来推测下刚果盆地海相烃源岩的有利有机相。

下刚果盆地 Paloukou 组原油以低-中等的 Pr/Ph（0.96～1.43），较多的奥利烷、三环萜烷，C_{29} 规则甾烷要少于 C_{27} 规则甾烷为特征，反映了有机质生源既有海洋低等水生生物，又有陆源高等植物，形成环境为弱还原-还原环境，其烃源岩为 Madingo 组或者 Paloukou 组，烃源岩有机相类型为外浅海壳-腐组合有机相。

下刚果盆地深水区块渐新统—中新统储层中原油以低奥利烷含量、一定丰度的三环萜烷、C_{27} 规则甾烷明显多于 C_{29} 规则甾烷为特征，表明其烃源岩的生源物质以低等水生生物为主，其烃源岩为 Madingo 组。上述特征表明其生烃母质显微组分可能以腐泥组分和少量高等植物组分为主，烃源岩有机相类型为局限海富腐泥组有机相。

因此，结合烃源岩和原油地球化学特征来看，下刚果盆地最优质烃源岩的有机相是局限海富腐泥组有机相和外浅海壳-腐组合有机相。

二、具大型三角洲的被动陆缘盆地海相烃源岩有机相

（一）有机相类型

依据沉积相、烃源岩地球化学相和显微组分组成，将具大型三角洲的被动陆缘盆地海相烃源岩的尼日尔三角洲盆地的有机相划分成 5 类（图 2.19 和表 2.3）。各个有机相的具体特征如下。

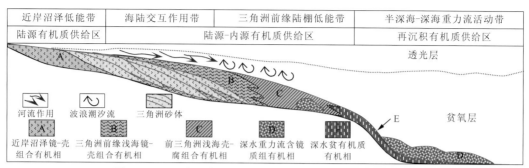

图 2.19 尼日尔三角洲盆地海相烃源岩有机相划分及其分布

近岸沼泽镜-壳组合有机相发育于三角洲平原，Pr/Ph>3.0，沉积环境为弱氧化-弱还原环境，地球化学相为中 Pr/Ph 氧化还原过渡相，显微组分以镜质组占主导地位，镜质组+惰质组占比>70%，腐泥组+壳质组占比<30%，腐泥组占比<10%，TOC 含量为 30%～50%，HI<150mg/g，有机质类型多为 III 型，H/C 原子比<0.8，奥利烷指数>1.5。

三角洲前缘浅海镜-壳组合有机相多发育于滨岸带、内浅海及三角洲前缘亚相，Pr/Ph 为 1.0～2.0，沉积环境为弱氧化-弱还原环境，地球化学相为中-高 Pr/Ph 氧化还原相，显微组分中镜质组较多，镜质组+惰质组占比为 40%～70%，腐泥组+壳质组占比为 30%～50%，壳质组占比<30%，TOC 含量为 0.8%～2.5%，HI 为 100～500 mg/g，以 II₁ 和 III 型有机质为主，H/C 原子比为 1.0～1.4，奥利烷指数为 0.5～1.5。

前三角洲浅海壳-腐组合有机相：常发育于外浅海，Pr/Ph<1.0，沉积环境为弱还原-还原环境，地球化学相为低 Pr/Ph 还原相，含有一定的陆源有机质，镜质组+惰质组占比<50%，壳质组占比为 30%～50%，腐泥组占比为 20%～30%；TOC 含量为 2.0%～4.0%，HI 为 200～500mg/g，有机质类型多为 II 型，H/C 原子比>1.4，奥利烷指数<0.3。

深水重力流含镜质组有机相多发育于浊积扇、海底扇、浊流环境，Pr/Ph>3.0，地球化学相为高 Pr/Ph 氧化相，显微组分以镜质组占主导地位，镜质组+惰质组占比>70%，腐泥组+壳质组占比<30%，腐泥组占比<10%，TOC 含量为 0.5%～1.0%，HI<150 mg/g，以 III 型有机质为主，H/C 原子比<0.8，奥利烷指数>1.5。

深水贫有机质有机相常发育于半深海-深海环境，Pr/Ph<1.0，沉积环境大多为还原环境，地球化学相为低 Pr/Ph 还原相，显微组分较少，镜质组+惰质组占比<40%，壳质组占比<腐泥组占比；有机质丰度低，TOC 含量<0.5%，HI<150 mg/g，有机质以III型为主，H/C 原子比<0.8，奥利烷指数<0.05。

（二）有机相划分

1. 浅水区

尼日尔三角洲盆地的烃源岩以 Agbada 组底部泥岩和 Akata 组泥岩为主，结合现有烃源岩样品，以尼日尔三角洲西部浅水区 MI、MO 和 OK 三个油田的 Agbada 组烃源岩为研究对象，划分其烃源岩的有机相类型。

MI 油田的 MI-2 井 Agbada 组烃源岩取样层段为 2 075～3 418 m，其岩性较为单一，以泥页岩为主。TOC 含量为 0.63%～1.38%，平均值为 1.01%；HI 较低，为 37～146 mg/g。下段烃源岩的地球化学特征为高 Pr/Ph（3.0～4.5），C_{29}/C_{27} 规则甾烷为 2.6～3.7，高奥利烷指数（1.3～1.8），地球化学相为高 Pr/Ph 氧化相（如 MI-2 井 3 405 m 处样品，图 2.20），显微组分中镜质组+惰质组占比为 79%；壳质组+腐泥组占比为 21%（图 2.21），有机相为三角洲前缘浅海镜-壳组合有机相（图 2.22）。上段烃源岩岩性为泥岩及泥质粉砂岩互层，可溶有机质特征表现为中等 Pr/Ph（2.0～2.5），C_{29}/C_{27} 规则甾烷为 2.8～3.0，高奥利烷指数（1.2～1.6），地球化学相为中等 Pr/Ph 氧化还原过渡相（如 MI-2 井 2 078 m 处样

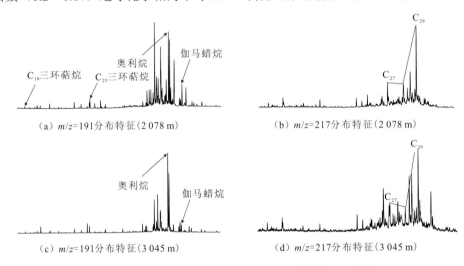

（a）m/z=191分布特征（2 078 m）　　　（b）m/z=217分布特征（2 078 m）

（c）m/z=191分布特征（3 045 m）　　　（d）m/z=217分布特征（3 045 m）

图 2.20　尼日尔三角洲盆地 MI-2 井烃源岩质量色谱图

图 2.21　尼日尔三角洲盆地 MI-2 井 Agbada 组下段烃源岩显微组分特征

（a）镜质组，反射光，2 890 m；（b）镜质组和腐泥组，荧光，2 890 m；（c）镜质组，反射光，2 930 m；（d）镜质组和腐泥组，荧光，2 930 m

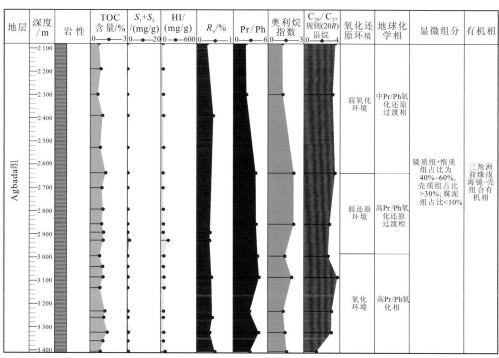

图 2.22　尼日尔三角洲盆地 MI-2 井海相烃源岩有机相划分

品，图 2.20），沉积环境以三角洲前缘亚相为主，分支河道向水下延伸沉积，且受洋流风暴及河流冲刷双重改造，沉积物中除了陆源输入外，还具一定量的沟鞭藻、疑源类等海相生源。显微组分中镜质组+惰质组的占比为 86%，壳质组占比为 2%，腐泥组占比为 12%（图 2.23），有机相为三角洲前缘浅海镜-壳组合有机相。

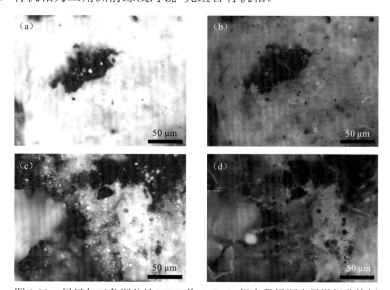

图 2.23　尼日尔三角洲盆地 MI-2 井 Agbada 组上段烃源岩显微组分特征

（a）镜质组，反射光，2 700 m；（b）镜质组和腐泥组，荧光，2 700 m；（c）镜质组，反射光，2 636 m；（d）镜质组和腐泥组，荧光，2 636 m

  MO 油田的 MO-1 井 Agbada 组烃源岩取样深度为 870～2 881 m。下段样品（2 220～2 881 m）沉积环境为三角洲前缘亚相，其岩性以水下分离河道的泥岩及泥质粉砂岩互层，TOC 含量为 0.58%～1.55%，平均值为 1.20%，有机质丰度较好，有机质类型以 II_2 型为主，抽提物具高 Pr/Ph（2.6～3.5），C_{29}/C_{27} 规则甾烷为 1.6～2.3，高奥利烷指数（1.0～1.2）（如 MO-1 井 2 808 m 处样品，图 2.24），沉积环境以弱还原-弱氧化环境为主，地球化学相为高 Pr/Ph 氧化还原过渡相，显微组分中镜质组+惰质组占比为 65%，壳质组占比为 25%，腐泥组占比为 9%（图 2.25），有机相为三角洲前缘浅海镜-壳组合有机相（图 2.26）。

  上段样品（870～2 220 m）沉积相以近端三角洲平原为主，通常不具有河流的"二元结构"，在测井上 GR 曲线常常以箱形出现。样品 TOC 含量为 0.61%～2.35%，平均值为

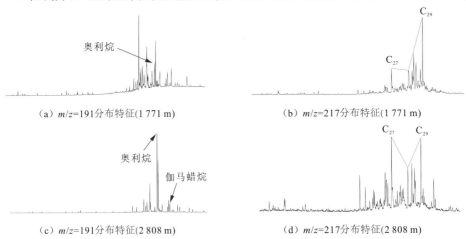

（a）m/z=191分布特征(1 771 m)   （b）m/z=217分布特征(1 771 m)

（c）m/z=191分布特征(2 808 m)   （d）m/z=217分布特征(2 808 m)

图 2.24 尼日尔三角洲盆地 MO-1 井烃源岩质量色谱图

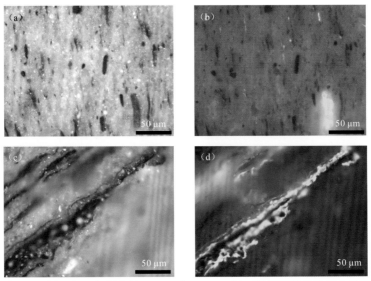

图 2.25 尼日尔三角洲盆地 MO-1 井 Agbada 组下段烃源岩显微组分特征

（a）镜质组，反射光，2 690 m；（b）镜质组和腐泥组，荧光，2 690 m；（c）镜质组，反射光，2 405 m；（d）镜质组、壳质组和腐泥组，荧光，2 405 m

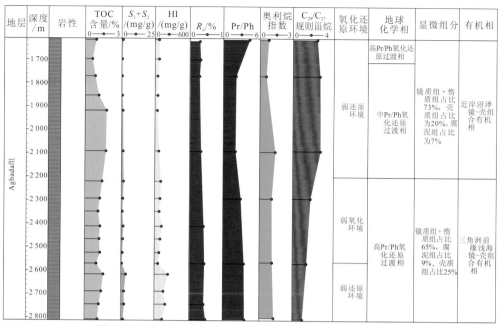

图 2.26　尼日尔三角洲盆地 MO -1 井海相烃源岩有机相划分

1.27%，有机质丰度较好，其有机质类型以Ⅲ型为主，可溶有机质生物标志物特征表现为中等 Pr/Ph（1.9～2.3），由于水动力较强，沉积环境为弱氧化环境，地球化学相为中 Pr/Ph 氧化还原过渡相，C_{29}/C_{27} 规则甾烷为 2.8～3.0，中等奥利烷指数（0.5～0.8）（如 MO -1 井 1 771 m 处样品，图 2.24），显微组分主要为镜质组，镜质组+惰质组占比为 73%，壳质组占比为 20%，腐泥组占比为 7%（图 2.27），有机相为近岸沼泽镜-壳组合有机相。

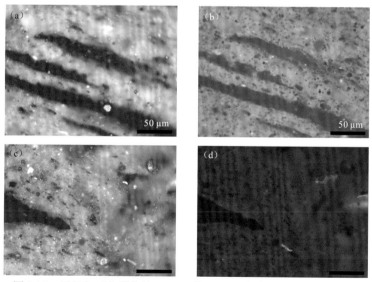

图 2.27　尼日尔三角洲盆地 MO -1 井 Agbada 组上段烃源岩显微组分特征

（a）镜质组，反射光，1 700 m；（b）镜质组和腐泥组，荧光，1 700 m；（c）镜质组，反射光，1 905 m；（d）镜质组和腐泥组，荧光，1 905 m

　　OK 油田的 OK-3 井 Agbada 组取样深度为 1 463～2 927 m。下段烃源岩（2 369～2 927 m）的 TOC 含量为 2.61%～3.12%，平均值为 2.67%，有机质丰度很好，其有机质类型以 II$_1$ 型为主，下段烃源岩生物标志物具有中等 Pr/Ph（1.7～2.2），C$_{29}$/C$_{27}$ 规则甾烷为 1.4～2.5，中等奥利烷指数（0.5～1.0）（如 OK-3 井 2 625 m 处样品，图 2.28），沉积环境以还原环境为主，地球化学相为中 Pr/Ph 还原相，其显微组分以镜质组和壳质组为主，壳质组+腐泥组占比为 39%，惰质组占比为 4%，镜质组占比为 57%（图 2.29），有机相为前三角洲浅海壳-腐组合有机相（图 2.30）。

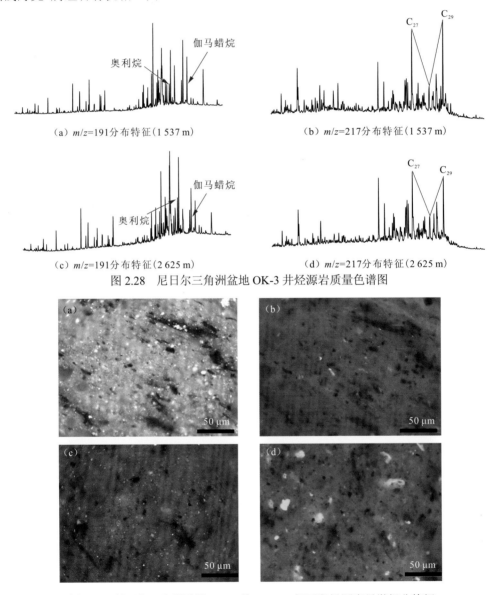

（a）m/z=191 分布特征（1 537 m）　　　　　　（b）m/z=217 分布特征（1 537 m）

（c）m/z=191 分布特征（2 625 m）　　　　　　（d）m/z=217 分布特征（2 625 m）

图 2.28　尼日尔三角洲盆地 OK-3 井烃源岩质量色谱图

图 2.29　尼日尔三角洲盆地 OK-3 井 Agbada 组下段烃源岩显微组分特征

（a）镜质组，反射光，2 870 m；（b）镜质组和腐泥组，荧光，2 870 m；（c）镜质组，反射光，2 670 m；（d）镜质组和腐泥组，荧光，2 620 m

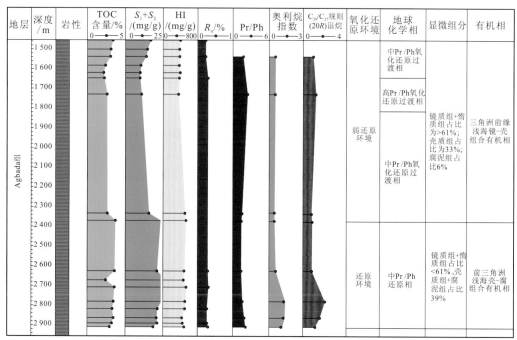

图 2.30 尼日尔三角洲盆地 OK-3 井海相烃源岩有机相划分

上段烃源岩（1 463~2 369 m）的 TOC 含量为 2.2%~3.62%，平均值为 2.45%，有机质丰度很好，其有机质类型以 II₁ 型为主，其生物标志物具有中等 Pr/Ph（1.20~2.5），C_{29}/C_{27} 规则甾烷为 1.2~1.4，较低奥利烷指数（0.3~0.5）（如 OK-3 井 1 537 m 处样品，图 2.28），沉积环境以弱还原环境为主，地球化学相为中 Pr/Ph 氧化还原过渡相，其显微组分以镜质组为主（图 2.31），镜质组+惰质组占比为 61%，壳质组占比为 33%，腐泥组

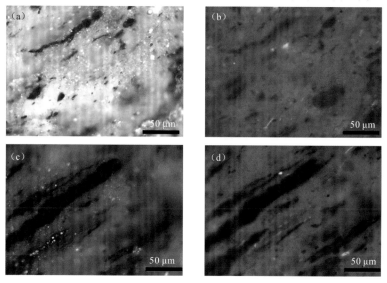

图 2.31 尼日尔三角洲盆地 OK-3 井 Agbada 组上段烃源岩显微组分特征

（a）镜质组，反射光，1 710 m；（b）镜质组和腐泥组，荧光，1 710 m；（c）镜质组，反射光，1 530 m；（d）镜质组和腐泥组，荧光，1 530 m

占比为 6%（图 2.29），有机相为三角洲前缘浅海镜-壳组合有机相。

2. 深水区

在浅水区有机相划分的基础上，综合深水区 EG-2 和 ES-1 井 Agbada 组地球化学数据和测井资料，对其有机相划分进行预测。Egina 和 Egina South 油气田位于外冲断带，水深分别为 1 567.9 m 和 1 651 m。

EG-2 井海相烃源岩 TOC 含量较低，仅一个样品的 TOC 含量超过了 2%。下段的海相烃源岩 HI 较高，这可能与其形成于半深海-深海环境，高等植物输入较少，仅有一些低等水生生物的贡献有关，但是同时看到其 TOC 含量低，且其测井相特征表现为较高的伽马值，因此，预测其有机相为深水贫有机质有机相（图 2.32）。上段的海相烃源岩 TOC 含量和 HI 相对于下段要低，沉积环境为海底扇，生源贡献可能以高等植物为主，测井相特征为高的伽马值，预测其有机相为深水重力流含镜质组有机相。

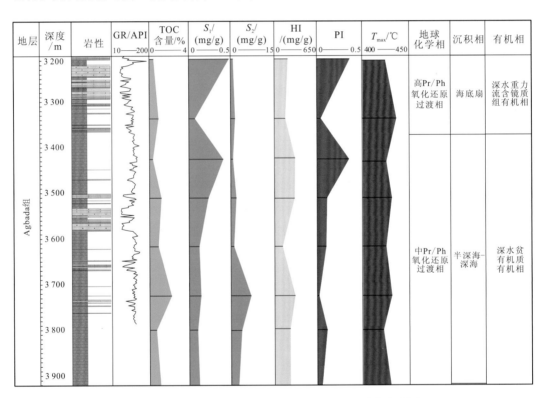

图 2.32 尼日尔三角洲盆地 EG-2 井海相烃源岩有机相划分

整体上看，类似于 EG-2 井海相烃源岩，ES-1 井下段的海相烃源岩 TOC 含量和 HI 较低，沉积环境为海底扇，生源贡献可能以高等植物为主，测井相特征为高的伽马值（图 2.33）。因此，预测其有机相为深水重力流含镜质组有机相。上段的海相烃源岩 TOC 含量和 HI 都相对于下段要高，沉积环境为前三角洲和三角洲前缘，生源贡献既有高等植物又有低等水生生物，测井相特征为较高的伽马值，因此预测其有机相为三角洲前缘浅海镜-壳组合有机相。

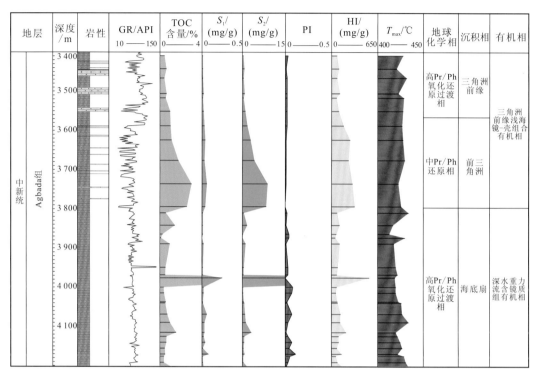

图 2.33 尼日尔三角洲盆地 ES-1 井海相烃源岩有机相划分

（三）尼日尔三角洲盆地海相烃源岩有机相演化规律

浅水区的 OK-3 井 Agbada 组海相烃源岩有机相由前三角洲浅海壳-腐组合有机相变为三角洲前缘浅海镜-壳组合有机相，下段 TOC 含量、S_1+S_2 和 HI 最高，上段 TOC 含量、S_1+S_2 和 HI 也很高，都是优质烃源岩发育层段（图 2.30）。MO-1 井 Agbada 组海相烃源岩有机相由三角洲前缘浅海镜-壳组合有机相变为近岸沼泽镜-壳组合有机相，由优质的倾油型烃源岩变成优质的倾气型烃源岩（图 2.26）。MI-2 井 Agbada 组海相烃源岩有机相为三角洲前缘浅海镜-壳组合有机相，是优质烃源岩发育层段（图 2.22）。

深水区的 EG-2 井海相烃源岩有机相主要为深水贫有机质有机相，是差烃源岩（图 2.32）。ES-1 井海相烃源岩有机相由深水重力流含镜质组有机相转变为三角洲前缘浅海镜-壳组合有机相，下段为差烃源岩，上段为优质烃源岩发育层段（图 2.31）。相较于浅水区，深水区海相烃源岩有机相要更差，是因为深水区离岸远，接受河流作用携带的高等植物更少，输入的营养元素也低，古生产力很低。

（四）尼日尔三角洲盆地有机相平面分布特征

基于上述针对发育大型三角洲的被动大陆边缘盆地海相烃源岩有机相划分方案，结合尼日尔三角洲盆地单井有机相特征及地震相和沉积相平面展布特征，预测了尼日尔三角洲盆地烃源岩的有机相展布（图 2.34）。受三角洲的影响，尼日尔三角洲盆地由陆地向海洋依次发育近岸沼泽镜-壳组合有机相、三角洲前缘浅海镜-壳组合有机相、前三角洲浅海壳-腐组合有机相、深水重力流含镜质组有机相和深水贫有机质有机相。优质烃源岩的有机相带（三角洲前缘浅海镜-壳组合有机相和前三角洲浅海壳-腐组合有机相）分布范围较大。

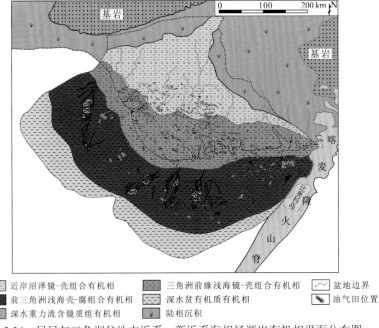

图例
- ▦ 近岸沼泽镜-壳组合有机相
- ▨ 深水重力流含镜质组有机相
- ▦ 三角洲前缘浅海镜-壳组合有机相
- ▦ 深水贫有机质有机相
- ▽ 陆相沉积
- ⌢ 盆地边界
- ⬭ 油气田位置

图 2.34　尼日尔三角洲盆地古近系—新近系海相烃源岩有机相平面分布图

（五）尼日尔三角洲盆地烃源岩有机相的地球化学特征

尼日尔三角洲盆地各烃源岩有机相的地球化学特征见表 2.7。前三角洲浅海壳-腐组合有机相烃源岩有机质丰度很好-极好，有机质类型为 II 型，倾油，为优质烃源岩；近岸沼泽镜-壳组合有机相烃源岩有机质丰度极好，有机质类型为 III 型，倾气，为优质烃源岩；三角洲前缘浅海镜-壳组合有机相烃源岩有机质丰度一般-很好，有机质类型为 II_1-III 型，倾油，为中等烃源岩；深水重力流含镜质组有机相烃源岩有机质丰度一般，有机质类型为 III 型，为差烃源岩；深水贫有机质有机相烃源岩有机质丰度差，有机质类型为 III 型，为差烃源岩。

表 2.7　尼日尔三角洲盆地有机相烃源岩地球化学特征

有机相 类型	沉积相	地球化学相	显微组分组成	地球化学特征			
				丰度	类型	倾油/气性	烃源岩 性质
前三角洲浅海 壳-腐组合 有机相	外浅海	低 Pr/Ph 还原相 （弱还原-还原）	镜质组+惰质组占比<50%；壳质组占比为 30%~50%；腐泥组占比为 20%~30%	很好-极好	II	倾油	优质烃源岩

有机相类型	沉积相	地球化学相	显微组分组成	地球化学特征			
				丰度	类型	倾油/气性	烃源岩性质
近岸沼泽镜-壳合有机相	三角洲平原	中 Pr/Ph 氧化还原过渡相（弱氧化-弱还原）	以镜质组为主，镜质组+惰质组占比>70%；腐泥组+壳质组占比<30%；腐泥组占比<10%	极好	III	倾气	优质烃源岩
三角洲前缘浅海镜-壳组合有机相	滨岸带、内浅海、三角洲前缘亚相	中-Pr/Ph 氧化还原过渡相（弱氧化-弱还原）	以镜质组为主，镜质组+惰质组占比为 40%~70%；腐泥组+壳质组占比为 30%~50%；壳质组占比<30%	一般-很好	II_1~III	倾油	中等烃源岩
深水重力流含镜质组有机相	浊积扇、海底扇、浊流	高 Pr/Ph 氧化相（氧化）	以镜质组为主，镜质组+惰质组占比>70%；腐泥组+壳质组占比<30%；腐泥组占比<10%	一般	III	—	差烃源岩
深水贫有机质有机相	半深海-深海	低 Pr/Ph 还原相（还原）	镜质组+惰质组占比<40%；壳质组占比<腐泥组占比	差	III	—	差烃源岩

（六）原油与有机相关系

尼日尔三角洲盆地的浅水区原油主要有两种成因类型。第 I 类原油生油母质生源以陆源高等植物为主，高奥利烷指数、$X/(X+C_{20}$-三环萜烷)、$Y/(Y+C_{24}$-三环萜烷)，C_{27}/C_{29}规则甾烷呈反 L 形分布；高 Pr/Ph，低的 $10\times$伽马蜡烷/C_{30}藿烷值。因此，根据此类原油地球化学特征，推测该类原油烃源岩中生油母质主要来源于陆源高等植物，形成于弱氧化未分层水体，其显微组分具有大量陆源高等植物来源的镜质组及部分壳质组，主要为三角洲前缘浅海镜-壳组合有机相。

第 II 类原油生油母质生源既有低等水生生物又有陆源高等植物，表征高等植物输入的 $Y/(Y+C_{24}$-三环萜烷)、奥利烷指数、$X/(X+C_{20}$-三环萜烷)较高，规则甾烷呈 V 形分布；低-中等的 Pr/Ph，中等的 $10\times$伽马蜡烷/C_{30}藿烷值。因此，根据此类原油地球化学特征，推测该类原油生油母质生源既有低等水生生物又有陆源高等植物，形成于弱氧化-弱还原水体，推测其生烃母质显微组分为高等植物来源的镜质组、壳质组和少量低等生物来源的腐泥组，主要为前三角洲浅海壳-腐组合有机相。值得注意的是，相对于第 I 类原油，其壳质组和腐泥组更多，而镜质组更少。结合烃源岩和原油地球化学特征来看，尼日尔三角洲盆地最优质烃源岩的有机相是三角洲前缘浅海镜-壳组合有机相和前三角洲浅海壳-腐组合有机相。

第三章 海相烃源岩发育控制因素及发育模式

第一节 海相烃源岩发育控制因素

海相烃源岩的发育与构造、古地理、古气候等诸多因素相关联（梁狄刚 等，2009；于炳松和樊太亮，2008；陈践发 等，2006；鲍志东 等，2004），就直接因素而言，主要受到古地理背景、陆源碎屑供给、古海洋生产力和氧化还原条件等四项基本要素的影响，这四者具有一定的时空关联性，即随着有机质生产、转化和埋藏场所的时空变化，烃源岩的发育程度也会发生变化。

一、古地理背景

古地理背景是指烃源岩沉积期的古地貌、古气候、古水深等环境条件，对海相烃源岩的发育有决定性的影响。大西洋两岸大陆边缘盆地的板块构造重建表明，晚白垩世土伦期—圣通期西非板块和南美板块尚未完全分离，加之南部沃尔维斯海岭的阻挡，西非中段整体处于半封闭的局限海湾环境，期间发生数次大洋缺氧事件，有机质保存条件优越，因此南大西洋两岸在该时期发育了一套优质海相烃源岩。到坎潘期—渐新世，西非板块与南美板块彻底分离，形成典型的开阔海环境，陆架内洼陷也逐渐被沉积物充满（图 3.1），陆缘输入的显著增加也带来大量的溶解氧，不利于有机质的保存。

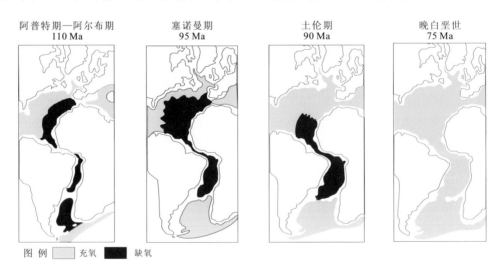

图 3.1 南大西洋两岸盆地古地理背景变化

此外，烃源岩的发育与气候密切相关。海相烃源岩主要发育在中低纬度气候湿润区，其平均温度高，日照时间长，空气湿度大，有利于生物的繁殖和古海洋生产力的提高。一般黏土矿物类型及孢粉组合种群分异度的变化可以指示古气候的变迁。黏土矿物中高岭石占比与陆源碎屑输入量呈正相关关系，继而反映气候干湿度的变化；孢粉组合反映的植被面貌及湿生分子和旱生分子的比例也可精确指示古气候类型。

二、古海洋生产力

古生产力条件是烃源岩形成的物质基础，高品质的烃源岩通常与高的古生产力水平密不可分，高的生产力条件不仅能提供烃源岩直接的成烃母质，而且有利于形成还原条件，有利于有机质的保存。影响有机质富集的生物因素包括表层水的生物生产力和微生物对有机质的生物化学降解作用。原始生产力的变化对有机质的富集起着关键性的作用。

海洋生物的分布和丰度会受到参与生物化学反应的关键营养元素的控制，这些元素被称为限制性营养元素，如 C、N、O、Si、P、Ba、Fe 等。各种元素对原始生产力的反应程度有所不同。P 元素是生物生息繁衍的必须营养元素，参与生物的大部分新陈代谢活动，海水中 P 元素的分布明显受生物作用控制。生物死亡后遗体中所含的 P 元素随生物体一起沉积，并主要以有机磷的形式转移到沉积物中，随后大多数 P 元素通过有机质的再矿化作用从沉积物中释放。磷酸盐矿物是鉴别具有高有机质产率的指标之一，也是现代海洋河口湾上升流区富含有机质层段的重要标志（朱光有和金强，2003），因此 P 元素或 P/Al 值是常用的古海洋生产力指标。

有机元素 Si 相较于其他元素而言，其沉积过程中稳定性较高，大约 90% 以上的有机硅被保存在沉积物中，同样可以作为古生产力的有效指标。Fe 元素作为海洋浮游植物的限制性营养元素，对海洋原始生产力具有明显的限制作用，表层透光带可溶性铁主要来自上升流引发的底质沉积物的再悬浮作用，可溶性铁（还原态铁）可作为古生产力标志。

作为海洋中有机质的生产者和消耗者，古生物记录是古海洋生产力的真实反映，主要原生生物种类的演化序列就是生物进化对大洋化学和营养条件的记录。例如，古生代类似颗石藻的微体化石的零星发现表明，当时大洋中存在一个长期的营养元素和生产力水平不断上升的趋势。中生代以来随着远洋环境浮游生物的繁盛，标志着古海洋生产力的总体上升。

微体古生物的堆积速率可以反映古生产力的变化，常常得到现代不同大洋环境的证实。例如，在高纬度地区，钙质浮游生物和底栖有孔虫的堆积速率能够反映古生产力的变化；在北极地区，底栖有孔虫与浮游有孔虫在沉积物中的单位含量与海洋有机碳通量成正比；在富有机质沉积物中，生物硅与微生物矿物通常较发育。

三、氧化还原条件

沉积水体氧化还原条件是影响沉积物中有机质保存的重要条件。古氧相是判断水体中含氧量的重要指标（单位为 mL/L），一般分为常氧（Oxic，氧气体积分数>2 mL/L）、贫氧[Dysoxic，氧气体积分数为 0.2～2 mL/L（含）]、厌氧非硫化相[Suboxic，氧气体积分数为 0～0.2 mL/L（含）]和厌氧硫化相（Anoxic，氧气体积分数为 0）。

黄铁矿矿化度（degree of pyritization，DOP）是判断氧化还原条件的最常用的指标，为黄铁矿中的铁与总活性铁（黄铁矿中的铁加上盐酸溶解的铁）的比值。由于黄铁矿中的铁与总铁的比值 DOP_T 与 DOP 的值相接近，可用 DOP_T 代替 DOP。计算黄铁矿中的含铁量时，假定所有的硫元素以黄铁矿（FeS_2）的形式存在。根据公式 $DOP_T =$ $(55.85/64.16) \times S/Fe$，式中 55.85 和 64.16 分别是铁和硫元素的原子质量，S 为所测的含硫量，Fe 为样品中总含铁量。Raiswell 和 Canfield（1998）定义了 3 种沉积环境下的 DOP 特征：①在含氧的环境中（正常海水），DOP<0.42；②在没有氧气和有 H_2S 出现的厌氧水体中，DOP>0.75；③在无 H_2S 的厌氧环境中，0.42≤DOP≤0.75。

草莓状黄铁矿是指由等粒度的亚微米级黄铁矿晶体或微晶体紧密堆积而成，形似草莓的黄铁矿球形集合体。草莓状黄铁矿形成之后被保存在沉积物或沉积岩中，由于没有了 Fe^{2+}、H_2S 或单质硫的供应，它们便停止生长，保持了初始的大小和分布特征。这种没有发生二次生长的草莓状黄铁矿的粒径分布特征对沉积水体的氧化还原状态具有指示意义。草莓状黄铁矿形成机理清楚，分析方法简单，对样品的新鲜程度要求不高，成为恢复底层海水氧化还原状态的一种有效的手段，已经成功运用于对现代和古代沉积环境的研究中。

Ni/Co、V/Cr 和 U/Th 等微量元素指标也被用于古氧化还原条件判识，其判别参数见表 3.1。Jones 和 Manning（1994）提出 Ni/Co>7.00 为厌氧环境，5.00～7.00 为贫氧环境，Ni/Co<5.00 为富氧环境。V/Cr>4.25 为厌氧或静海相环境，2.00～4.25 为贫氧环境，<2.00 为富氧环境。U/Th 较高时，海水的还原性更强，>1.25 为厌氧环境，0.75～1.25 为贫氧环境，<0.75 为富氧环境。DOP_T<0.42 为富氧环境，0.42～0.75 为无 H_2S 的厌氧环境，>0.75 为含 H_2S 的厌氧环境（静海相）。

表 3.1　下刚果盆地 M-1 井细粒岩主量元素特征

主量元素 （平均值）	Paloukou 组（5）	Madingo 组（15）	Likouala 组（6）	Sendji 组上段（6）	Sendji 组下段（4）
ω（SiO_2）/%	51.07	50.52	57.57	44.39	34.76
ω（TiO_2）/%	0.81	0.55	1.01	0.54	0.35
ω（Al_2O_3）/%	19.65	9.51	8.57	6.99	4.24
ω（Fe_2O_3）/%	7.88	4.07	5.04	3.25	1.82
ω（MnO）/%	0.02	0.03	0.04	0.03	0.02
ω（MgO）/%	1.54	1.62	1.81	1.70	2.61
ω（CaO）/%	1.34	12.17	8.72	19.55	27.33
ω（Na_2O）/%	0.99	1.60	1.71	1.26	1.02
ω（K_2O）/%	1.73	1.93	1.77	1.68	1.38

续表

主量元素 （平均值）	Paloukou 组（5）	Madingo 组（15）	Likouala 组（6）	Sendji 组上段（6）	Sendji 组下段（4）
ω (P_2O_5) /%	0.23	0.48	0.12	0.21	0.16
LOI/%	14.48	17.37	13.64	20.10	26.24
ω (P) /(mg/g)	1.01	2.11	0.54	0.92	0.70
P/Al	0.01	0.05	0.01	0.02	0.03

古地理背景也是有机质氧化还原条件预测的重要依据。无论是湖相优质烃源岩，还是海相优质烃源岩都是堆积在相对封闭且陆源营养物质供给充足的古地理环境，古地理背景分析是优质烃源岩预测评价的重要依据。大陆边缘盆地中，浅海背景的陆源营养物质供给较丰富，如果配合相对封闭的海湾或浅海洼槽，则为富有机质沉积物提供了良好的古地理条件。

四、陆源碎屑供给

黏土矿物陆源供给的细粒物质，是有机质沉淀的重要载体，可以根据黏土矿物的组合变化等推知其形成时期的气候环境，重建古环境，揭示气候环境演变的规律及埋藏成岩作用过程中温度和水介质条件。

黏土矿物包含高岭石、蒙脱石、绿泥石、伊利石和伊蒙混层等，其中伊利石是碱性水介质背景下细粒沉积物沉淀的产物；伊蒙混层是干旱气候背景常见的黏土矿物；高岭石主要是在温暖湿润的气候条件下，由长石在酸性介质作用下经过淋滤作用形成的。埋藏成岩作用过程中黏土矿物的转化主要取决于温度和孔隙水的性质，黏土矿物的转化主要包括两种类型：蒙脱石在富钾碱性水介质中转化成伊利石、高岭石，在富铁镁离子的碱性环境中转化成绿泥石。

泥岩组成颗粒以黏土级-粉砂级为主，粒径小，孔隙不发育，黏土矿物转化的物理空间狭窄，限制了埋藏阶段的结晶生长。泥岩中的黏土矿物主要为陆源沉积成因，自生结晶程度较弱，能够较好地反映沉积当时的气候条件。高岭石是富含硅酸盐的火成岩和变质岩化学风化的产物，其可以作为细粒沉积物陆源输入强弱的判识指标。

尽管细粒沉积物中陆源碎屑颗粒有限，但碎屑颗粒的排列方式、大小与磨圆情况能清晰地揭示陆源供给方式与强度，结合古沟谷、古地貌综合分析，能够详细地揭示陆源供给状态对营养元素输入与有机质保存条件的影响。

整体来看，海相烃源岩的发育与海洋环境内部和外部的古气候、古地理和地质条件等诸多因素相关联，同时也揭示了伴随有机质生产、转化和保存埋藏场所的时空变化，烃源岩的发育特征及发育程度也会发生变化并有所差异。大型河流及三角洲搬运输入高等植物，会对烃源岩发育和性质造成较大的影响，进而形成不同的烃源岩发育模式，不同发育模式下烃源岩的沉积环境、水动力和生源类型会存在较大差异（图3.2）。

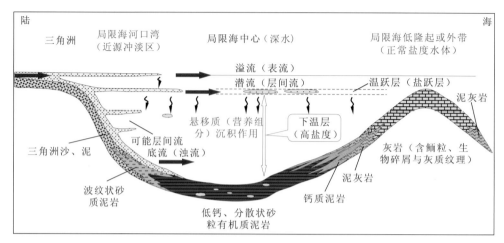

图 3.2　南大西洋两岸盆地晚白垩世沉积充填模式图

对于典型的被动大陆边缘盆地，其海相烃源岩发育模式主要分为两大类，一是受到大型三角洲影响的烃源岩发育模式，如西非的尼日尔三角洲盆地，澳大利亚的北卡那封盆地等多发育这一类型的海相烃源岩。在三角洲影响较强的沉积背景下，沉积底质受到河流地质营力的影响较大，有机质类型主要包括海相陆源型、海相混合型和海相内源型，陆源有机质输入的贡献尤为重要，其中海相内源型有机质也受到一定程度的陆源有机质供给的影响。二是没有大型三角洲影响的烃源岩发育模式，如西非的下刚果盆地、里奥穆尼盆地的海相烃源岩主要为这一类型。受三角洲影响较弱的海相烃源岩有机质类型主要包括海相内源型和海相混合生源型。

第二节　典型盆地海相烃源岩控制因素与发育模式

一、无大型三角洲背景的典型盆地

（一）西非下刚果盆地海相烃源岩发育控制因素

1. 古地理背景

板块构造重建表明，西非地区下刚果盆地在晚白垩世位于南大西洋裂解形成的大型海湾东侧陆架上。早白垩世阿尔布期以来，由于洋中脊扩张与洋壳生成，海湾两侧陆架受到挤压抬升，下部盐层发生不均匀底辟作用，在陆架内形成规模不一的洼陷，其相对封闭的水体环境为细粒沉积物的堆积与有机质的保存创造了良好的条件，广泛发育了优质的海相烃源岩。陆架内洼陷的古地理背景对优质海相烃源岩的发育能够起到重要作用，中东富油气区的中生界优质海相烃源岩，以及新生界高 TOC 含量的富放射虫细粒岩也都发育在陆架内部的洼陷或受台地分割的浅海环境中。

下刚果盆地上白垩统 Madingo 组沉积早期（土伦期—圣通期），西非和南美板块尚未完全分离，加之沃尔维斯海岭的阻挡，西非中段整体处于半封闭的局限海湾环境，期间发生数次大洋缺氧事件，有机质保存条件优越，是下刚果盆地的主要烃源岩发育时期，发育有较为典型的无大型三角洲背景的海相烃源岩。同时在这一阶段古刚果河也提供了间歇性的陆源供给，在浅水陆棚和深水陆棚发育大量冲沟和洼陷，尤其是古刚果河带来了大量的陆源有机质碎屑，为海洋浮游生物提供了充足的营养物质。

除了具有区域性的局限海湾环境，Madingo 组沉积时期，在下刚果盆地中南部陆架区发育了面积超过 40 000 km^2 的陆架内洼槽，Madingo 组优质烃源岩就分布在陆架内洼槽中；陆架内洼槽形成的局限环境，导致水体分层，稳定的厌氧环境利于有机质保存。

Madingo 组—Paloukou 组沉积时期（坎潘期—渐新世），西非板块与南美板块彻底分离，形成典型的开阔海环境，陆架内洼陷也逐渐被沉积物充满，陆源输入的显著增加也带来大量的溶解氧，对于有机质的保存较为不利。

2. 古海洋生产力

1）钻井主量元素特征

通过对下刚果盆地 M-1 井 36 个岩屑样品进行主量元素测试，41 个岩屑样品进行微量元素测试，系统分析了主、微量元素垂向上的变化特征及其与海盆古沉积环境的关系，深入研究了各地层沉积时期的生产力条件，为后期烃源岩识别预测提供科学依据（表 3.1）。

由表 3.1 可知，下刚果盆地 M-1 井不同地层样品主量元素具有明显不同的特征。SiO$_2$ 质量分数在不同地层相差不大，其中 Likouala 组 SiO$_2$ 最多，平均值为 57.57%，Sendji 组下段 SiO$_2$ 最少，平均值为 34.76%。Paloukou 组 TiO$_2$、Al$_2$O$_3$ 和 Fe$_2$O$_3$ 质量分数较高，其平均值分别为 0.81%、19.65% 和 7.88%，而 Madingo 组、Likouala 组、Sendji 组上段和 Sendji 组下段 TiO$_2$ 质量分数平均值分别为 0.55%、1.01%、0.54% 和 0.35%，Al$_2$O$_3$ 质量分数平均值分别为 9.51%、8.57%、6.99% 和 4.24%，Fe$_2$O$_3$ 质量分数平均值分别为 4.07%、5.04%、3.25% 和 1.82%；MnO 质量分数在不同地层差别不大，为 0.02%～0.04%。Na$_2$O 和 K$_2$O 质量分数具有相似的变化规律，从 Sendji 组下段到 Likouala 组其平均值逐渐增加。CaO 质量分数在 Sendji 组上段和 Sendji 组下段中较高，平均值分别为 19.55% 和 27.33%，而在 Paloukou 组、Madingo 组和 Likouala 组中较低，平均值分别为 1.34%、12.17% 和 8.72%。P$_2$O$_5$ 质量分数在 Madingo 组中最高，平均值 0.48%，而 Paloukou 组、Likouala 组、Sendji 组上段和 Sendji 组下段较低，平均值分别为 0.23%、0.12%、0.21% 和 0.16%。

P 元素在各地层中变化较大，质量分数为 0.17～4.76 mg/g，总平均值为 1.34 mg/g。其中 Madingo 组 P 元素最多，质量分数为 0.61～4.76 mg/g，平均值为 2.11 mg/g，而 Paloukou 组、Likouala 组、Sendji 组上段和 Sendji 组下段较低，平均值分别为 1.01 mg/g、0.54 mg/g、0.92 mg/g 和 0.70 mg/g（图 3.3）。

P/Al 值分布与 P 元素相似，其中 Madingo 组 P/Al 值最高，介于 0.01～0.11，平均值为 0.05，而 Paloukou 组、Likouala 组、Sendji 组上段和 Sendji 组下段较低，平均值分别为 0.01、0.01、0.02 和 0.03。

Madingo 组 P 元素变化和 P/Al 值具有明显两分的特征，以 P 元素和 P/Al 值最低值（3 830 m）为界分为两段，两段均具有先增加后减小的变化趋势。下段 P 元素质量分数介于 0.61～2.40 mg/g，平均值为 1.57 mg/g，上段 P 元素质量分数较高，介于 1.44～4.76 mg/g，

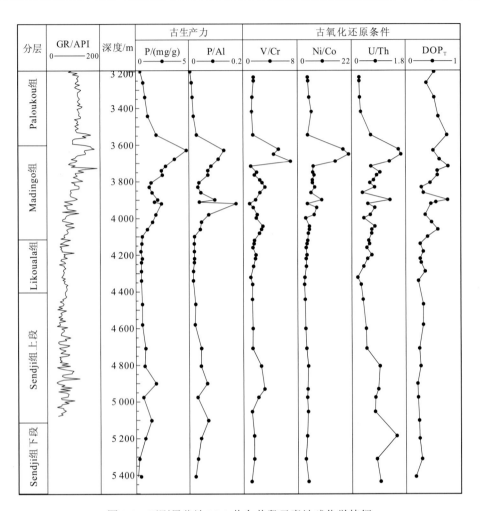

图 3.3　下刚果盆地 M-1 井全井段元素地球化学特征

平均值为 2.92 mg/g；下段 P/Al 值范围较大，为 0.01～0.11。

Madingo 组局部含有大量的磷酸盐颗粒，磷酸盐颗粒形状不规则，粒径为 100～200 μm，由面扫描结果可知，其主要成分为 P 和 Ca（图 3.4）。由主量元素测试结果可知，P_2O_5 质量分数较高，岩性以磷质细粒岩为主。另外，Madingo 组上段微体古生物发育，浮游有孔虫和底栖有孔虫混生，暖水生物与冷水生物混生，指示 Madingo 组沉积晚期可能存在上升流活动，当时海洋表层生产力较高。

研究区磷酸盐颗粒细小，粒径为 100～300 μm，仅在背散射面扫描中可以识别，与美国 Barnett 页岩中外形圆滑的毫米级海侵型磷酸盐结核明显不同。背散射分析是识别微米级、纳米级的磷酸盐颗粒的有效技术方法，为 P 元素等古生产力标志的识别提供了新的思路。

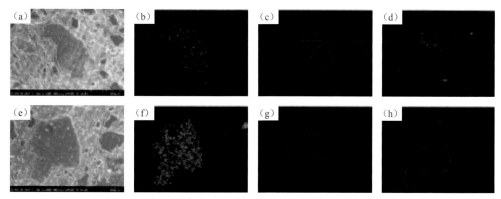

图 3.4　下刚果盆地 M-1 井 Madingo 组磷酸盐颗粒面扫描

（a）磷酸盐颗粒，3 749 m，M-1 井；（b）～（d）分别为图像（a）的 P 扫描、Ca 扫描和 S 扫描结果；

（e）磷酸盐颗粒，3 749 m，M-1 井；（f）～（h）分别为图像（e）的 P 扫描、Ca 扫描和 S 扫描结果

2）钻井古生物特征

（1）有孔虫鉴定。分析鉴定 M-1 井岩屑样品 20 件，深度为 3 200～5 435 m。微体化石室内样品处理和化石挑选方法如下：每件样品称取 20～30 g 进行微体古生物分析，用 5%～10%浓度的过氧化氢溶液对样品反复浸泡、烘干，直至绝大部分样品松散，然后用 2 000 μm 和 65 μm 孔径的网筛冲洗和分选样品。对粒径在 2 000 μm 和 65 μm 之间的样品进行各类微体化石的挑选，大部分化石保存在 100～500 μm 的样品中。化石挑选工作在普通光学显微镜下进行，之后对所有有孔虫化石进行分类鉴定（图 3.5 和表 3.2）。

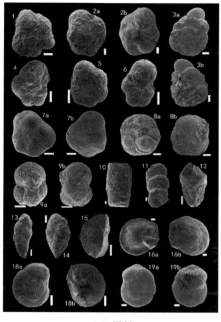

（a）图版I

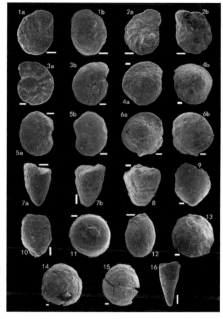

（b）图版II

图 3.5　M-1 井有孔虫化石图版

表3.2 M-1 井有孔虫化石图版说明

图版	化石序号	深度	属种	备注	图版	化石序号	深度	属种	备注
图版 I	1	4 805 m	*Biticinella breggiensis?*	浮游	图版 I	19a, 9b	3 839 m	*Gyroidinoides acuta*	
	2a, 2b	4 804 m	*Rotalipora subticinensis*		图版 II	1a, 1b	4 442 m	*Gavelinella sp.*	底栖钙质壳表生
	3a, 3b	4 805 m	*Rotalipora recheli*			2a, 2b	4 442 m	*Osangularia sp.*	
	4	4 442 m	*Praeglobotruncana delrioensis*			3a, 3b	3 839 m	*Anomalinoides praeacutus*	
	5	4 442 m	*Ticinella primula*			4a, 4b	3 200 m	*Nuttallides truempyi?*	
	6	4 442 m	*Globigernelloides bentonensis*			5a, 5b	3 200 m	*Nonionella sp.*	
	7a, 7b	3 839 m	*Rotalipora brotzeni*			6a, 6b	3 200 m	*Cibicidoides howei*	底栖钙质壳内生
	8a, 8b	3 461 m	*Dentoglobigerina altispira*			7a, 7b	4 442 m	*Marssonella praeoxycona*	
	9a, 9b	3 200 m	*Globigerina praebulloides*			8	3 875 m	*Marssonella oxycona*	
	10	3 461 m	*Bathysiphon sp.*	底栖胶结壳		9	3 839 m	*Cribrebella? sp.*	
	11	3 461 m	*Hormosina trinitatensis*			10	4 442 m	*Globulina lacrima*	
	12	4 442 m	*Textularia sp.*			11	3 629 m	*Globulina sp.*	
	13	3 461 m	*Textularia sp.*			12	3 461 m	*Lagena sp.*	
	14	3 461 m	*Verneuilinoides sp.*			13	4 805 m	鲕状磷酸盐	其他
	15	4 442 m	*Lenticulina sp.*	底栖钙质壳表生		14	4 200 m	鲕状磷酸盐	
	16a, 6b	3 200 m	*Lenticulina sp.*			15	4 200 m	鲕状磷酸盐	
	18a	4 442 m	*Gyroidinoides sp.*			16	3 461 m	鱼牙化石	
	18b	4 442 m	*Gyroidinoides sp.*						

（2）微体古生物特征。镜下观察发现，Sendji 组下段矿物成分以碳酸盐矿物为主，含有较多的鲕粒等自生颗粒和陆源碎屑颗粒，颗粒分选较差，磨圆度为次棱角状，指示该沉积时期水体较浅，水动力条件较强，未见微体古生物存在。Sendji 组上段矿物成分包含碳酸盐矿物、黏土矿物和长英质矿物等，含有较多的陆源碎屑颗粒，自生颗粒较少，

局部可见有孔虫化石，化石颗粒破碎，磨蚀性强，指示其经历了搬运和再沉积作用。Likouala 组矿物成分以黏土矿物为主，含有较多的陆源碎屑颗粒，颗粒粒径较小，以黏土级-粉砂级为主，同时有孔虫等微体古生物较发育，化石保存较好。Madingo 组矿物成分以黏土矿物为主，可见大量的黏土广泛分布，微体古生物发育，包括有孔虫和放射虫等。有孔虫壳体呈球形、椭球形、花生状等多种形态，大小不一，粒径为 50～150 μm（图 3.6），能谱分析可知其主要成分为钙质（图 3.7）。有孔虫按其生活习性可分为浮游有孔虫和底栖有孔虫两种类型。放射虫壳体形态较为单一，以球形为主，大小不一，粒径为 20～50 μm（图 3.6），能谱分析可知其主要成分为硅质（图 3.7）。Paloukou 组含有大量的陆源碎屑颗粒，颗粒分选较差，磨圆度为次棱角状-次圆状，指示沉积时期水动力条件强，未见微体古生物存在。

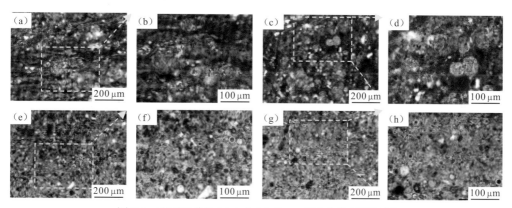

图 3.6 下刚果盆地 M-1 井 Madingo 组古生物镜下特征

（a）、（b）为有孔虫，4 060 m；（c）、（d）为有孔虫，4 082 m；（e）～（h）为放射虫，3 899 m

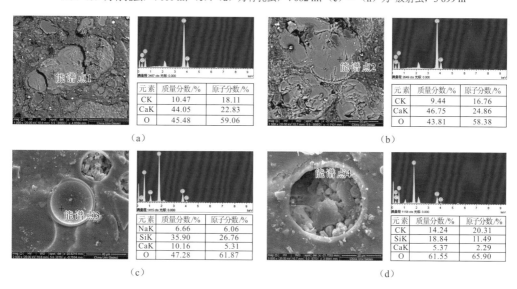

图 3.7 下刚果盆地 M-1 井 Madingo 组古生物能谱分析

（a）为底栖有孔虫，3 740 m；（b）为浮游有孔虫，3 728 m；（c）、（d）为放射虫，3 899 m

（3）钻井生物硅特征。海相细粒沉积岩是 3 个氧化物端元组分的混合：SiO_2（碎屑石英或生物成因硅）、Al_2O_3（黏土）和 CaO（碳酸盐）。研究区主量元素三元图表明，Madingo 组相对于 Al_2O_3 更富集 SiO_2（图 3.8），与美国 Barnett 组硅质页岩、Besa River 组硅质页岩、Muskwa、Woodford 组页岩类似，细粒岩中的硅质部分均与生物沉积过程有关。硅质部分是生物来源。下刚果盆地 M-1 井 Madingo 组 SiO_2 明显多，具有较高的 Si/Al 值。过量硅是指高于正常碎屑沉积环境下的 SiO_2，计算公式为 $Si_{过量}=Si_{样品}-[(Si/Al)_{背景}\times Al_{样品}]$，$(Si/Al)_{背景}$ 采用平均页岩比值 3.11。与美国 Barnett 组硅质页岩类似（图 3.9），在伊利石 Si/Al 线（根据美国 Barnett 组富有机质黏土岩拟合含 Si、Al 量得出）上为过量硅部分，代表生物成因的硅质。生物成因的硅质细粒岩具有高 SiO_2、P_2O_5 和 Fe_2O_3，低 Al_2O_3、TiO_2、FeO 和 Mg 的特征。Fe 和 Mn 元素的富集主要与热水有关。Al 既与陆源碎屑有关，又与深海沉积物中自生富集有关。自生富集的 Al 通常称为过剩 Al，往往与生物硅捕获有关。Ti 属于惰性元素，是陆壳岩石、土壤及其风化产物的主要成分，难以形成可溶性化合物迁移。Ti 在海水中的占比很低，且 Ti 在海洋中不存在自生富集现象，沉积物中 Ti 基本都是以碎屑悬浮的形式被搬运入海而沉积，它是海洋沉积物中陆源物质的最佳指示因子。Al/(Fe+Al+Mn) 值是判断硅质成因的一个重要指标，比值小于 0.01 时沉积过程为纯热水成因，比值大于 0.6 时，沉积过程为纯生物成因。研究区细粒岩 15 个样品的主量元素分析表明，Madingo 组 Al/(Fe+Al+Mn) 值为 0.51～0.7，平均值为 0.63，且在 Al-Fe-Mn 图版上落于生物成因区，表明硅质成因与生物沉积过程有关。Si/(Si+Al+Fe) 值是判断硅质成因的另一个重要指标，M-1 井 Madingo 组 Si/(Si+Al+Fe) 值为 0.65～0.8，平均值为 0.75，比值较高，也证实硅质的成因与生物沉积有关。

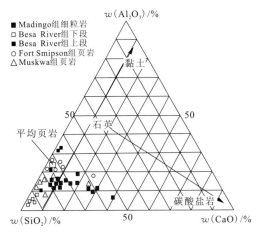

图 3.8　下刚果盆地 M-1 井 Madingo
组 SiO_2-Al_2O_3-CaO 三角图

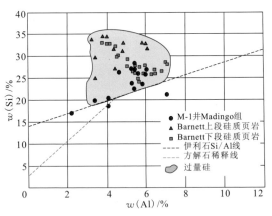

图 3.9　细粒岩 Si-Al 相关性

（4）下刚果盆地古海洋生产力条件。综上所述，通过比较各地层 P 元素含量和 P/Al 值，Madingo 组 P 元素含量和 P/Al 值明显高于其他地层，而且 Madingo 组内部存在两个高值段。同时，Madingo 组和 Likouala 组微体古生物大量存在，Sendji 组上段局部可见少量有孔虫化石，而 Sendji 组下段和 Paloukou 组未见微体古生物。因此，推测 Madingo 组沉积时期整体生产力较高，并且存在两期高生产力时期。Likouala 组沉积时期生产力较高，Sendji 组上段、Sendji 组下段和 Paloukou 组沉积时期生产力较低。通过对下刚果盆地主量元素分析可得，下刚果盆地上白垩统不同层位的 P 元素分布有较大差异，自 Sendji 组下段至 Paloukou 组，P 元素质量分数平均值的变化为 0.70 mg/g→0.92 mg/g→0.54 mg/g→2.11 mg/g→1.01 mg/g，而对应的有机质丰度平均值的变化情况为 0.12%→0.79%→0.87%→3.2%→1.34%，说明 Madingo 组沉积时期微古生物繁盛，为该段沉积有机质富集提供了丰富的有机质来源，且该组沉积时期具有良好的有机质保存条件，使得 P 元素能够随有机质一起更好地保存下来，而其他层段沉积时期 P 元素较少，有机质来源有限，生产力低，与前文所说的各层生物化石缺乏及氧化环境等地质认识相符。

3. 氧化还原条件

1）钻井氧化还原条件敏感性微量元素特征

Ni/Co、V/Cr 和 U/Th 等微量元素指标也被用于古氧化还原条件判识，其判别参数见表 3.3。Jones 和 Manning（1994）提出 Ni/Co 值>7.00 为厌氧环境，5.00～7.00 为贫氧环境，<5.00 为富氧环境。V/Cr 值>4.25 为厌氧或静海相环境，2.00～4.25 为贫氧环境，<2.00 为富氧环境。U/Th 值较高时，海水的还原性更强，>1.25 为厌氧环境，0.75～1.25 为贫氧环境，U/Th 值<0.75 为富氧环境。DOP_T<0.42 为富氧环境，0.42～0.75 为无 H_2S 的厌氧环境，大于 0.75 为含 H_2S 的厌氧环境（静海相）。

表 3.3　氧化还原环境的元素判别参数

沉积环境判别参数	缺氧环境		富氧环境
	厌氧	贫氧	
DOP_T	含 H_2S 的厌氧环境时>0.75，无 H_2S 厌氧环境时 0.42～0.75		<0.42
V/Cr	>4.25	2.0～4.25	<2.0
Ni/Co	>7.0	5.0～7.0	<5.0
U/Th	>1.25	0.75～1.25	<0.75

下刚果盆地 M-1 井不同地层样品微量元素具有明显不同的特征（表 3.4）。Madingo 组 V 元素明显多于其他地层，而 Paloukou 组、Likouala 组、Sendji 组上段和 Sendji 组下段较少；Cr 元素从 Sendji 组下段到 Paloukou 组逐渐增加；Co 元素在 Sendji 组下段最少，从 Sendji 组下段到 Paloukou 组具有逐渐增加的趋势；Ni 元素在 Paloukou 组和 Madingo 组中较高，Likouala 组和 Sendji 组上段次之，Sendji 组下段最低；U 元素在 Madingo 组中较高，而在 Paloukou 组、Likouala 组、Sendji 组上段和 Sendji 组下段较少；Th 元素在 Paloukou 组最多，而且从 Sendji 组下段到 Paloukou 组逐渐增多。

表 3.4　下刚果盆地 M-1 井细粒岩微量元素特征

微量元素	Paloukou 组（5）	Madingo 组（18）	Likouala 组（8）	Sendji 组上段（7）	Sendji 组下段（3）
V/ppm	239.09	380.16	125.41	112.46	28.16
Cr/ppm	170.50	127.00	82.62	60.87	19.39

续表

微量元素	Paloukou 组（5）	Madingo 组（18）	Likouala 组（8）	Sendji 组上段（7）	Sendji 组下段（3）
Co/ppm	15.76	9.92	12.10	8.60	3.30
Ni/ppm	69.46	69.00	40.70	30.51	11.96
U/ppm	5.57	6.53	2.57	3.01	1.40
Th/ppm	16.33	7.65	5.30	4.60	1.28
V/Cr	1.26~1.53/1.42	0.94~6.96/2.67	1.09~1.85/1.52	1.24~3.08/1.88	1.17~1.56/1.42
Ni/Co	4.00~5.55/4.47	3.22~20.77/7.93	2.71~4.00/3.39	2.95~4.19/3.64	3.13~4.20/3.67
U/Th	0.25~0.64/0.34	0.37~1.64/0.84	0.20~0.67/0.47	0.37~0.94/0.68	0.83~1.49/1.09
DOP_T	0.38~0.76/0.56	0.29~0.78/0.52	0.23~0.36/0.29	0.21~0.32/0.27	0.18~0.29/0.24
判别结果	富氧	贫氧/厌氧	富氧	富氧	富氧

注：1.26~1.53/1.42 为最小值~最大值/平均值，余同

2）钻井黄铁矿特征

细粒岩中可见大量黄铁矿，多以草莓状为主。氩离子抛光后电镜观察，可见成层的黄铁矿草莓体，背散射下颜色为白色。黄铁矿草莓体大小为 5~20 μm，被黏土矿物包裹。内部黄铁矿晶体自形程度高，晶体间存在大量晶间孔，大小几十至几百纳米。

通过扫描电镜、背散射及能谱分析等技术可知，下刚果盆地 M-1 井 Madingo 组含有大量的草莓状黄铁矿，直径为 5~20 μm，粒径分布范围很窄，颗粒大小相差不大（图 3.10）。Madingo 组含有大量的草莓状黄铁矿，颗粒粒径较小，指示 Madingo 组沉积时期形成于缺氧的环境，与元素地球化学分析结果一致。

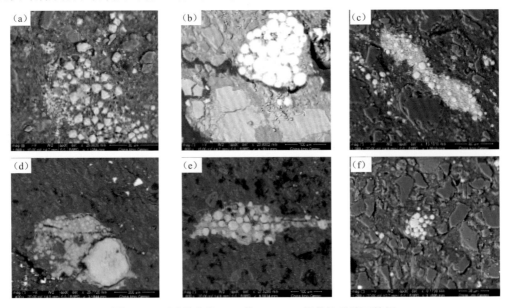

图 3.10　下刚果盆地 M-1 井 Madingo 组黄铁矿镜下特征

（a）草莓状黄铁矿，背散射，3 689 m；（b）草莓状黄铁矿，背散射，3 749 m；（c）草莓状黄铁矿，背散射，3 818 m；（d）草莓状黄铁矿，背散射，3 875 m；（e）草莓状黄铁矿，背散射，3 875 m；（f）草莓状黄铁矿，背散射，3 980 m

因此，Madingo 组沉积时期水体以贫氧和厌氧环境为主，而 Paloukou 组、Likouala 组、Sendji 组上段和 Sendji 组下段沉积时期水体为富氧环境。

3）下刚果盆地氧化还原条件

通过对下刚果盆地重点井 M-1 井不同层段微量元素测试分析可知，Sendji 组下段各项指标总体较低，其中 DOP_T 一般为 0.18～0.29，平均值为 0.24，U/Th 为 0.83～1.49，平均值为 1.09，V/Cr 为 1.17～1.56，平均值为 1.42，Ni/Co 为 3.13～4.20，平均值为 3.67，均指示该段沉积时处于富氧环境，且鲕粒灰岩全盆广泛分布，水动力条件强，烃源岩不发育。Sendji 组上段各项指标中 DOP_T 一般为 0.21～0.32，平均值为 0.27，U/Th 为 0.37～0.94，平均值为 0.68，V/Cr 为 1.24～3.08，平均值为 1.88，Ni/Co 为 2.95～4.19，平均值为 3.64，各项指标同样较低，指示的是富氧环境，同样不利于烃源岩发育。向上过渡为 Likouala 组，DOP_T 一般为 0.23～0.36，平均值为 0.29，U/Th 为 0.20～0.67，平均值为 0.47，V/Cr 为 1.09～1.85，平均值为 1.52，Ni/Co 为 2.71～4.00，平均值为 3.39，各项指标对比 Sendji 组虽然有所上升，但上升幅度较小，仍然指示为富氧环境。Madingo 组 DOP_T 一般为 0.29～0.78，平均值为 0.52，U/Th 为 0.37～1.64，平均值为 0.84，V/Cr 为 0.94～6.96，平均值为 2.67，Ni/Co 为 3.22～20.77，平均值为 7.93，各项指标急剧上升，说明该段沉积时水体上升，水体含氧量减少，总体处于贫氧阶段，烃源岩保存条件好，利于优质烃源岩的保存。Paloukou 组 DOP_T 一般为 0.38～0.76，平均值为 0.56，U/Th 为 0.25～0.64，平均值为 0.34，V/Cr 为 1.26～1.53，平均值为 1.42，Ni/Co 为 4.00～5.55，平均值为 4.47，各项指标总体较低，指示为富氧环境。

4. 陆源碎屑供给

1）钻井黏土矿物组成

通过对下刚果盆地 M-1 井 98 个岩屑样品的全岩和黏土矿物 X 衍射分析，并结合大量薄片、扫描电镜、阴极发光等分析鉴定资料，系统地分析了不同地层黏土矿物的分布特征，深入研究了各地层沉积时的沉积环境。

M-1 井细粒岩中黏土矿物包括绿泥石、伊利石、高岭石、伊蒙混层。各地层中黏土矿物总量及各黏土矿物占比不同，且有规律变化（图 3.11）。

从各黏土矿物占比看，从 Sendji 组下段到 Paloukou 组，绿泥石和伊利石呈逐渐减少的趋势，而高岭石和伊蒙混层呈逐渐增大的趋势。

其中 Sendji 组下段黏土矿物以绿泥石和伊利石为主，分别占黏土矿物总量的 36.15% 和 54.62%，高岭石和伊蒙混层较少，平均值分别为 4.23% 和 5%。Sendji 组上段黏土矿物以绿泥石和伊利石为主，其平均值分别为 35.79% 和 40%，高岭石和伊蒙混层相对较少，平均值分别为 14.21% 和 10%。Likouala 组黏土矿物以绿泥石和伊利石为主，其平均值分别为 45.45% 和 41.36%，高岭石和伊蒙混层较少，平均值分别为 7.74% 和 5.45%。Madingo 组黏土矿物中伊利石最多，平均值为 39.12%，绿泥石次之，平均值为 25%，伊蒙混层平均值为 19.56%，高岭石最少，平均值为 16.32%。Paloukou 组黏土矿物以高岭石为主，平均值为 49.05%，其次为伊蒙混层和伊利石，其平均值分别为 22.38% 和 20.48%，绿泥石最少，平均值为 8.09%。

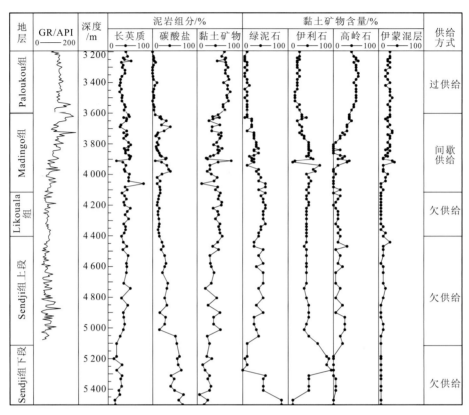

图 3.11　下刚果盆地 M-1 井全井段黏土矿物分布图

　　Madingo 组高岭石具有明显的变化规律，由下向上，高岭石占比具有先稳定，然后先增加后减小再增加的变化特征，据此可将 Madingo 组分为四段：上高岭石段（四段）、中绿泥石-伊利石段（三段）、中高岭石段（二段）和下绿泥石-伊利石段（一段）（图 3.12）。

　　上高岭石段黏土矿物平均值为 43.77%，其中高岭石最多，为 15%～40%，平均值为 29.62%，伊利石平均值 29.55%，绿泥石较少，平均值为 17.31%。中绿泥石-伊利石段黏土矿物平均值为 45.71%，其中高岭石最少，平均值仅为 2.86%，伊利石和绿泥石较多，平均值分别为 45.71% 和 30%。中高岭石段黏土矿物平均值为 36.71%，其中高岭石较多，为 10%～35%，平均值为 20.71%，伊利石最多，平均值为 40.71%，绿泥石较少，平均值为 20%。下绿泥石-伊利石段黏土矿物平均值为 31%，其中高岭石最低，平均值为 0.71%，伊利石最多，平均值为 48.57%，绿泥石次之，平均值为 39.29%，伊蒙混层较少，平均值为 11.43%。

　　从总矿物成分看，从 Sendji 组下段到 Paloukou 组，黏土矿物总量呈逐渐增大的趋势，而碳酸盐矿物呈逐渐减少的趋势，长英质矿物相对稳定。其中 Sendji 组下段黏土矿物最少，介于 13%～32%，平均值为 23.54%。Sendji 组上段黏土矿物为 18%～55%，平均值为 39%。Likouala 组黏土矿物为 40%～54%，平均值为 46.27%。Madingo 组黏土矿物变

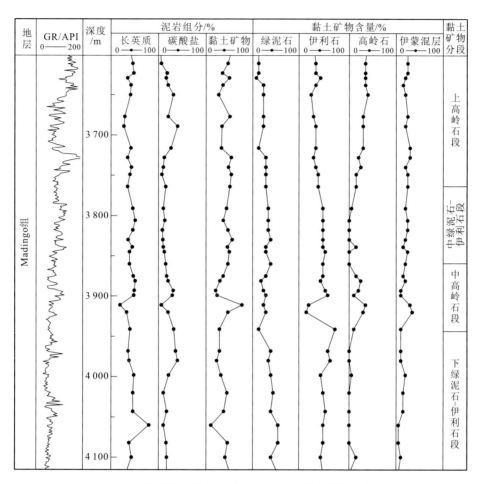

图 3.12 下刚果盆地 M-1 井 Madingo 组黏土矿物分布图

化范围较大，为 10%～75%，平均值为 40.09%。Paloukou 组黏土矿物为 44%～73%，平均值为 62.76%。

2）下刚果盆地陆源供给特征

Sendji 组下段—Likouala 组高岭石为稳定低值，指示该沉积时期陆源沉积物输入较弱而稳定。Sendji 组沉积时期气候相对干旱，以灰岩、泥灰岩、鲕粒灰岩为主，发育高能水动力背景下的鲕粒灰岩，部分灰岩含有定向排列的陆源碎屑颗粒、波浪等，表面海流影响明显，体现了陆源物质输入为波浪等表流强烈影响下的弱供给状态[图 3.13（a）、（b）]。

Madingo 组高岭石具有稳定—增加—减少—增加的变化特征，反映 Madingo 组沉积时期，陆源输入变化较大。下绿泥石-伊利石段和中绿泥石-伊利石段沉积时期陆源输入较弱，黏土矿物组合以伊利石和绿泥石为主，高岭石较少。上高岭石段和中高岭石段沉积时期陆源输入较强，泥岩中陆源碎屑颗粒较细，粒径大小一致，均匀分布在细粒沉积物中，体现了陆源物质间歇性、悬浮供给的特点[图 3.13（c）、（d）]。

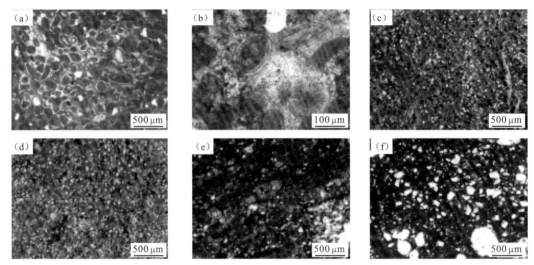

图 3.13　下刚果盆地 M-1 井陆源供给方式典型照片

（a）灰岩，弱供给，Sendji 组下段，5 200 m；（b）鲕粒灰岩，弱供给，Sendji 组下段，5 186 m；（c）泥岩，颗粒较细，间歇供给，Madingo 组，3 806 m；（d）泥岩，颗粒较细，间歇供给，Madingo 组，3 845 m；（e）有孔虫定向排列，Madingo组，4 060 m；（f）颗粒混杂排列，过供给，Paloukou 组，3 230 m

　　从 Madingo 组平行岸线的地震剖面上都可以清晰地识别出，沉积早期发育较多的侵蚀下切谷（图 3.14），存在陆源输送通道。侵蚀下切谷的存在证实 Madingo 组沉积时期确实存在陆源供给，与黏土矿物分析结果对应较好。Madingo 组近岸侵蚀下切谷中充填砂质沉积物，到 M-1 井切谷中以泥质充填为主，发育定向排列的有孔虫壳[图 3.13（e）、图 3.15]，自下而上切谷规模逐渐变小，表明底流影响逐渐减弱，悬浮供给逐渐增强。

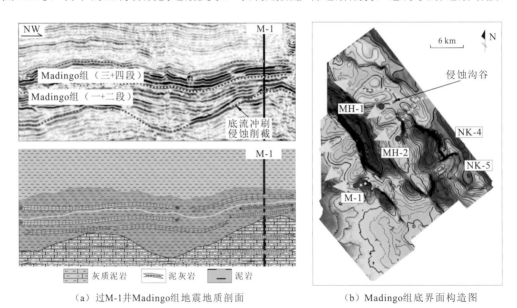

（a）过M-1井Madingo组地震地质剖面　　　　　　　（b）Madingo组底界面构造图

图 3.14　下刚果盆地 Madingo 组侵蚀沟谷发育特征

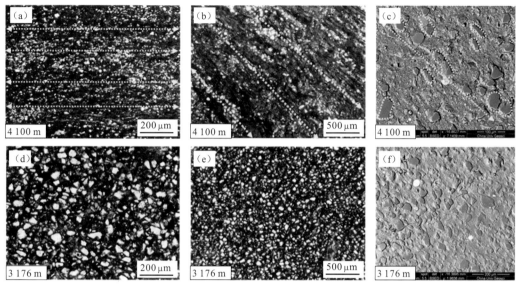

图 3.15　下刚果盆地 Madingo 组不同层段陆源碎屑影响特征

（a）定向排列的碎屑颗粒，4 100 m；（b）斜向排列的碎屑颗粒，4 100 m；（c）定向排列的碎屑颗粒，背散射，4 100 m；（d）漂浮状碎屑颗粒，3 176 m；（e）大范围分布的漂浮状碎屑颗粒，3 176 m；（f）漂浮状碎屑颗粒，背散射，3 176 m

Paloukou 组高岭石为稳定高值，泥岩中陆源碎屑颗粒分选和磨圆差且混杂排列，粒径较大，指示该沉积时期陆源沉积物输入强而稳定，陆源供给以重力流供给为主，陆源物质输入处于过供给状态[图 3.13（f）]。

另外，Madingo 组一段陆源影响指标 TiO_2 较高，向上 Madingo 组二段虽然 TiO_2 有所减少，但高岭石增加，说明仍有一定的陆源供给，但以细粒的悬浮沉积物供给为主，该时期侵蚀下切谷逐渐消退，富氧底流的影响减弱，烃源岩保存条件变好。

Madingo 组三段高岭石及 TiO_2 均较少，陆源碎屑影响弱，地震相以平行-亚平行为主；Madingo 组四段高岭石及 TiO_2 有所增加，薄片镜下观察石英颗粒较多，且石英颗粒分选较好，磨圆度为次圆状，颗粒粒径小于 62 μm，粒径较小应为悬浮沉降，主要反映为悬浮质碎屑流发育，颗粒之间的定向排列不明显，富氧底流消失，烃源岩的保存条件好。较强的陆源碎屑供给往往会带来较高的氧含量，水体富氧则会使沉积环境氧化条件变强，不利于有机质的保存；而当陆源供给主要为悬浮质沉降时，未对沉积底质造成较强的改造，且带来的养分有利于微古生物发育，提高了古生产力（图 3.15）。

陆源供给研究结果表明，黏土矿物组分指示 Madingo 组优质烃源岩发育时期存在陆源营养物质供给；间歇性陆源营养物质悬浮供给，最有利于形成优质海相烃源岩。

（二）下刚果盆地无大型三角洲背景海相烃源岩发育模式

西非被动大陆边缘盆地群中的下刚果盆地不发育大型三角洲，近岸沉积相对不发育，海陆交互带以强水动力带为主，有机质生源供给以海洋低等水生生物为主，较强陆源供给带来的富营养水体，形成陆源高等植物贡献较大的无大型三角洲背景的海相烃源岩发育模式。

　　该盆地 Madingo 组沉积早期为典型的无大型三角洲的海相烃源岩发育模式，烃源岩的发育主要受控于局限的缺氧环境和间歇性陆源营养物质的悬浮供给。古刚果河陆源的供给间歇性增强，在浅水陆棚和深水陆棚发育大量切谷和洼槽（图 3.16），河流带来大量陆源异地有机质碎屑堆积在冲沟内部，为盆地中 Madingo 组沉积带来大量的陆源有机质，泥质含量和古生产力均呈现高值，TOC 含量总体为 1.5%~3.0%。加之康尼亚克期—圣通期白垩纪大洋缺氧事件的控制，优质烃源岩发育，形成了陆源高等植物、海洋藻类生源输入均有的海相混合生源型-局限海海相内源型烃源岩发育模式（图 3.17），该模式自陆地向海洋细分为内浅海海相混合型、外浅海海相混合型，及陆架内洼槽海相内源型和混合型三个主要烃源岩发育区。

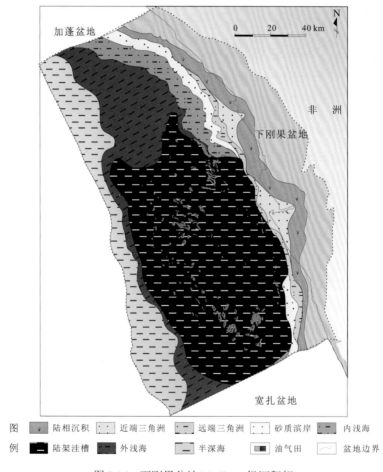

图 3.16　下刚果盆地 Madingo 组沉积相

　　综合各期次烃源岩发育条件，无大型三角洲的被动陆缘盆地海相烃源岩发育模式的基本条件必须具备高的生产力与良好的保存条件，浅海洼槽或浅海洼陷是大陆架优质烃源岩发育的有利场所，洼槽内古生产力指标、氧化还原指标与陆源供给指标均有良好的对应关系，浅海洼槽或浅海洼陷具有陆源营养组分间歇性平衡输送、相对封闭的古地理背景、较丰富的陆源细粒碎屑供给等有利地质条件。

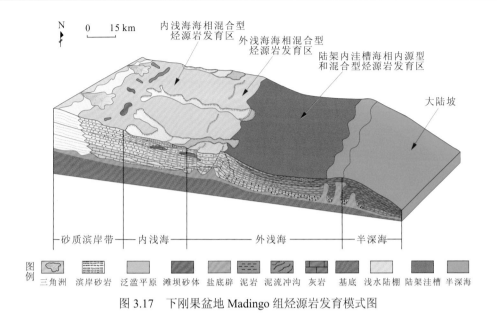

图 3.17　下刚果盆地 Madingo 组烃源岩发育模式图

二、具大型三角洲背景的典型盆地

（一）尼日尔三角洲盆地海相烃源岩发育控制因素

1. 古地理背景

尼日尔三角洲盆地的形成演化与西非北段三叉裂谷演化密切相关。晚侏罗世—白垩纪北东向裂谷夭折，这支夭折裂谷在尼日利亚地区形成白垩纪贝努埃-阿巴卡利基深海槽，切入西非地盾。自晚白垩世，来自非洲大陆的沉积物沿裂陷槽不断向大西洋推进，形成尼日尔三角洲盆地，其中古新世—现今是三角洲发育的主要阶段。始新世，全球海平面降低且物源充沛，尼日尔三角洲盆地开始发育。新生界漂移层序是盆地的主要沉积层序。依靠岩性及沉积相特征，将新生界漂移层序划分为三个穿时地层单元，即 Akata 组、Agbada 组和 Benin 组。

尼日尔三角洲盆地在白垩纪—古新世为海湾环境，广泛沉积了一套富有机质海相泥岩，但厚度较薄。始新世以来长期海退，盆地主体发育新生代三角洲沉积。早始新世开始，受全球海平面下降的影响，尼日尔三角洲盆地进入大规模海退阶段，自下而上表现为始新统、渐新统、中新统及第四系呈渐进式向海推进沉积，沉积中心最大厚度达 12 km。自下而上岩性地层包括 Akata 组、Agbada 组和 Benin 组，它们均为穿时地层单元，时代为古新世—现今。

Akata 组主要由厚层海相泥页岩组成，为大陆架、大陆坡前三角洲和浅海-深海相泥页岩沉积（图 3.18），富含有机质，烃源岩发育。

Agbada 组以发育进积三角洲体系及其前端海相泥岩沉积为主，地层厚度为 3~4.5 km。上部以砂岩为主，夹少量泥岩，下部泥页岩含量增加，发育大陆边缘三角洲-前三角洲海相烃源岩，为尼日尔三角洲盆地重要的烃源岩发育层系，由多个退覆沉积韵律组成，其

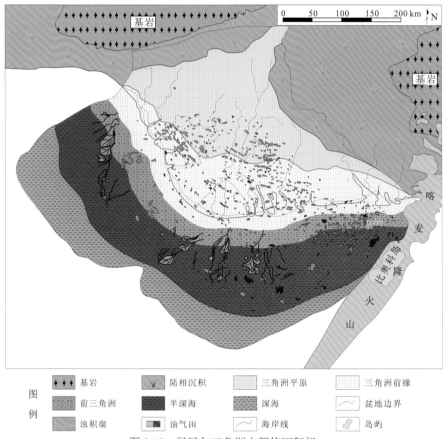

图 3.18　尼日尔三角洲古新统沉积相

间以大段稳定泥岩为标志。不同于下刚果盆地，尼日尔三角洲盆地为发育大规模三角洲沉积的被动大陆边缘盆地，由陆地向海洋方向，沉积相带包括三角洲平原、三角洲前缘、前三角洲、半深海和深水重力流沉积，由于大规模三角洲的频繁进积与大量陆源碎屑的输送，尼日尔三角洲盆地发育了具有大型三角洲背景的海相烃源岩发育模式。

2. 古海洋生产力

从 Agbada 组烃源岩显微组分组成来看，大部分样品以镜质组为主，个别样品中也检出一些藻类体，这说明有一定的浮游生物的贡献。因此，浮游藻类是 Agbada 组烃源岩有机质的次要生源，是形成 Agbada 组海相混合生源型烃源岩的重要组成部分。

原地沉积物快速埋藏抑制了有机质被快速氧化，使 TOC 含量增高。但高于某一特定临界沉积速率后，沉积的无机矿物稀释了 TOC 含量，其沉积物 TOC 含量会随沉积速率增加而减少；随着河流流量增大，尽管异地有机质的总含量会增加，但悬浮物质总浓度增长速度明显快于有机质增长速度，使得 TOC 含量增高但相对含量实际是减少的。

由图 3.19 可知，尼日尔三角洲盆地的沉积速率与 TOC 含量之间普遍呈反比关系。在 21~41 Ma，当沉积速率适中时，烃源岩中的 TOC 含量较高，而更年轻的地层样品中沉积速率更高，导致有机质被稀释，TOC 含量较低。因此，沉积速率是决定尼日尔三角

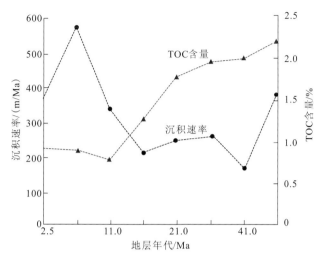

图 3.19　尼日尔三角洲盆地的沉积速率与 TOC 含量关系图

洲盆地烃源岩发育的主要因素之一。

3. 氧化还原条件

富有机质烃源岩的形成还受到沉积水体氧化还原条件的影响。由图 3.20 可知，尼日尔三角洲盆地 Agbada 组烃源岩沉积时期为弱氧化-氧化的水体环境，是 Agbada 组海相烃源岩形成的不利因素，对有机质的保存不利。

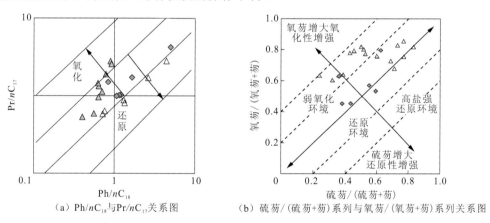

（a）Ph/nC_{18} 与 Pr/nC_{17} 关系图　　（b）硫芴/（硫芴+芴）系列与氧芴/（氧芴+芴）系列关系图

图 3.20　尼日尔三角洲盆地 Agbada 组烃源岩氧化还原环境

4. 陆源碎屑供给

河流作为搬运陆地侵蚀物质入海的重要方式，作为连接地球上两个重要碳库（海洋和陆地）的纽带，每年河流向海洋输入的总碳量为 1 Gt 左右，其中 60%以无机碳形式存在，40%是有机碳。

河流不仅能带来大量陆源植物，而且富含丰富的营养物质，为水生生物的生长提供了保障，裂谷期（始新世—中新世）发育的水系沿三个沉积轴方向发展，进而沉积的几个尼日尔三角洲朵体成为现今的油气富集中心。

　　由此可知，尼日尔三角洲盆地 Agbada 组烃源岩发育的主控因素是河流携带的大量高等植物输入和沉积速率。

（二）尼日尔三角洲盆地具大型三角洲背景海相烃源岩发育模式

　　尼日尔三角洲盆地是典型的发育大型三角洲的被动大陆边缘盆地。尼日尔三角洲主要发育在宽缓大陆架上，海相烃源岩主要发育于三角洲前缘和前三角洲。基于对 Agbada 组海相烃源岩沉积有机相和主控因素的剖析，依据陆源碎屑、古地理环境等方面探讨海相烃源岩的发育规律，提出 Agbada 组具有三角洲平原海相陆源型烃源岩、三角洲前缘海相陆源型和混合型烃源岩、前三角洲-半深海海相混合型烃源岩和深水重力流海相混合型烃源岩发育模式（图 3.21）。

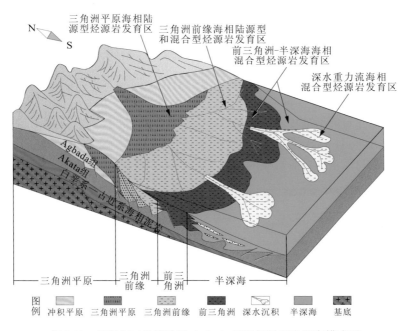

图 3.21　尼日尔三角洲盆地 Agbada 组海相烃源岩发育模式图

　　尼日尔三角洲盆地新近系 Agbada 组烃源岩显微组分由镜质体（占比为 80% 左右）及小部分壳质组组成。藻类体极少，局部含葡萄藻和塔斯马尼亚藻类，有机生源以陆源高等植物碎屑为主，烃源岩发育于漂移晚期，海平面持续下降，河流作用进一步加强，带来了大量陆源有机碎屑，并由陆地向海洋推进、沉积并迅速掩埋。

　　此类发育模式多见于三角洲平原-前缘亚相，有机相主要为三角洲平原近岸沼泽镜-壳组合有机相或三角洲前缘浅海镜-壳组合有机相。该模式多与浪控或潮控三角洲有关，常见于尼日尔三角洲盆地 Agbada 组下部。尼日尔河携带输入的高等植物，被搬运至大陆边缘低能的斜坡位置。另外，较少的泥沙输入减少了有机质的稀释，有利于有机质的保存。

　　随着三角洲分支河道水动力的逐渐减弱，陆源有机质输入减少，低等水生生物生源比例逐渐增大，在前三角洲 Agbada 组底部及 Akata 组多发育有机质丰度高、类型较好的海相混合生源型烃源岩。

三、海相烃源岩发育模式差异分析

现代典型的被动大陆边缘盆地海相烃源岩发育模式主要分为两大类，一是具大型三角洲背景的发育模式，二是无大型三角洲背景的发育模式。受三角洲影响较强的烃源岩发育模式及体系主要包含三角洲平原、三角洲前缘、前三角洲及海底扇三种类型，该沉积背景下沉积底质受到河流地质营力的影响较大，有机质类型主要包括陆源海相型、海相混合型和海相内源型，陆源有机质输入的贡献尤为重要，其中海相内源型有机质也一定程度地受到陆源有机质供给的影响。受三角洲影响较弱的烃源岩发育模式及体系主要包括局限海湾及开阔海两种类型，大陆边缘局限海湾又包括河流海湾、潟湖-潮坪和浅海陆架洼槽等主要发育部位，有机质类型主要包括海相内源型和海相混合型。

下刚果盆地和尼日尔三角洲盆地均属于西非被动大陆边缘盆地，由于烃源岩沉积环境和地球化学特征的差异性，两盆地的烃源岩发育模式具有明显差异。

下刚果盆地不发育大型三角洲，从陆地向海洋依次为砂面滨岸带—内浅海—外浅海—半深海相，形成无大型三角洲背景的被动陆缘盆地海相烃源岩发育模式。利用地球化学分析测验结果，结合沉积环境，自陆地向海洋可将下刚果盆地海相烃源岩划分为内浅海海相混合型烃源岩发育区、外浅海海相混合型烃源岩发育区，及陆架内洼槽海相内源型和混合型烃源岩发育区等。

不同于下刚果盆地，尼日尔三角洲盆地为具有大型三角洲背景的被动大陆边缘盆地。由陆地向海洋方向，沉积相带包括三角洲平原-三角洲前缘-前三角洲-半深海、深水重力流。由于大规模三角洲进积，在重力滑脱作用下，发育的浊积砂体展布范围较下刚果盆地更大。可将尼日尔三角洲盆地海相烃源岩划分为海相陆源型和海相混合型两种类型，并可进一步细分为三角洲平原海相陆源型烃源岩发育区、三角洲前缘海相陆源型和混合型烃源岩发育区、前三角洲-半深海海相混合型烃源岩发育区、深水重力流海相混合型烃源岩发育区等。

第四章　海相烃源岩识别技术

第一节　细粒岩岩相划分技术

一、细粒岩矿物组成

细粒岩矿物成分复杂，包括黏土矿物、碎屑石英、碎屑长石、火山灰等盆外物质，方解石、白云石、自生石英等自生矿物，生物碎屑、鲕粒等自生颗粒，以及有机质等。在不同的沉积背景下，细粒沉积岩的内部成分差别很大，下面以下刚果盆地和里奥穆尼盆地为例进行说明。

（一）下刚果盆地 M-1 井细粒岩矿物组成

X-射线衍射数据表明：下刚果盆地内 M-1 井细粒岩矿物成分以黏土矿物、石英、方解石为主，而白云石、长石、黄铁矿等矿物含量较少（表 4.1）。另外，根据薄片鉴定、扫描电镜等技术，同时发现生物碎屑、鲕粒等自生颗粒（图 4.1）。

表 4.1　下刚果盆地 M-1 井细粒岩主要矿物成分及含量

地层（样品数）	石英 平均含量/%	长石 平均含量/%	方解石 平均含量/%	白云石 平均含量/%	黄铁矿 平均含量/%	黏土矿物 平均含量/%
Paloukou 组（21）	21.14	3.48	2.57	0	3.90	62.76
Madingo 组（34）	23.38	12.26	15.68	2.15	2.41	40.09
Likouala 组（11）	22.82	10.82	11.64	2.00	2.18	46.27
Sendji 组上段（19）	21.05	11.89	21.05	1.95	1.95	39.00
Sendji 组下段（13）	13.62	5.08	36.31	17.62	0.77	23.54

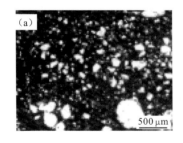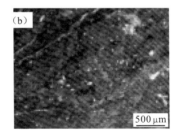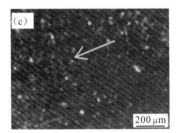

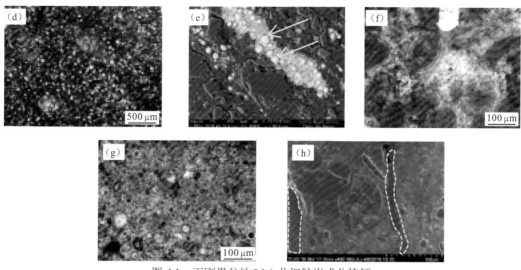

图 4.1　下刚果盆地 M-1 井细粒岩成分特征

（a）石英颗粒，大小混杂，3 230 m；（b）微晶石英，3 360 m；（c）泥晶方解石，5 054 m；（d）有孔虫，内部方解石充填，4 060 m；（e）背散射，黄铁矿，3 806 m；（f）鲕粒，5 186 m；（g）放射虫，3 920 m；（h）扫描电镜，有机质条带，3 968 m

1. 黏土矿物

M-1 井细粒岩中黏土矿物包括绿泥石、伊利石、高岭石、伊蒙混层。不同地层中黏土矿物总量及各黏土矿物含量不同，且有规律的变化。从总矿物成分看，从 Sendji 组下段到 Paloukou 组，黏土矿物总量呈逐渐增大的趋势，而方解石、白云石含量呈逐渐减小的趋势（表 4.1）；从各黏土矿物含量看，从 Sendji 组下段到 Paloukou 组，绿泥石和伊利石含量呈逐渐减小的趋势，而高岭石和伊蒙混层呈逐渐增大的趋势（表 4.2）。黏土矿物在偏光显微镜下很难区分，而在扫描电镜下可以清楚地观察其晶体形态和产状，进而识别黏土矿物类型。

表 4.2　下刚果盆地 M-1 井细粒岩黏土矿物成分及含量

地层（样品数）	绿泥石 平均含量/%	伊利石 平均含量/%	高岭石 平均含量/%	伊蒙混层 平均含量/%
Paloukou 组（21）	8.09	20.48	49.05	22.38
Madingo 组（34）	25.00	39.12	16.32	19.56
Likouala 组（11）	45.45	41.36	7.74	5.45
Sendji 组上段（19）	35.79	40.00	14.21	10.00
Sendji 组下段（13）	36.15	54.62	4.23	5.00

2. 石英

M-1 井细粒岩中石英含量为 4%～38%，平均含量为 21.09%。石英以粉砂级的陆源碎屑颗粒为主，分选、磨圆度较好，呈层状或漂浮状分布；局部地区可见浊积成因的粉砂岩，石英颗粒分选较差，磨圆度为次棱角状[图 4.1（a）]。此外，在部分硅质黏土岩中，可见微晶石英，颗粒粒径在几微米左右[图 4.1（b）]。

3. 方解石

M-1 井细粒岩中方解石存在的形式包括泥晶方解石[图 4.1（c）]、亮晶方解石、方解石胶结物、钙质生物碎屑[图 4.1（d）]。泥晶方解石存在于泥晶灰岩中，为化学或生物化学作用生成。局部可见亮晶方解石，常与有机质伴生，为泥晶方解石重结晶作用生成。方解石胶结物存在于颗粒碳酸盐沉积物中，为粒间水溶液中沉淀而成，对分离颗粒起胶结作用。此外，可见较多的钙质生物碎屑。

4. 黄铁矿

M-1 井细粒岩各地层均含有黄铁矿，平均含量为 2.40%。扫描电镜下可见草莓状的黄铁矿，背散射下黄铁矿颜色为白色[图 4.1（e）]。黄铁矿草莓体大小为 5～10 μm，晶体自形程度高，被黏土矿物包裹，内部黄铁矿晶体自形程度高。

5. 自生颗粒

M-1 井细粒岩中可见生物碎屑、鲕粒等自生颗粒，鲕粒主要分布在 Sendji 组下段，粒径为几十微米，较大颗粒直径可超过 100 μm，呈圆状或椭圆状[图 4.1（f）]。可见大量生物碎屑，包括放射虫（硅质生物）碎屑[图 4.1（g）]和有孔虫（钙质生物）碎屑，部分钙质生物碎屑内部被黄铁矿充填[图 4.1（d）]。

6. 有机质

M-1 井细粒岩中 TOC 含量为 0.1%～4.8%，平均值为 1.62%，在显微镜下，可以看到有机质多呈分散状或断续分布[图 4.1（h）]，局部可见有机质富集成层且与黏土层互层。

（二）里奥穆尼盆地 AK-1 井细粒岩矿物组成

X-射线衍射数据表明：里奥穆尼盆地 AK-1 井细粒岩矿物成分以黏土矿物、石英、长石为主，而方解石、白云石、黄铁矿等矿物含量较少（表 4.3）。另外，根据薄片鉴定、扫描电镜等技术，同时发现生物碎屑等自生颗粒（图 4.2）。

表 4.3　里奥穆尼盆地 AK-1 井细粒岩主要矿物成分及含量

地层（样品数）	石英 平均含量/%	长石 平均含量/%	方解石 平均含量/%	白云石 平均含量/%	黄铁矿 平均含量/%	黏土矿物 平均含量/%
渐新统（4）	37.0	5.0	4.0	1.0	3.0	48.25
古新统（6）	41.0	19.0	4.0	4.0	2.0	28.67
坎潘阶—马斯特里赫特阶（11）	35.0	22.0	5.0	3.0	1.0	30.91
康尼亚克阶—圣通阶（13）	24.0	21.0	11.0	7.0	1.0	30.54
阿尔布阶—土伦阶（14）	22.0	11.0	1.0	8.0	1.0	55.64

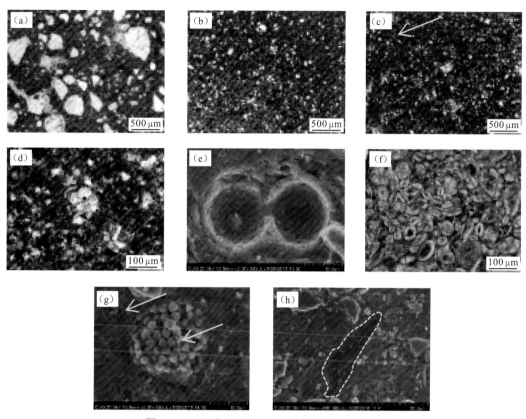

图4.2 里奥穆尼盆地 AK-1 井细粒岩成分特征

（a）石英颗粒，大小混杂，2 184 m；（b）黏土级-粉砂级石英颗粒，漂浮状分布，1 070 m；（c）泥晶方解石，2 629 m；（d）有孔虫，内部方解石充填，2 844 m；（e）扫描电镜，有孔虫，3 042 m；（f）有孔虫，3 123 m；（g）扫描电镜，黄铁矿，3 084 m；（h）扫描电镜，有机质条带，2 868 m

1. 黏土矿物

AK-1 井细粒岩中黏土矿物包括蒙脱石、绿泥石、伊利石、高岭石。不同地层中黏土矿物总量及各黏土矿物含量不同，且有规律的变化。从总矿物成分看，从阿尔布阶到古新统，黏土矿物总量呈逐渐减小的趋势，而石英、长石含量呈逐渐增加的趋势。从古新统到渐新统，黏土矿物总量逐渐增加，而石英、长石含量逐渐减小（表 4.3）；从各黏土矿物含量看，从阿尔布阶到马斯特里赫特阶，蒙脱石含量呈逐渐增加的趋势，而伊利石和高岭石呈逐渐减小的趋势。从马斯特里赫特阶到渐新统，蒙脱石含量呈逐渐减小的趋势，而伊利石和高岭石呈逐渐增加的趋势（表4.4）。

表 4.4 里奥穆尼盆地 AK-1 井细粒岩黏土矿物成分及含量

地层（样品数）	蒙脱石 平均含量/%	绿泥石 平均含量/%	伊利石 平均含量/%	高岭石 平均含量/%
渐新统（4）	9.0	21.25	55.0	15.0
古新统（6）	42.0	28.33	19.0	11.0

续表

地层（样品数）	蒙脱石 平均含量/%	绿泥石 平均含量/%	伊利石 平均含量/%	高岭石 平均含量/%
坎潘阶—马斯特里赫特阶（11）	62.0	11.36	15.0	11.0
康尼亚克阶—圣通阶（13）	10.0	21.15	69.0	0
阿尔布阶—土伦阶（14）	7.0	23.57	55.0	15.0

2. 石英

AK-1 井细粒岩中石英的含量为 12%～51%，平均值为 29.0%。石英颗粒为陆源碎屑来源，包括黏土级-粉砂级石英和砂级石英两种存在形式，砂级石英颗粒分选较差，磨圆度为次棱角状[图 4.2（a）]，可能为浊积成因；黏土级-粉砂级的石英颗粒分选、磨圆较好，呈层状或漂浮状分布[图 4.2（b）]。

3. 方解石

AK-1 井细粒岩中方解石存在的形式包括泥晶方解石[图 4.2（c）]、亮晶方解石、方解石胶结物、钙质生物碎屑[图 4.2（d）]。泥晶方解石存在于泥晶灰岩中，为化学或生物化学作用生成。局部可见亮晶方解石，常与有机质伴生，为泥晶方解石重结晶作用生成。方解石胶结物存在于颗粒碳酸盐沉积物中，为粒间水溶液中沉淀而成，对分离颗粒起胶结作用。此外，可见较多钙质生物碎屑。

4. 黄铁矿

AK-1 井细粒岩各地层均含有黄铁矿，平均值为 1.0%。扫描电镜下可见草莓状的黄铁矿，背散射下黄铁矿颜色为白色[图 4.2（g）]。黄铁矿草莓体粒径为 5～10 μm，晶体自形程度高，被黏土矿物包裹。

5. 自生颗粒

AK-1 井细粒岩中可见大量生物碎屑，常见有孔虫（钙质生物）碎屑[图 4.2（e）、（f）]，其中部分钙质生物碎屑内部被黄铁矿充填[图 4.2（d）]。

6. 有机质

AK-1 井细粒岩中仅在阿尔布阶具有实测 TOC 含量数据。在显微镜下，可以看到有机质多呈分散状或断续分布[图 4.2（h）]，局部可见有机质层与黏土层互层。

二、细粒岩岩相划分方案

有机质是深水细粒岩重要的组成部分，在沉积过程中，对于形成新的矿物序列和组合有着重要作用。因此，对于细粒岩的岩相划分，应将有机质放在更为重要的考量位置。首先，以 TOC 含量=1%和 2%为界，将细粒岩岩相划分为贫有机质细粒岩、含有机质细粒岩和富有机质细粒岩三类（图 4.3）。

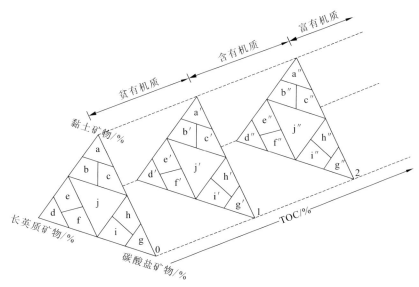

图 4.3 细粒岩岩相划分三角图

a.黏土岩（a 为贫有机质；a′ 为含有机质；a″ 为富有机质，余同）；b.硅质黏土岩；c.灰质黏土岩；d.硅质细粒岩；e.黏土质硅质细粒岩；f.灰质硅质细粒岩；g.灰质细粒岩；h.黏土质灰质细粒岩；i.硅质灰质细粒岩；j.混合细粒岩

其次，岩石成分具有反映岩石组成与发育环境、表征成因等特征，是构成岩相的物质基础，故选取成分为第一要素，按照从大类到细分的原则进行岩相划分。

根据上述 AK-1 井细粒岩的矿物成分类别及含量等特征，将黏土矿物、长英质矿物（石英+长石）及碳酸盐矿物作为三端元，以各自含量 50%为界分：I，黏土岩类；II，硅质细粒岩类；III，灰质细粒岩类；对于三端元组分含量相对均一（即没有一种组分含量超过 50%），则定义为 IV（混合细粒岩）。

最后，对四类岩相进行细分。黏土岩类可细分为黏土岩、硅质黏土岩和灰质黏土岩。其中，黏土岩中黏土矿物含量>75%。硅质黏土岩和灰质黏土岩中黏土矿物含量为 50%~75%，若长英质矿物含量大于碳酸盐矿物含量，则为硅质黏土岩，反之为灰质黏土岩。

硅质细粒岩类包括硅质细粒岩、黏土质硅质细粒岩和灰质硅质细粒岩。其中，硅质细粒岩中长英质矿物含量>75%。黏土质硅质细粒岩和灰质硅质细粒岩中长英质矿物含量为 50%~75%，若黏土矿物含量大于碳酸盐矿物含量，则为黏土质硅质细粒岩，反之为灰质硅质细粒岩。

灰质细粒岩类包括灰质细粒岩、硅质灰质细粒岩和黏土质灰质细粒岩。其中，灰质细粒岩中碳酸盐矿物含量>75%。硅质灰质细粒岩和黏土质灰质细粒岩中碳酸盐矿物含量为 50%~75%，若长英质矿物含量大于黏土矿物含量，则为硅质灰质细粒岩，反之为黏土质灰质细粒岩。

混合细粒岩中黏土矿物、长英质矿物和碳酸盐矿物含量均不超过 50%，若碳酸盐矿物含量大于 1/3（或黏土矿物与长英质矿物含量之和小于 2/3），则为碳酸盐型混合细粒岩，反之若碳酸盐矿物含量小于 1/3（或黏土矿物与长英质矿物含量之和大于 2/3），则为陆源碎屑型混合细粒岩。

三、细粒岩岩相类型及特征

（一）下刚果盆地 M-1 井细粒岩岩相类型及特征

1. Sendji 组下段

由图 4.4 可知，Sendji 组下段岩相包括混合细粒岩、硅质灰质细粒岩和黏土质灰质细粒岩三类，其 TOC 含量平均值为 0.12%，因此三种岩相分别为贫有机质混合细粒岩、贫有机质硅质灰质细粒岩和贫有机质黏土质灰质细粒岩。

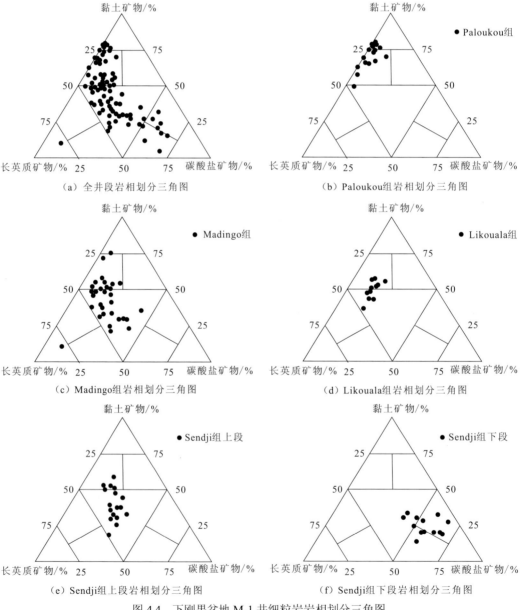

（a）全井段岩相划分三角图

（b）Paloukou组岩相划分三角图

（c）Madingo组岩相划分三角图

（d）Likouala组岩相划分三角图

（e）Sendji组上段岩相划分三角图

（f）Sendji组下段岩相划分三角图

图 4.4　下刚果盆地 M-1 井细粒岩岩相划分三角图

贫有机质混合细粒岩中黏土矿物、长英质矿物和碳酸盐矿物含量均小于50%，碳酸盐矿物含量较高，其中方解石平均含量为24.33%，白云石平均含量为18.00%；长英质矿物次之，其中石英平均含量为18.67%，长石平均含量为5.67%；黏土矿物含量较低，平均含量为30.33%。不含黄铁矿（表4.5）。镜下观察发现，该岩相含有较多的自生颗粒和陆源碎屑颗粒[图4.5（a）]，其中陆源碎屑颗粒大小混杂，分选较差，呈次棱角状[图4.5（b）]。

表4.5　下刚果盆地M-1井细粒岩不同岩相的主要成分及含量

地层	岩相类型	黏土矿物平均含量/%	石英平均含量/%	长石平均含量/%	方解石平均含量/%	白云石平均含量/%	黄铁矿平均含量/%	TOC平均含量/%
Sendji 组下段	贫有机质混合细粒岩	30.33	18.67	5.67	24.33	18.00	0	0.12
	贫有机质硅质灰质细粒岩	18.75	18.00	6.50	35.25	17.75	0.75	
	贫有机质黏土质灰质细粒岩	23.33	8.17	3.83	43.00	17.33	1.17	
Sendji 组上段	贫有机质混合细粒岩	32.67	21.33	13.75	25.25	2.42	1.83	0.76
	贫有机质硅质黏土岩	49.86	20.57	8.71	13.86	1.14	2.14	
Likouala 组	贫有机质混合细粒岩	41.20	24.00	14.60	11.80	2.40	2.40	0.88
	富有机质硅质黏土岩	50.50	21.83	7.67	11.50	1.67	2.00	3.82
Madingo 组	含有机质混合细粒岩	34.86	24.73	12.50	19.23	2.32	2.32	2.96
	富有机质硅质黏土岩	53.27	22.36	6.55	9.09	2.00	2.36	
	贫有机质硅质细粒岩	10.00	5.00	70.00	10.00	0	5.00	—
Paloukou 组	含有机质硅质黏土岩	60.75	22.63	3.88	2.81	0	4.00	1.35
	贫有机质黏土岩	69.20	16.40	2.20	1.80	0	3.60	—

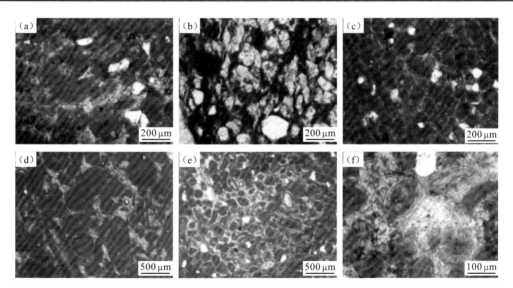

图4.5　下刚果盆地M-1井Sendji组下段细粒岩岩相典型照片

（a）贫有机质混合细粒岩，5 333 m；（b）贫有机质混合细粒岩，5 381 m；（c）贫有机质硅质灰质细粒岩，5 240 m；（d）贫有机质硅质灰质细粒岩，5 276 m；（e）贫有机质黏土质灰质细粒岩，5 200 m；（f）贫有机质黏土质灰质细粒岩，5 186 m

贫有机质硅质灰质细粒岩中碳酸盐矿物占主导，其中方解石平均含量为 35.25%，白云石平均含量为 17.75%；长英质矿物次之，其中石英平均含量为 18.00%，长石平均含量为 6.50%；黏土矿物含量最低，平均含量为 18.75%。黄铁矿平均含量为 0.75%。镜下观察发现，该岩相可见较多的自生颗粒，陆源碎屑颗粒分选较差，呈次棱角状-次圆状[图 4.5（c）]。可见半自形生物碎屑颗粒[图 4.5（d）]，磨蚀性强，经历了搬运和再沉积作用。

贫有机质黏土质灰质细粒岩中碳酸盐矿物占主导，其中方解石平均含量为 43.00%，白云石平均含量为 17.33%；黏土矿物次之，其平均含量为 23.33%；长英质矿物含量最低，其中石英平均含量为 8.17%，长石平均含量为 3.83%。黄铁矿平均含量为 1.17%。镜下观察发现，该岩相可见较多的自生颗粒，陆源碎屑颗粒与前两种岩相相比较少，颗粒分选较差，呈次棱角状-次圆状[图 4.5（e）]，同时可见鲕粒存在[图 4.5（f）]。

综合分析，Sendji 组下段发育贫有机质混合细粒岩、贫有机质硅质灰质细粒岩和贫有机质黏土质灰质细粒岩三种岩相，有机质生产力低；碳酸盐矿物含量较高，鲕粒、生物碎屑及陆源碎屑颗粒混杂分布，指示该岩相形成于水体较浅、水动力条件强而且富氧的水体环境，不利于有机质的保存。

2. Sendji 组上段

Sendji 组上段岩相包括混合细粒岩和硅质黏土岩两类（图 4.4），其 TOC 含量平均值为 0.76%，因此两种岩相分别为贫有机质混合细粒岩和贫有机质硅质黏土岩。

贫有机质混合细粒岩中黏土矿物、长英质矿物和碳酸盐矿物含量均小于 50%，长英质矿物含量较高，其中石英平均含量为 21.33%，长石平均含量为 13.75%；黏土矿物次之，其平均含量为 32.67%；碳酸盐矿物含量较低，其中方解石平均含量为 25.25%，白云石平均含量为 2.42%。黄铁矿平均含量为 1.83%。镜下观察发现，该岩相可见较多的陆源碎屑颗粒，自生颗粒较少，分选较差，呈次棱角状-次圆状[图 4.6（a）、（b）]。局部可见有孔虫化石[图 4.6（c）]，磨蚀性强，经历了搬运和再沉积作用。

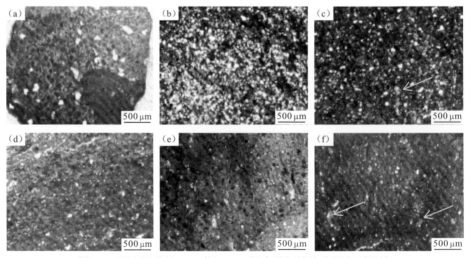

图 4.6 下刚果盆地 M-1 井 Sendji 组上段细粒岩岩相典型照片

（a）贫有机质混合细粒岩，4 976 m；（b）颗粒混杂，贫有机质混合细粒岩，4 640 m；（c）有孔虫，贫有机质混合细粒岩，4 469 m；（d）贫有机质硅质黏土岩，4 901 m；（e）贫有机质硅质黏土岩，4 382 m；（f）有孔虫，贫有机质硅质黏土岩，4 382 m

贫有机质硅质黏土岩中黏土矿物占主导，其平均含量为 49.86%；长英质矿物次之，其中石英平均含量为 20.57%，长石平均含量为 8.71%；碳酸盐矿物含量最低，其中方解石平均含量为 13.86%，白云石平均含量为 1.14%。黄铁矿平均含量为 2.14%。镜下观察发现，该岩相陆源碎屑颗粒较少，可见大量的黏土矿物，颗粒分选较差，呈次棱角状-次圆状[图 4.6（d）、（e）]。局部可见破碎的有孔虫化石[图 4.6（f）]。

综合分析，Sendji 组上段贫有机质混合细粒岩和贫有机质硅质黏土岩 TOC 含量均较低，有机质生产力较低；较高的碳酸盐矿物含量，陆源碎屑颗粒分选、磨圆较差，以及破碎的化石颗粒，指示该岩相形成于水体较浅、水动力条件较强的水体环境，不利于有机质的保存。

3. Likouala 组

Likouala 组岩相包括贫有机质混合细粒岩和富有机质硅质黏土岩两类（图 4.4），其中贫有机质混合细粒岩 TOC 含量平均值为 0.88%，富有机质硅质黏土岩 TOC 含量平均值为 3.82%。

贫有机质混合细粒岩中黏土矿物、长英质矿物和碳酸盐矿物含量均<50%，黏土矿物含量较高，平均含量为 41.20%；长英质矿物次之，其中石英平均含量为 24.00%，长石平均含量为 14.60%；碳酸盐矿物含量较低，其中方解石平均含量为 11.80%，白云石平均含量为 2.40%。黄铁矿平均含量为 2.40%。镜下观察发现，该岩相可见较多的陆源碎屑颗粒，颗粒粒径以黏土级-粉砂级为主，分选较差，呈次棱角状-次圆状[图 4.7（a）～（c）]。

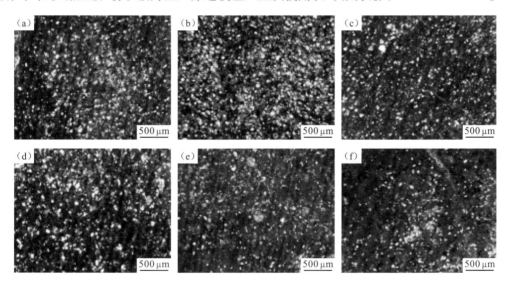

图 4.7　下刚果盆地 M-1 井 Likouala 组细粒岩岩相典型照片

（a）贫有机质混合细粒岩，4 100 m；（b）颗粒混杂，贫有机质混合细粒岩，4 139 m；（c）贫有机质混合细粒岩，4 160 m；（d）富有机质硅质黏土岩，4 121 m；（e）富有机质硅质黏土岩，4 262 m；（f）富有机质硅质黏土岩，4 289 m

富有机质硅质黏土岩中黏土矿物占主导，平均含量为 50.50%；长英质矿物次之，其中石英平均含量为 21.83%，长石平均含量为 7.67%；碳酸盐矿物含量较低，其中方解石平均含量为 11.50%，白云石平均含量为 1.67%。黄铁矿平均含量为 2.00%。镜下观察发现，该岩相可见较多的陆源碎屑颗粒，颗粒粒径以黏土级-粉砂级为主，同时含有较多的有孔虫，化石保存较好[图4.7（d）～（f）]。

综合分析，Likouala组贫有机质混合细粒岩TOC含量较低，有机质生产力较低，而富有机质硅质黏土岩TOC含量高，并且微古生物发育，有机质生产力较高；较低的碳酸盐岩含量，陆源碎屑颗粒以黏土级-粉砂级为主，指示该岩相形成于水体较深、水动力条件较弱的水体环境，有机质的保存条件较好。

4. Madingo 组

Madingo 组岩相包括含有机质混合细粒岩、富有机质硅质黏土岩和贫有机质硅质细粒岩三类（图4.4），其中含有机质混合细粒岩和富有机质硅质黏土岩的TOC含量平均值为2.96%。

含有机质混合细粒岩中黏土矿物、长英质矿物和碳酸盐矿物含量均小于50%，长英质矿物含量较高，其中石英平均含量为24.73%，长石平均含量为12.50%；黏土矿物次之，其平均含量为34.86%；碳酸盐矿物含量最低，其中方解石平均含量为19.23%，白云石平均含量为2.32%。黄铁矿平均含量为2.32%。镜下观察发现，该岩相可见较多的陆源碎屑颗粒，颗粒粒径以黏土级-粉砂级为主，分选较差[图4.8（a）]，同时可见有孔虫颗粒[图4.8（b）]。

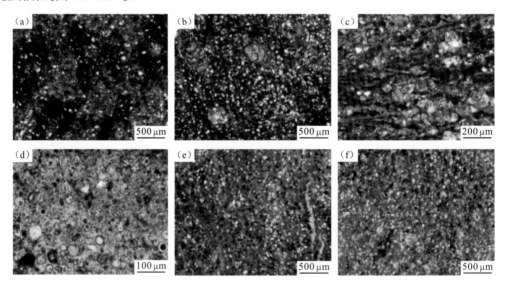

图 4.8　下刚果盆地 M-1 井 Madingo 组细粒岩岩相典型照片

（a）含有机质混合细粒岩，3 623 m；（b）有孔虫，含有机质混合细粒岩，3 740 m；（c）有孔虫，富有机质硅质黏土岩，4 060 m；
（d）放射虫，富有机质硅质黏土岩，3 899 m；（e）贫有机质硅质细粒岩，3 818 m；（f）贫有机质硅质细粒岩，3 806 m

富有机质硅质黏土岩中黏土矿物占主导，平均含量为53.27%；长英质矿物次之，其中石英平均含量为22.36%，长石平均含量为6.55%；碳酸盐矿物含量最低，其中方解石平均含量为9.09%，白云石平均含量为2.00%。黄铁矿平均含量为2.36%。镜下观察发现，该岩相中陆源碎屑颗粒较少，颗粒粒径以黏土级-粉砂级为主，微古生物发育，可见大量的有孔虫[图4.8（c）]和放射虫[图4.8（d）]。

贫有机质硅质细粒岩中长英质矿物占主导，其中长石平均含量为70.00%，石英平均含量为5.00%；黏土矿物平均含量为10.00%，方解石平均含量为10.00%。黄铁矿平均含量为5.00%。镜下观察发现，该岩相以长英质矿物为主，可见较多的陆源碎屑颗粒，颗粒粒径较小，以黏土级-粉砂级为主，呈漂浮状分布[图4.8（e）、（f）]。

综合分析，Madingo组贫有机质硅质细粒岩、含有机质混合细粒岩和富有机质硅质黏土岩TOC含量逐渐增加，微古生物含量逐渐增加，初始生产力逐渐增加；较低的碳酸盐矿物含量，陆源碎屑颗粒以黏土级-粉砂级为主，指示该岩相形成于水体相对较深、水动力条件相对较弱的水体环境，有机质的保存条件较好。

5. Paloukou组

Paloukou组岩相包括含有机质硅质黏土岩和贫有机质黏土岩两类（图4.4），其中含有机质硅质黏土岩TOC含量平均值为1.35%。

含有机质硅质黏土岩中黏土矿物占主导，平均含量为60.75%；长英质矿物次之，其中石英平均含量为22.63%，长石平均含量为3.88%；碳酸盐矿物含量最低，其中方解石平均含量为2.81%，不含白云石。黄铁矿平均含量为4.00%。镜下观察发现，该岩相可见较多的陆源碎屑颗粒，大小混杂，分选较差，呈次棱角状-次圆状[图4.9（a）～（c）]。

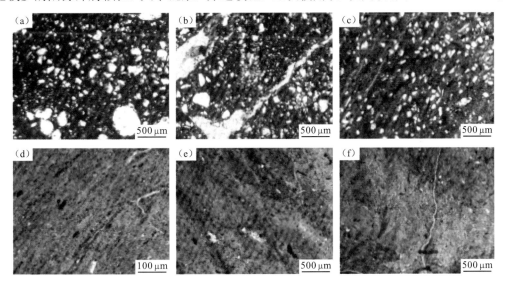

图4.9　下刚果盆地M-1井Paloukou组细粒岩岩相典型照片

（a）贫有机质硅质黏土岩，3 230 m；（b）贫有机质硅质黏土岩，3 240 m；（c）贫有机质硅质黏土岩，3 580 m；（d）贫有机质黏土岩，3 269 m；（e）贫有机质黏土岩，3 340 m；（f）贫有机质黏土岩，3 380 m

贫有机质黏土岩中黏土矿物占主导，平均含量为69.20%；长英质矿物次之，其中石英平均含量为16.40%，长石平均含量为2.20%；碳酸盐矿物含量最低，其中方解石平均含量为1.80%，不含白云石。黄铁矿平均含量为3.60%。镜下观察发现，该岩相可见少量陆源碎屑颗粒，大量的黏土广泛存在[图4.9（d）、（e）]。

综合分析，Paloukou组贫有机质硅质黏土岩TOC含量较低，未见微体古生物化石存在，指示有机质生产力较低；陆源碎屑颗粒大小混杂，分选较差，呈次棱角状-次圆状，指示水动力条件较强，不利于有机质的保存。贫有机质黏土岩 TOC 含量较低，未见微体古生物化石存在，指示有机质生产力较低；矿物成分以黏土矿物为主，镜下可见黏土广泛存在，颗粒较少，指示水动力条件较弱。

（二）里奥穆尼盆地 AK-1 井细粒岩岩相类型及特征

1. 阿尔布阶—土伦阶

由图 4.10 可知，阿尔布阶—土伦阶岩相包括混合细粒岩和硅质黏土岩两种类型。其中硅质黏土岩 TOC 含量平均值为 2.30%，而混合细粒岩无 TOC 含量数据，因此两种岩相分别为混合细粒岩和富有机质硅质黏土岩。

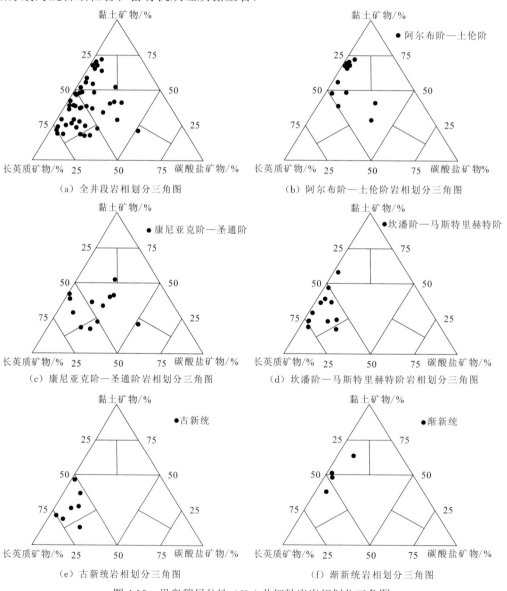

图 4.10　里奥穆尼盆地 AK-1 井细粒岩岩相划分三角图

富有机质硅质黏土岩中黏土矿物占主导，平均含量为 64.78%；长英质矿物次之，其中石英平均含量为 20.40%，长石平均含量为 10.18%；碳酸盐矿物含量较低，其中方解石平均含量为 0.99%，白云石平均含量为 2.76%。黄铁矿平均含量为 0.39%（表 4.6）。镜下观察发现，该岩相中陆源碎屑颗粒较少，颗粒粒径以黏土级-粉砂级为主，呈漂浮状产出，局部可见纹层发育[图 4.11（b）]。微古生物发育，可见大量的有孔虫[图 4.11（a）、（c）]。

表 4.6 里奥穆尼盆地 AK-1 井细粒岩不同岩相主要成分及含量

地层	岩相类型	黏土矿物平均含量/%	石英平均含量/%	长石平均含量/%	方解石平均含量/%	白云石平均含量/%	黄铁矿平均含量/%	TOC平均含量/%
阿尔布阶—土伦阶	混合细粒岩	39.20	25.03	13.22	0.48	17.44	0.87	—
	硅质黏土岩	64.78	20.40	10.18	0.99	2.76	0.39	2.30
康尼亚克阶—圣通阶	灰质硅质细粒岩	18.00	34.03	18.87	10.56	11.13	1.70	
	黏土质硅质细粒岩	32.50	24.59	34.09	2.95	2.00	1.61	
	混合细粒岩	35.75	19.34	16.77	14.40	7.79	1.59	
	硅质黏土岩	50.00	17.83	5.94	0	21.93	0.32	
	硅质灰质细粒岩	20.00	12.96	12.79	46.19	2.97	1.05	
坎潘阶—马斯特里赫特阶	黏土质硅质细粒岩	29.56	37.05	21.51	4.36	2.55	1.15	
	灰质硅质细粒岩	17.00	32.97	25.58	9.35	11.90	1.21	
	硅质黏土岩	57.00	20.33	18.00	2.08	0.79	0.96	
古新统	黏土质硅质细粒岩	28.67	41.42	18.75	3.99	3.62	1.71	
渐新统	硅质黏土岩	55.00	31.38	3.37	3.95	1.66	2.35	
	黏土质硅质细粒岩	37.00	44.05	9.20	4.00	1.69	3.67	
	混合细粒岩	46.00	41.86	3.05	3.54	0.78	4.74	

混合细粒岩中黏土矿物、长英质矿物和碳酸盐矿物含量均小于 50%，黏土矿物含量较高，平均值为 39.20%；长英质矿物次之，其中石英平均含量为 25.03%，长石平均含量为 13.22%；碳酸盐矿物含量较低，其中方解石平均含量为 0.48%，白云石平均含量为 17.44%。黄铁矿平均含量为 0.87%。镜下观察发现，该岩相中陆源碎屑颗粒较少，黏土广泛存在[图 4.11（f）]，可见少量的泥晶或亮晶方解石[图 4.11（d）]、自生颗粒[图 4.11（e）]。

综合分析，富有机质硅质黏土岩中微体古生物发育，说明古生产力较高；纹层发育，颗粒粒径小，呈漂浮状分布，可知沉积时水体较深，水动力条件较弱。混合细粒岩中未见微体古生物化石存在，指示古生产力较低；碳酸盐矿物含量较高，沉积水体较浅，不利于有机质的保存。

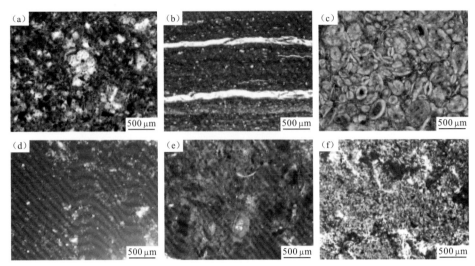

图 4.11　里奥穆尼盆地 AK-1 井阿尔布阶—土伦阶细粒岩岩相典型照片

（a）富有机质硅质黏土岩，2 844 m；（b）富有机质硅质黏土岩，3 102 m；（c）富有机质硅质黏土岩，3 123 m；（d）混合
细粒岩，2 868 m；（e）混合细粒岩，3 084 m；（f）混合细粒岩，3 144 m

2. 康尼亚克阶—圣通阶

康尼亚克阶—圣通阶岩相包括灰质硅质细粒岩、黏土质硅质细粒岩、混合细粒岩、硅质黏土岩和硅质灰质细粒岩五种类型（图 4.10）。

灰质硅质细粒岩中以长英质矿物为主，其中石英平均含量为 34.03%，长石平均含量为 18.87%；碳酸盐矿物次之，其中方解石平均含量为 10.56%，白云石平均含量为 11.13%；黏土矿物含量最低，平均含量为 18.00%。黄铁矿平均含量为 1.70%。镜下观察发现，该岩相中包含大量的陆源碎屑颗粒，颗粒大小混杂，呈次棱角状，可见较多破碎的有孔虫化石[图 4.12（a）]。

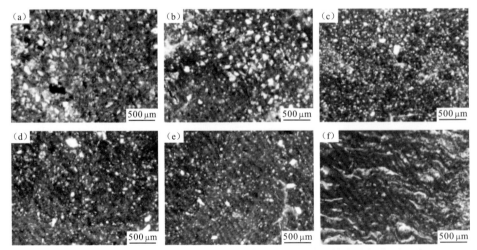

图 4.12　里奥穆尼盆地 AK-1 井康尼亚克阶—圣通阶细粒岩岩相典型照片

（a）灰质硅质细粒岩，2 466 m；（b）黏土质硅质细粒岩，2 493 m；（c）混合细粒岩，2 493 m；（d）硅质黏土岩，2 507 m；
（e）硅质黏土岩，2 507 m；（f）硅质灰质细粒岩，2 556 m

黏土质硅质细粒岩中以长英质矿物为主，其中石英平均含量为24.59%，长石平均含量为34.09%；黏土矿物次之，其平均含量为32.50%；碳酸盐矿物含量最低，其中方解石平均含量为2.95%，白云石平均含量为2.00%。黄铁矿平均含量为1.61%。镜下观察发现，该岩相中包含大量的陆源碎屑颗粒，颗粒大小混杂，呈次棱角状[图4.12（b）]。

混合细粒岩中黏土矿物、长英质矿物和碳酸盐矿物含量均<50%，长英质矿物含量较高，其中石英平均含量为19.34%，长石平均含量为16.77%；黏土矿物次之，其平均含量为35.75%；碳酸盐矿物含量最低，其中方解石平均含量14.40%，白云石平均含量为7.79%。黄铁矿平均含量为1.59%。镜下观察发现，该岩相中碎屑颗粒、黏土和方解石颗粒混杂[图4.12（c）]。

硅质黏土岩中黏土矿物占主导，其平均含量为50.00%；长英质矿物次之，其中石英平均含量为17.83%，长石平均含量为5.94%；碳酸盐矿物含量最低，其中白云石平均含量为21.93%，不含方解石。黄铁矿平均含量为0.32%。镜下观察发现，该岩相以黏土矿物为主，碎屑颗粒较少，颗粒大小混杂，呈次棱角状[图4.12（d）、（e）]。

硅质灰质细粒岩中碳酸盐矿物占主导，其中方解石平均含量为46.19%，白云石平均含量为2.97%；长英质矿物次之，其中石英平均含量为12.96%，长石平均含量为12.79%；黏土矿物含量最低，其平均含量为20.00%。黄铁矿平均含量为1.05%。镜下观察发现，该岩相以碳酸盐矿物为主，可见大量的方解石，碎屑颗粒较少[图4.12（f）]。

综合分析，灰质硅质细粒岩中可见少量有孔虫化石，化石破碎，磨蚀性较强，指示较强的水动力条件，不利于有机质的保存。黏土质硅质细粒岩、混合细粒岩、硅质黏土岩和硅质灰质细粒岩中均未见微体古生物存在，指示生产力较低；黏土质硅质细粒岩、混合细粒岩、硅质黏土岩中陆源碎屑颗粒较多，颗粒分选、磨圆较差，指示较强的水动力条件，硅质灰质细粒岩中矿物成分以碳酸盐为主，指示沉积时水体较浅，不利于有机质的保存。

3. 坎潘阶—马斯特里赫特阶

坎潘阶—马斯特里赫特阶岩相包括黏土质硅质细粒岩、灰质硅质细粒岩和硅质黏土岩三种类型（图4.10）。

黏土质硅质细粒岩中以长英质矿物为主，其中石英平均含量为37.05%，长石平均含量为21.51%；黏土矿物次之，其平均含量为29.56%；碳酸盐矿物含量最低，其中方解石平均含量为4.36%，白云石平均含量为2.55%。黄铁矿平均含量为1.15%。镜下观察发现，该岩相中包含大量的陆源碎屑颗粒，颗粒大小混杂，呈次棱角状[图4.13（a）、（b）]。

灰质硅质细粒岩中以长英质矿物为主，其中石英平均含量为32.97%，长石平均含量为25.58%；碳酸盐矿物次之，其中方解石平均含量为9.35%，白云石平均含量为11.90%；黏土矿物含量最低，平均含量为17.00%。黄铁矿平均含量为1.21%。镜下观察发现，该岩相中包含大量的陆源碎屑颗粒，颗粒大小混杂，呈次棱角状，局部可见方解石颗粒[图4.13（c）、（d）]。

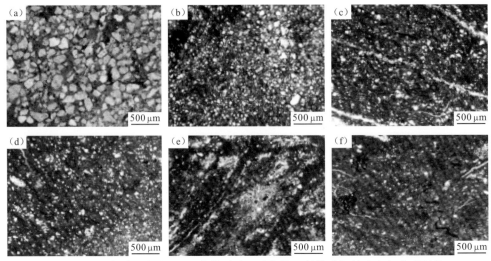

图 4.13　里奥穆尼盆地 AK-1 井坎潘阶—马斯特里赫特阶细粒岩岩相典型照片

（a）黏土质硅质细粒岩，2 340 m；（b）黏土质硅质细粒岩，2 445 m；（c）灰质硅质细粒岩，2 433 m；（d）灰质硅质细粒岩，2 432 m；（e）硅质黏土岩，2 411 m；（f）硅质黏土岩，2 361 m

硅质黏土岩中黏土矿物占主导，其平均含量为 57.00%；长英质矿物次之，其中石英平均含量为 20.33%，长石平均含量为 18.00%；碳酸盐矿物含量最低，其中方解石平均含量为 2.08%，白云石平均含量为 0.79%。黄铁矿平均含量为 0.96%。镜下观察发现，该岩相以黏土矿物为主，碎屑颗粒较少，颗粒大小混杂，呈次棱角状[图 4.13（e）、（f）]。

综合分析，黏土质硅质细粒岩、灰质硅质细粒岩和硅质黏土岩均未发现微体古生物化石，指示生产力较低；陆源碎屑颗粒较多，颗粒分选较差，呈次棱角状，指示较强的水动力条件，不利于有机质的保存。

4. 古新统

古新统岩相包括黏土质硅质细粒岩一种类型（图 4.10）。

黏土质硅质细粒岩中以长英质矿物为主，其中石英平均含量为 41.42%，长石平均含量为 18.75%；黏土矿物次之，其平均含量为 28.67%；碳酸盐矿物含量最低，其中方解石平均含量为 3.99%，白云石平均含量为 3.62%。黄铁矿平均含量为 1.71%。镜下观察发现，该岩相以陆源碎屑颗粒为主，颗粒大小混杂，分选差，呈棱角状—次棱角状[图 4.14（a）、（b）]。

5. 渐新统

渐新统岩相包括硅质黏土岩、黏土质硅质细粒岩和混合细粒岩三种类型（图 4.10）。

硅质黏土岩中黏土矿物占主导，其平均含量为 55.00%；长英质矿物次之，其中石英平均含量为 31.38%，长石平均含量为 3.37%；碳酸盐矿物含量最低，其中方解石平均含量为 3.95%，白云石平均含量为 1.66%。黄铁矿平均含量为 2.35%。镜下观察发现，该岩相以黏土矿物为主，含有较多的碎屑颗粒，颗粒大小混杂，分选差，呈棱角状-次棱角状[图 4.14（c）、（d）]。

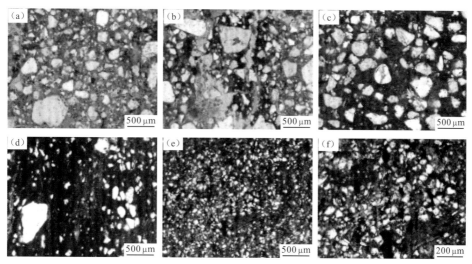

图 4.14　里奥穆尼盆地 AK-1 井古新统—渐新统细粒岩岩相典型照片

（a）黏土质硅质细粒岩，2 184 m；（b）黏土质硅质细粒岩，2 171 m；（c）硅质黏土岩，2 007 m；（d）硅质黏土岩，2 013 m；
（e）混合细粒岩，1 641 m；（f）混合细粒岩，1 551 m

　　黏土质硅质细粒岩中以长英质矿物为主，其中石英平均含量为 44.05%，长石平均含量为 9.20%；黏土矿物次之，其平均含量为 37.00%；碳酸盐矿物含量最低，其中方解石平均含量为 4.00%，白云石平均含量为 1.69%；黄铁矿平均含量为 3.67%。

　　混合细粒岩中黏土矿物、长英质矿物和碳酸盐矿物含量均<50%，长英质矿物含量较高，其中石英平均含量为 41.86%，长石平均含量为 3.05%；黏土矿物次之，其平均含量为 46.00%；碳酸盐矿物含量最低，其中方解石平均含量 3.54%，白云石平均含量为 0.78%。黄铁矿平均含量为 4.74%。镜下观察发现，该岩相中碎屑颗粒、黏土和方解石颗粒混杂，以碎屑颗粒为主[图 4.14（e）、（f）]。

　　综合分析，古新统—渐新统硅质黏土岩、黏土质硅质细粒岩和混合细粒岩均未发现微体古生物化石，指示生产力较低；陆源碎屑颗粒较多，颗粒分选差，呈棱角状-次棱角状，指示强的水动力条件，不利于有机质的保存。

四、重点盆地富有机质烃源岩段识别

（一）下刚果盆地 M-1 井富有机质烃源岩段

　　综上所述，下刚果盆地 M-1 井 Madingo 组为富有机质细粒岩段。Madingo 组岩相包括含有机质混合细粒岩、富有机质硅质黏土岩和贫有机质硅质细粒岩三类，其中含有机质混合细粒岩和富有机质硅质黏土岩 TOC 含量平均值为 2.96%。

　　Madingo 组岩相纵向非均质性明显，在矿物组成、元素地球化学特征及 TOC 含量等具有明显分段的特征。以前述高岭石含量分段为基础，结合生产力、氧化还原条件和陆源输入等判识指标，将 Madingo 组分为四段，不同段的岩相特征差异明显（图 4.15）。

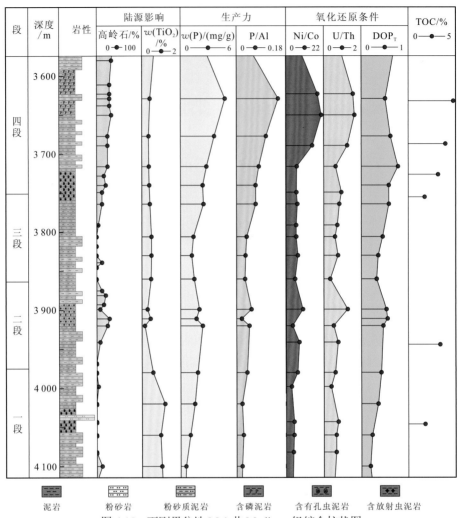

图 4.15　下刚果盆地 M-1 井 Madingo 组综合柱状图

1. Madingo 组一段

Madingo 组一段以长英质矿物为主，其中石英平均含量为 18.71%，长石平均含量为 22%；黏土矿物次之，平均含量为 31%，其中高岭石平均含量为 0.71%；碳酸盐矿物含量较低，方解石平均含量为 21%，白云石平均含量为 0.5%。镜下观察可知，含有较多的碎屑颗粒，颗粒分选中等，呈次棱角状-次圆状[图 4.16（a）]，可见有孔虫化石，但化石颗粒破碎，磨蚀性强[图 4.16（c）、（d）]，另可见有孔虫或碎屑颗粒定向排列现象[图 4.16（e）、（f）]。同时，TiO_2 质量分数较高，平均值为 0.95%，指示陆源供给较强，沉积时期水动力条件较强。而且，微量元素 Ni/Co、U/Th 平均值分别为 4.7、0.63，草莓状黄铁矿较少[图 4.16（b）]，指示沉积水体氧化还原条件为氧化环境。P 元素质量分数较低，平均值为 1.29 mg/g，P/Al 值平均值为 0.03，指示古生产力较低。因此，Madingo 组一段古生产力较低，沉积时期水动力条件较强，为氧化环境，不利于有机质的保存。

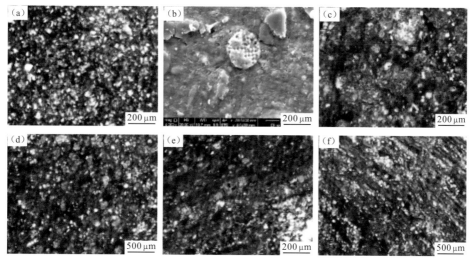

图 4.16 下刚果盆地 M-1 井 Madingo 组一段典型照片

（a）碎屑颗粒，4 043 m；（b）草莓状黄铁矿，4 043 m；（c）有孔虫破碎，4 060 m；（d）大量破碎的有孔虫，4 060 m；
（e）有孔虫定向排列，4 060 m；（f）颗粒定向排列，4 100 m

2. Madingo 组二段

Madingo 组二段以黏土矿物为主，平均含量为 36.71%，其中高岭石含量较高，为 10%～35%，平均含量为 20.71%；长英质矿物次之，其中石英平均含量为 23.71%，长石平均含量为 12.86%；碳酸盐矿物含量最低，其中方解石平均含量为 19.71%，白云石平均含量为 2.43%。

镜下观察可知，陆源碎屑颗粒较少，呈漂浮状分布，无定向排列现象[图 4.17（a）、（b）]，指示沉积水动力条件较弱。而且高岭石含量较高，平均含量为 20.71%，TiO_2

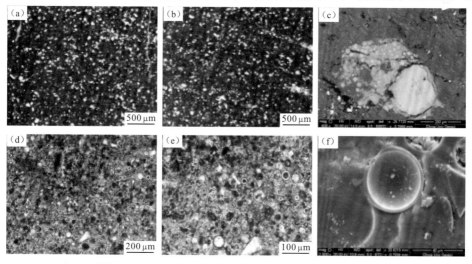

图 4.17 下刚果盆地 M-1 井 Madingo 组二段典型照片

（a）漂浮状碎屑颗粒，3 941 m；（b）以漂浮状为主的碎屑颗粒，3 941 m；（c）草莓状黄铁矿，3 893 m；（d）放射虫，3 920 m；
（e）局部放大放射虫，3 920 m；（f）单一的放射虫，3 920 m

质量分数平均值为 0.31%，指示陆源供给较强，而且陆源碎屑以泥质沉积物为主，含有较高的陆源营养物质。可见大量放射虫化石[图 4.17（d）～（f）]，P 元素质量分数较高，平均含量为 2.07 mg/g，P/Al 平均值为 0.07，指示古生产力较高。微量元素 Ni/Co、U/Th 平均值分别为 7.15、0.86，可见草莓状黄铁矿颗粒[图 4.17（c）]，指示沉积水体氧化还原条件为贫氧环境。因此，Madingo 组二段古生产力较高，沉积时期水动力条件较弱，而且为贫氧环境，有利于有机质的保存。TOC 含量较高，为富有机质细粒岩段。

3. Madingo 组三段

Madingo 组三段以黏土矿物为主，平均含量为 45.71%，其中高岭石平均含量为 2.85%；长英质矿物次之，其中石英平均含量为 29%，长石平均含量为 9.71%；碳酸盐矿物含量最低，其中方解石平均含量为 9%，白云石平均含量为 2%。镜下薄片也显示出类似的特征[图 4.18（a）～（d）]，指示沉积时期水动力条件较弱。高岭石含量较低，平均含量仅为 2.86%，TiO$_2$ 质量分数平均值为 0.5%，指示陆源营养物质供给较弱。古生物不发育[图 4.18（f）]，P 元素质量分数较低，平均值为 1.41 mg/g，P/Al 平均值为 0.02，指示古生产力较低。微量元素 Ni/Co、U/Th 平均值分别为 6.03、0.62，草莓状黄铁矿常见[图 4.18（e）]，指示沉积水体氧化还原条件为贫氧环境。因此，Madingo 组三段沉积时期水动力条件较弱，而且为贫氧环境，利于有机质的保存，但古生产力较低，TOC 含量较低。

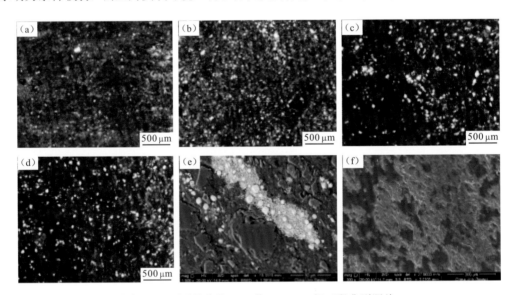

图 4.18　下刚果盆地 M-1 井 Madingo 组三段典型照片

（a）零星井分布的碎屑颗粒，3 764 m；（b）碎屑颗粒，3 830 m；（c）碎屑颗粒，3 839 m；（d）碎屑颗粒，3 845 m；（e）草莓状黄铁矿，3 806 m；（f）古生物少，3 839 m

4. Madingo 组四段

Madingo 组四段以黏土矿物为主（图 4.19），平均含量为 43.77%，其中高岭石平均含量为 29.62%；长英质矿物次之，其中石英平均含量为 22.69%，长石平均含量为 8.08%；碳酸盐矿物含量最低，其中方解石平均含量为 14.23%，白云石平均含量为 3%。

镜下观察可知，陆源碎屑颗粒较多，呈漂浮状分布，无定向排列现象[图 4.19（a）、（b）]。而且高岭石含量较高，TiO_2 平均含量为 0.31%，指示陆源供给较强，而且陆源碎屑以泥质沉积物为主。可见大量有孔虫化石[图 4.19（d）、（e）]、磷酸盐鲕粒[图 4.19（f）]，P 元素质量分数高，平均值为 3.21 mg/g，P/Al 平均值为 0.06，指示古生产力高。微量元素 Ni/Co、U/Th 平均值分别为 12.28、1.15，可见草莓状黄铁矿颗粒[图 4.19（c）]，指示沉积水体为贫氧-厌氧环境。因此，Madingo 组四段沉积时期古生产力高，且为贫氧-厌氧环境，利于有机质的保存，为富有机质细粒岩段。

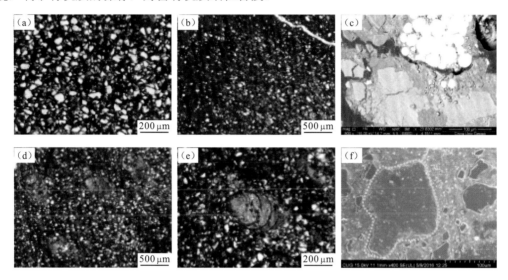

图 4.19　下刚果盆地 M-1 井 Madingo 组四段典型照片

（a）碎屑颗粒，3 716 m；（b）大量的碎屑颗粒，3 716 m；（c）草莓状黄铁矿，3 716 m；（d）有孔虫，3 740 m；（e）有孔虫，3 740 m；（f）磷酸盐，3 740 m

（二）里奥穆尼盆地 AK-1 井富有机质烃源岩段

综上所述，里奥穆尼盆地 AK-1 井阿尔布阶—土伦阶为富有机质段（图 4.20）。

阿尔布阶—土伦阶岩相包括混合细粒岩和硅质黏土岩两种类型，其中硅质黏土岩 TOC 含量平均值为 2.30%，而混合细粒岩无 TOC 含量数据，因此两种岩相分别为混合细粒岩和富有机质硅质黏土岩。

1. 阿尔布阶

阿尔布阶以黏土矿物为主，平均含量为 62.25%，其中高岭石含量为 20%～30%，平均含量为 26%；长英质矿物次之，其中石英平均含量为 19%，长石平均含量为 14%；碳酸盐矿物含量最低，其中方解石平均含量为 1%，白云石平均含量为 3%。

镜下观察可知，含有较多的碎屑颗粒，分选较差，呈次棱角状-次圆状[图 4.21（a）、（b）]，可见有孔虫化石[图 4.21（c）～（e）]。

同时，高岭石含量较高，平均含量为 26%，TiO_2 质量分数平均值为 0.62%，指示陆源供给较强，沉积时期水动力条件较强。而且，微量元素 V/Cr、Ni/Co、U/Th 平均值分

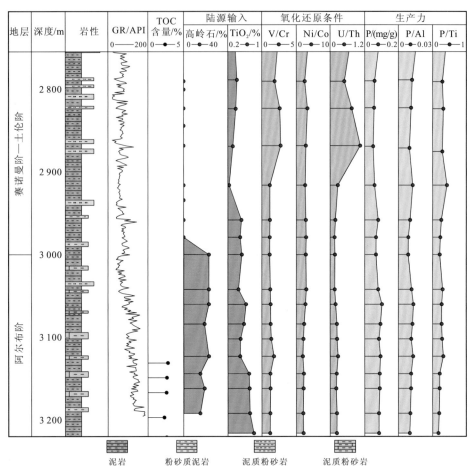

图 4.20　里奥穆尼盆地 AK-1 井阿尔布阶—土伦阶综合柱状图

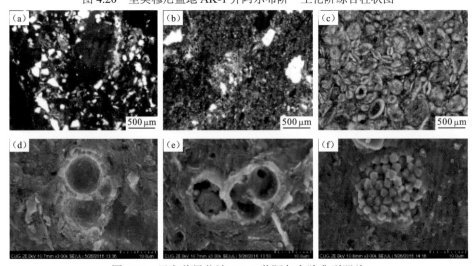

图 4.21　里奥穆尼盆地 AK-1 井阿尔布阶典型照片

（a）碎屑颗粒，3 084 m；（b）碎屑颗粒，3 144 m；（c）生物化石，3 123 m；（d）保存完整的有孔虫，3 042 m；（e）有孔虫，3 042 m；（f）草莓状黄铁矿，3 084 m

别为 1.32、2.39、0.22，草莓状黄铁矿较少[图 4.21（f）]，指示沉积水体氧化还原条件为氧化-次氧化环境。

P 元素质量分数较低，平均值为 0.89 mg/g，P/Al 平均值为 0.01，但微体古生物发育，指示古生产力较高。

因此，阿尔布期古生产力较高，但水动力条件较强，而且水体为氧化环境，不利于有机质的保存。

2. 塞诺曼阶—土伦阶

塞诺曼阶—土伦阶以黏土矿物为主，平均含量为 46.83%，不含高岭石；长英质矿物次之，其中石英平均含量为 26%，长石平均含量为 8%；碳酸盐矿物含量最低，其中方解石平均含量为 0.17%，白云石平均含量为 15%。

镜下观察可知，碎屑颗粒较少，颗粒呈漂浮状分布[图 4.22（a）]，可见层理[图 4.22（d）～（f）]。同时，不含高岭石，TiO_2 质量分数较低，平均值为 0.42%，指示陆源供给较低，沉积时期水动力条件较弱。而且，下部微量元素 Ni/Co、U/Th 平均值分别为 1.19、2.83，上部微量元素 Ni/Co、U/Th 平均值分别为 2.43、2.93，可见草莓状黄铁矿[图 4.22（c）]，指示沉积水体氧化还原条件为氧化-次氧化环境。可见有孔虫化石（图 4.22（b）），P 元素质量分数较低，平均值为 0.71 mg/g，P/Al 平均值为 0.01，但微体古生物发育，指示古生产力较高。因此，塞诺曼阶—土伦阶古生产力较高，沉积时期水动力条件较弱，而且水体为氧化-次氧化环境，有机质的保存条件较好。

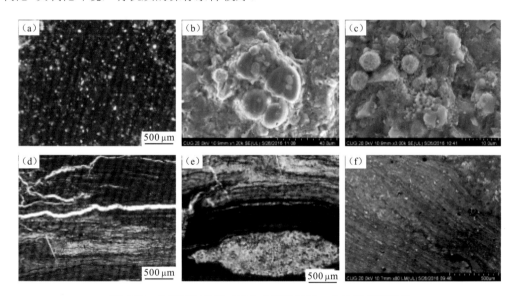

图 4.22 里奥穆尼盆地 AK-1 井塞诺曼阶—土伦阶典型照片

（a）碎屑颗粒，2 823 m；（b）有孔虫，2 844 m；（c）草莓状黄铁矿，2 844 m；（d）显微镜下显示的层理①，2 958 m；（e）显微镜下显示的层理②，2 958 m；（f）扫描电镜下显示的层理，2 958 m

五、细粒沉积作用

以往的细粒沉积物的研究中有如下特点：①沉积于水动力弱的安静水体环境；②受到水动力作用时会再悬浮；③泥岩中的石英是陆源碎屑成因；④深水泥岩都是悬浮沉积。近年来，随着沉积学中细粒沉积物的深入研究，越来越多的学者发现，细粒岩的成岩过程非常复杂，细粒岩在埋藏成岩过程中，会伴随黏土矿物、生物成因硅、有机质及碳酸盐岩等细粒物质的转化作用。当温度达到 70 ℃以上时，黏土矿物成分的转化成为细粒岩物质变化的重要驱动因素；而当温度处于 70～100 ℃时，蒙脱石或伊蒙混层转变为伊利石。伊利石化产生的二氧化硅，以微晶石英结构存在黏土基质中。在硅质生物富集的细粒岩中，生物硅在埋藏成岩过程中的转化作用十分普遍，先由蛋白石-A 向蛋白石-CT 转化，继而向石英转化。有机质会与地下环境介质发生生物作用、化学作用及物理作用，且随着介质条件的变化发生相应的演化。细粒沉积作用方式也多种多样，从物源区到海洋沉积区，细粒沉积物搬运至海底的方式有悬浮沉积、生物成因沉积、风暴沉积、底流沉积、高密度浊流沉积和上升流沉积等。岩相类型和地球化学元素分析均表明下刚果盆地 Madingo 组海相烃源岩的沉积过程并不仅仅是安静水体下还原环境以悬浮方式沉积，还存在生物成因沉积、上升流沉积和底流沉积。

（一）悬浮沉积

半深海或深海中黏土级颗粒通常以悬浮的方式沉积于海盆中，粒径小于 10 μm 的颗粒皆以凝絮的方式沉积，海盆中上升流导致硅藻的勃发，也能促进悬浮沉积。下刚果盆地黏土质细粒岩主要分布在 Madingo 组中下部。黏土质细粒岩中黏土矿物占主导，平均含量为 52.83%，长英质矿物含量较低，平均含量为 36.67%，碳酸盐矿物含量很低，平均含量仅为 10.33%。镜下可见黏土广泛存在，未见生物化石和磷酸盐颗粒，碎屑石英、碎屑长石颗粒零星分布，颗粒粒径以黏土级别或粉砂级别为主。Madingo 组中下部的黏土质细粒岩，颗粒粒度细，缺乏大的碎屑颗粒，以黏土矿物为主，其沉积作用方式以静水条件下悬浮沉降为主，形成于相对深水环境。

（二）生物沉积

下刚果盆地细粒沉积物中的硅质来源包括陆源碎屑石英颗粒和生物成因，其中生物硅可能是硅质生物在成岩作用中转化的产物，主要来自生活在透光带的浮游生物和浮游植物，以及生活在海底的底栖生物（硅质壳体生物，如硅质壳体放射虫）。硅质生物死亡后，其残骸常常与黏土矿物通过生物化学作用结合后呈"海雪"式降落至海底而完好地保存下来，而赋存有机质的细粒矿物的沉积速率很低，从而使单位时间、单位体积内的有机质得到高度"浓缩"，形成典型的凝缩段。

主量元素含量对于硅质成因判别有重要意义，对于下刚果盆地 Madingo 组 M-1 井 15 个黏土样品进行主量元素分析，SiO_2 质量分数为 36.35%～60.52%，Al_2O_3 质量分数为 4.11%～13.31%，CaO 质量分数为 5.47%～26.76%。海相细粒沉积岩是三个氧化物端元组分的混合：SiO_2（碎屑石英或生物成因硅）、Al_2O_3（黏土）和 CaO（碳酸盐）。研究区主量元素三元图表明（图 4.4），Madingo 组相对于 Al_2O_3 更富集 SiO_2，与美国 Barnett 组硅质页岩、BesaRiver 组硅质页岩、Muskwa 组、Woodford 组页岩类似，其硅质部分均与生物沉积过程有关。

（三）底流沉积

底流沉积指由底流活动所改造沉积的，或受其重大影响的沉积物。底流的含义比较广泛，包含温盐差异底流、风力驱动底流、深海潮汐和斜压流等多种成因的流体。Shanmugam（2000）总结了许多学者的观点，认为底流改造的砂体可以通过地震剖面观察地质形态结合岩心观察沉积构造来识别，其中牵引构造是用来区分底流改造砂体的可靠识别标志。

Madingo 组烃源岩整体为陆棚环境，发育特殊的重力流水道沉积，即泥质重力流沟谷沉积。泥质重力流沟谷沉积是一种低密度富含泥质沉积物的特殊底流沉积，以泥质充填为主，夹杂粉砂质细粒岩，多呈现砂泥混杂的特征，说明沉积物经过了较长距离的搬运。同时，Madingo 组受阿普特阶盐底辟构造影响强烈，盐底辟热流体上侵活动强烈，这为陆棚表面泥质重力流的形成提供了坡度与动力条件。Madingo 组烃源岩在地震剖面中具有沉积物波的底形、迁移性特征及杂乱反射等地震反射特征。沟谷内部的地震相特征表现为弱振幅、低频率，杂乱反射和削截特征明显，测井相特征表现 GR 值为高值箱形、锯齿状，表明沟谷内部岩性均一，灰质含量少，以泥质为主。沟谷边缘，地震相表现为强振幅、高频率，GR 值为钟形、锯齿状，岩性为泥岩夹灰岩，灰质含量高。这些特征表明，Madingo 组沉积初期由于底流作用侵蚀下切谷发育，远离陆源，以输送泥质为主，形成泥流沟谷。此外，结合镜下薄片和电镜扫描发现 Madingo 组下部钙质有孔虫定向排列，长轴倾向基本一致，表明底流影响较强，由于受泥质重力流活动影响，有孔虫壳体破碎。

第二节　海相烃源岩测井相识别技术

一、海相烃源岩测井相特征

富含有机碳的烃源岩具有密度低和吸附性强等特征。假设富含有机碳的烃源岩由岩石骨架、固体有机质和孔隙流体组成，非烃源岩仅由岩石骨架和孔隙流体组成[图 4.23（a）]，未成熟烃源岩中的孔隙空间仅被地层水充填[图 4.23（b）]，而成熟烃源岩的部分有机质转化为液态烃进入孔隙，其孔隙空间被地层水和液态烃共同充填[图 4.23（c）]。测井曲线对岩层 TOC 含量和充填孔隙的流体的物理性质差异的响应，是利用测井曲线识别和评价烃源岩的基础。

正常情况下，TOC 含量越高的岩层在测井曲线上的异常越大，测定异常值能反算出TOC 含量，测井曲线对烃源岩的响应如下。

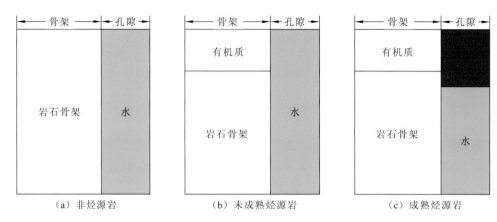

图 4.23　烃源岩岩石组成示意图（王贵文 等，2002）

（一）自然伽马

一般泥页岩自然伽马较高，而砂岩自然伽马较低。因为泥页岩中泥质含量较高，自然伽马放射性也较高；另外，通常情况下干酪根能形成一个使铀沉淀下来的还原环境，有机质中含有高放射性物质。因此，烃源岩层在自然伽马测井曲线和能谱测井曲线上表现为高异常。

（二）声波时差

一般泥岩的声波时差随其埋藏深度的增加而减小（地层压实程度增加），但当地层中含有机质或油气时，由于干酪根（或油气）的声波时差大于岩石骨架的声波时差，地层的声波时差变大。

（三）电阻率

泥岩层的导电性较好（岩石骨架和孔隙内地层水均导电），一般表现为低阻特征（含钙地层除外）。但当泥岩层富含有机质时，由于干酪根和油气的导电性较差，其电阻率总是比不含有机质的同样岩性的地层电阻率高。

成熟烃源岩层在电阻率曲线上表现为高异常，原因是其孔隙流体中有液态烃，不易导电，利用这一响应可识别烃源岩成熟与否。

（四）密度

烃源岩（含有机质）的密度小于不含有机质的泥岩密度，同时地层密度的变化对应于有机质丰度的变化。

根据以上原理，本书总结了下刚果盆地不同层系细粒岩的测井相特征。下白垩统Sendji 组贫有机质灰岩和贫有机质灰质混合细粒岩具有低自然伽马、高电阻率、高密度和低声波时差的特征。上白垩统 Likouala 组含有机质黏土质混合细粒岩具有较高自然伽马、高电阻率、低密度、高声波时差的特征，为中等品质烃源岩。

　　Madingo 组优质海相烃源岩应具有"三高一低"的测井响应特征（图 4.24、图 4.25），即高自然伽马、高电阻率、高声波时差、低密度。依据测井相特征，在 Madingo 组富有机质硅质混合细粒岩共识别出来 4 个优质烃源岩层段。第 1、2 层段位于 Madigno 组下段，其厚度分别为 28 m 和 24 m，这两个层段测井响应特征都表现为高自然伽马、高声波时差、高电阻率和低密度。第 3、4 层段位于 Madigno 组上段，第 3 层段厚度约 22 m，测井响应特征表现为高自然伽马、高声波时差、高电阻率、低密度；第 4 层段厚度约 40 m，测井响应特征表现为高自然伽马、高孔隙度和低密度，声波时差曲线和电阻率曲线在这一层段幅度变化不大。

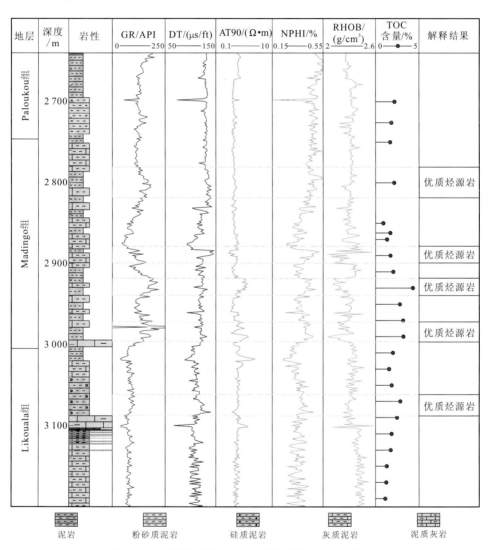

图 4.24　下刚果盆地 MH-1 井烃源岩测井响应特征图

　　古近系 Paloukou 组含有机质硅质黏土岩具有高自然伽马、低电阻率、较高密度、高声波时差的特征，为差烃源岩。

层位	测井相	测井参数				典型测井曲线	岩相类型	烃源岩品质
		GR/API	AE60/(Ω·m)	RHOB/(g/cm³)	DT/(μs/ft)			
Paloukou组（渐新统）	高自然伽马低电阻率较高密度高声波时差	高>80	低<0.6	较高2.2~2.6	高90~130	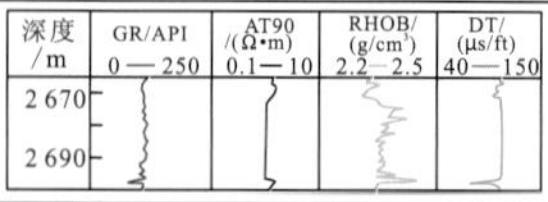	含有机质硅质黏土岩	差
Madingo组（土伦阶—古新统）	高自然伽马低电阻率较高密度高声波时差	高>80	低<0.6	较高2.4~2.6	高90~130	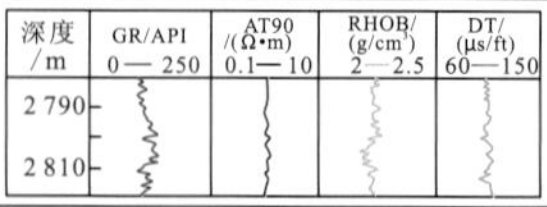	含有机质黏土质混合细粒岩	较好
	高自然伽马高电阻率低密度高声波时差	高>120	高>0.6	低<2.2	高>110	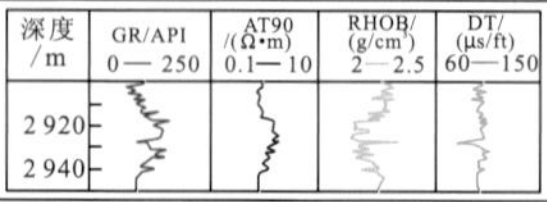	富有机质硅质混合细粒岩	好
Likouala组（塞诺曼阶）	较高自然伽马较高电阻率较高密度较高声波时差	较高30~110	较高0.4~0.8	较高2.4~2.6	较高70~110	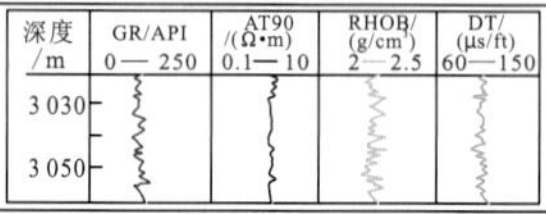	含有机质黏土质混合细粒岩	中等
Sendji组上段（上阿尔布阶）	较低自然伽马较高电阻率较高密度较低声波时差	较低30~60	较高0.4~0.8	较高2.4~2.6	较低<90	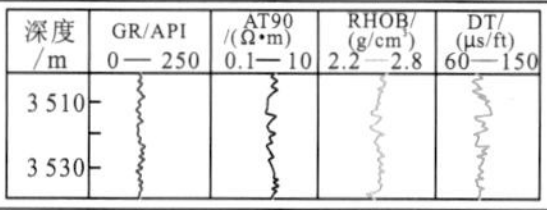	贫有机质灰质混合细粒岩	差
Sendji组下段（下阿尔布阶）	低自然伽马高电阻率高密度低声波时差	低<30	高>0.6	高>2.6	低<90	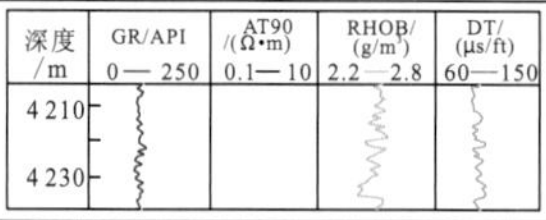	贫有机质灰岩	差

图 4.25　下刚果盆地不同层位烃源岩测井相识别图版

二、富有机质烃源岩段 GRP 旋回分析技术

（一）细粒岩 GRP 旋回分析原理

单一的岩相组合无法准确地解释深水细粒岩地层沉积过程，需要结合测井曲线、岩相垂向叠置样式、准层序的识别及横向对比等。

基于 GR 测井曲线特征和岩相垂向叠加样式进行细粒岩层序划分和地层对比，可以识别出三种岩相叠加样式，将其特定的 GR 测井曲线响应特征定义为 GRP（Gamma-ray patterns，伽马曲线构型），即向上减小型 GRP、向上增大型 GRP 和相对稳定型 GRP（图 4.26）。岩相的垂向叠置特征及 GRP 的识别是建立深水细粒岩层序地层框架的关键。

向上减小型 GRP 对应颗粒粒径增大，黏土矿物含量减少，碳酸盐矿物含量增加，岩相由黏土岩向硅质细粒岩和灰质细粒岩转化，反映水体深度变浅的海退（regression，RE）过程。向上增大型 GRP 对应颗粒粒径减小，黏土矿物含量增加，碳酸盐矿物含量减少，岩相由硅质细粒岩和灰质细粒岩向黏土岩转化，反映水体深度变深的海侵（transgression，TR）过程。相对稳定型 GRP 对应矿物含量相对稳定，岩相变化较小，对应水体深度相对稳定。

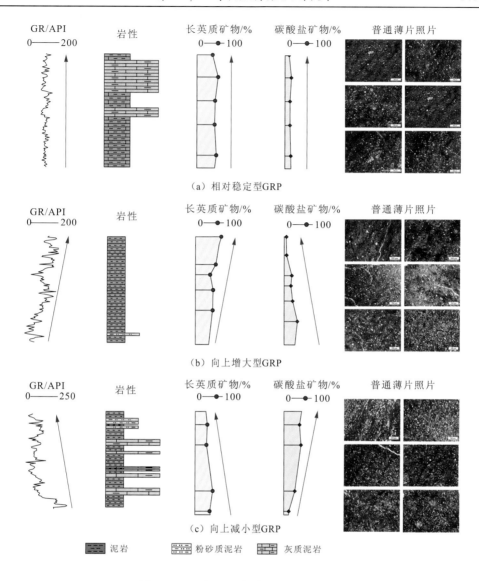

图 4.26　三种 GRP 类型及矿物含量变化

整体上，碳酸盐矿物含量与碎屑矿物（长英质矿物、黏土矿物）含量具有相反的变化趋势，碳酸盐矿物含量变化与水体深度密切相关，而碎屑物质受水体深度和间歇性陆源碎屑物质供应的共同影响。在海平面下降过程中，碳酸盐矿物含量增加，碎屑矿物含量减小，石英含量相对稳定，可能是因为石英存在陆源碎屑石英和硅质生物两种来源，硅质生物减小而陆源碎屑石英供给增加。三种伽马测井曲线类型可以解释为代表两种连续的海平面变化过程：①海侵，水体相对变深，碳酸盐矿物含量减少，碎屑矿物含量增多；②海退，水体相对变浅，碳酸盐矿物含量增加，碎屑矿物含量减少。层序界面（不整合面或海进侵蚀面）和最大海泛面两种界面的识别是进行细粒岩 GRP 层序划分的基础。

　　Slatt 和 Rodriguez（2012）通过对比各地区细粒岩地层和伽马测井曲线，总结出细粒岩层序地层模式表现为一个最显著的不整合面位于下伏地层之上（或海进侵蚀面）（图 4.27）。在其之上，发育一套向上变细的细粒岩地层，顶部发育富有机质、高伽马值的细粒岩（密集段）。密集段顶部发育最大海泛面，其上发育高位体系域，TOC含量减少。

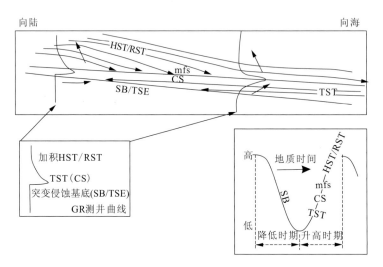

图 4.27　细粒岩层序地层模式（Slatt and Rodriguez，2012）

SB.层序边界；TSE.海进侵蚀面；CS.密集段；HST.高位体系域；RST.海退体系域；TST.海进体系域；mfs.最大海泛面

（二）重点井 GRP 旋回特征

1. 下刚果盆地 M-1 井 GRP 特征

　　根据下刚果盆地 M-1 井 GR 测井曲线垂向上的组合特征和变化趋势，并结合岩相的垂向叠置样式，将 M-1 井 Madingo 组划分为 6 个 GRP 层序，每个层序都可以划分为海侵（TR）半旋回和海退（RE）半旋回。其中 GRP2 和 GRP4 中，GR 测井曲线高频波动，在 GRP 层序的基础上进一步划分为更小级别的层序，每个小层序仍包括海侵、海退两个旋回（图 4.28）。

1）GRP 层序 1

　　GRP 层序 1 位于 Madingo 组底部 3 980～4 110 m，包括下部的海侵阶段（GRP1-TR）和上部的海退阶段（GRP1-RE）两个阶段。GRP1-TR 对应向上增大型 GRP 类型，GR 值稳定增加，对应碳酸盐矿物含量降低，碎屑矿物含量增加，岩性由厚层粉砂质泥岩向含有孔虫泥岩过渡，夹薄层粉砂岩。GRP1-RE 对应向上减小型 GRP 类型，GR 值稳定降低，对应碳酸盐矿物含量增加，碎屑矿物含量降低，岩性由含有孔虫泥岩向粉砂质泥岩过渡。因此，GRP 层序 1 沉积时期，海平面稳定变化，存在海平面稳定上升和稳定下降的两个过程。

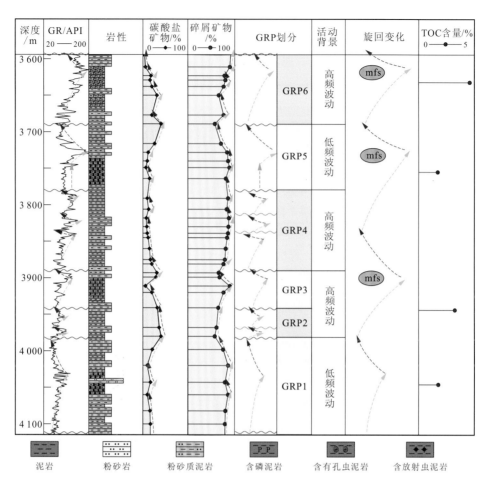

图 4.28 下刚果盆地 M-1 井 Madingo 组 GRP 层序划分

2）GRP 层序 2

GRP 层序 2 位于 Madingo 组底部 3 940～3 980 m，GR 曲线高频波动，可以进一步划分为两个次级 GRP 层序，每个次级层序均包括海侵阶段和海退阶段两个阶段。对应岩性为粉砂质泥岩和泥岩互层，碳酸盐矿物含量和碎屑矿物含量相对稳定。因此，GRP 层序 2 沉积时期，海平面变化频繁，但变化幅度不大，密集段不发育。

3）GRP 层序 3

GRP 层序 3 位于 Madingo 组下部 3 890～3 940 m，包括下部的海侵阶段（GRP3-TR）和上部的海退阶段（GRP3-RE）两个阶段。GRP3-TR 对应向上增大型 GRP 类型，GR 值具有先小幅波动、后迅速增加的变化趋势，对应碳酸盐矿物含量降低，碎屑矿物含量增加，岩性由粉砂质泥岩向含放射虫泥岩过渡；GRP3-RE 对应向上减小型 GRP 类型，GR 值迅速降低，对应碳酸盐矿物含量增加，碎屑矿物含量降低，岩性由含放射虫泥岩向泥岩过渡。

因此，GRP 层序 3 沉积时期存在海平面上升和海平面下降两个过程，最大海泛面时期岩性以放射虫泥岩为主，放射虫发育，由含放射虫泥岩组成密集段。

4）GRP 层序 4

GRP 层序 4 位于 Madingo 组中部 3 780～3 890 m，GR 测井曲线高频波动，可以进一步划分为三个次级 GRP 层序，每个次级层序均包括海侵阶段和海退阶段两个阶段。对应岩性为粉砂质泥岩和泥岩互层，碳酸盐矿物含量先稳定降低，后小幅增加再降低，碎屑矿物含量变化趋势与碳酸盐矿物含量变化趋势相反。因此，GRP 层序 4 沉积时期，海平面变化频繁，但水体深度整体上较低。

5）GRP 层序 5

GRP 层序 5 位于 Madingo 组上部 3 690～3 780 m，包括下部的海侵阶段（GRP6-TR）和上部的海退阶段（GRP5-RE）两个阶段。GRP5-TR 对应相对稳定型 GRP 类型和向上增大型 GRP 类型，GR 值具有先相对稳定不变、后迅速增加的变化趋势，对应碳酸盐矿物含量和碎屑矿物含量相对稳定，岩性由泥岩向含有孔虫泥岩过渡。GRP5-RE 对应向上减小型 GRP 类型，GR 值迅速降低，对应碳酸盐矿物含量增加，碎屑矿物含量降低，岩性为泥岩和粉砂质泥岩互层。

因此，GRP 层序 5 沉积时期存在海平面上升和海平面下降两个过程，最大海泛面时期岩性以泥岩为主，由含有孔虫泥岩组成密集段。

6）GRP 层序 6

GRP 层序 6 位于 Madingo 组顶部 3 600～3 690 m，包括下部的海侵阶段（GRP6-TR）和上部的海退阶段（GRP6-RE）两个阶段。GRP6-TR 对应向上增大型 GRP 类型，GR 值稳定增加，对应碳酸盐矿物含量降低，碎屑矿物含量增加，岩性为厚层泥岩夹薄层粉砂质泥岩。GRP6-RE 对应向上减小型 GRP 类型，GR 值稳定降低，岩性由含磷泥岩向粉砂质泥岩过渡。

因此，GRP 层序 6 沉积时期，海平面稳定变化，存在海平面稳定上升和稳定下降两个过程，最大海泛面时期岩性以含磷泥岩为主。

2. 下刚果盆地连井 GRP 特征

在下刚果盆地 M-1 井之外，对 MH-1、MH-2、NK-4 和 NK-5 共四口井的 GR 测井曲线进行 GRP 层序划分，虽然这 4 口井没有岩相资料可以参考，但是其 GRP 类型和相对海平面变化仍具有一致性（图 4.29）。

在 Likouala 组，GR 测井曲线为相对稳定型，GR 值没有明显的变化，M-1 井中碳酸盐矿物、碎屑矿物含量处于一个相对稳定的范围，岩性以灰质泥岩为主，夹薄层泥质灰岩。可知 Likouala 组沉积时期，海平面相对稳定，没有明显的升降变化。

在 Madingo 组，GR 测井曲线波动明显，从下向上可以划分为三期较大时间尺度的相对海平面升降变化，并且横向上各井之间有着较好的对应关系，可以识别三期较为连续的密集段（图 4.28）。第一期相对海平面升降变化规模较大，海平面高频波动，有着不同时间尺度的海平面变化；第二期相对海平面变化规模较小，海平面低频波动，包括海侵和海退两个阶段；第三期相对海平面升降变化规模较大，海平面高频波动。

在 Paloukou 组，GR 测井曲线为相对稳定型，GR 值没有明显的变化，M-1 井中碳

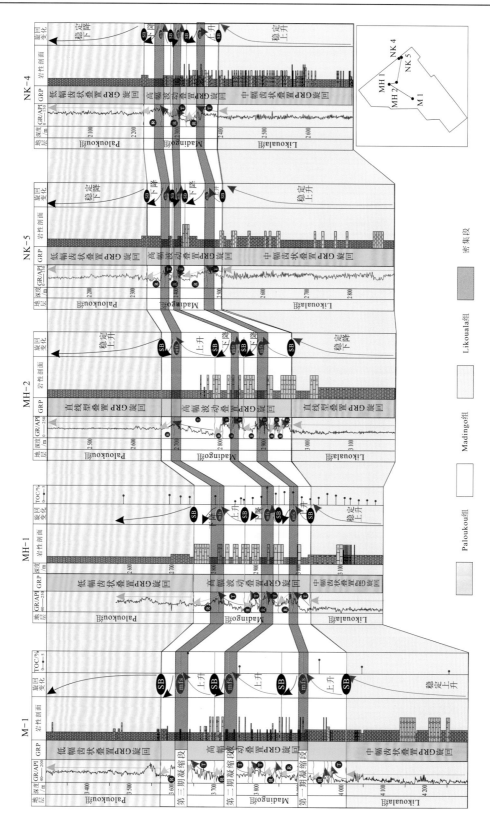

图4.29 下刚果盆地Madingo组连井GRP层序划分

酸盐矿物、碎屑矿物含量处于一个相对稳定的范围，岩性以厚层泥岩夹薄层粉砂质泥岩、泥质粉砂岩为主。可知 Paloukou 组沉积时期，海平面相对稳定，没有明显的升降变化。

3. 里奥穆尼盆地 AK-1 井 GRP 特征

根据里奥穆尼盆地 AK-1 井 GR 曲线垂向上的组合特征和变化趋势，并结合岩相的垂向叠置样式，将 AK-1 井阿尔布阶—土伦阶划分为 7 个 GRP 层序（图 4.30）。

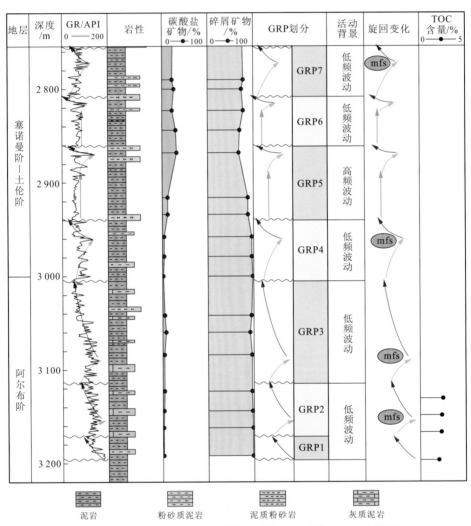

图 4.30　里奥穆尼盆地 AK-1 井阿尔布阶—土伦阶 GRP 层序划分

1）GRP 层序 1

GRP 层序 1 位于阿尔布阶底部 3 170～3 200 m，仅包括海退阶段（GRP1-RE），海侵阶段缺失。GRP1-RE 对应向上减小型 GRP 类型，GR 值稳定降低，碳酸盐矿物含量和碎屑矿物含量相对稳定，岩性由泥岩夹粉砂质泥岩向灰质泥岩过渡。因此，GRP 层序 1 沉积时期海平面稳定下降。

2）GRP 层序 2

GRP 层序 2 位于阿尔布阶下部 3 120～3 170 m，包括下部的海侵阶段（GRP2-TR）和上部的海退阶段（GRP2-RE）两个阶段。GRP2-TR 对应向上增大型 GRP 类型，GR 值稳定增加，对应碳酸盐矿物含量和碎屑矿物含量相对稳定，岩性由灰质泥岩向厚层泥岩过渡。GRP2-RE 对应向上减小型 GRP 类型，GR 值稳定降低，对应碳酸盐矿物含量和碎屑矿物含量相对稳定，岩性由泥岩向厚层泥岩夹薄层灰质泥岩过渡。因此，GRP 层序 2 沉积时期存在海平面上升和海平面下降两个过程，最大海泛面时期发育密集段，岩性以厚层泥岩为主。

3）GRP 层序 3

GRP 层序 3 位于阿尔布阶上部 3 000～3 120 m，包括下部的海侵阶段（GRP3-TR）和上部的海退阶段（GRP3-RE）两个阶段。GRP3-TR 对应向上增大型 GRP 类型，GR 值稳定增加，对应碳酸盐矿物含量和碎屑矿物含量相对稳定，岩性为厚层泥岩夹薄层灰质泥岩。GRP3-RE 对应向上减小型 GRP 类型，GR 值稳定降低，对应碳酸盐矿物含量和碎屑矿物含量相对稳定，岩性为厚层泥岩夹薄层灰质泥岩和粉砂质泥岩。因此，GRP 层序 3 沉积时期存在海平面上升和海平面下降两个过程，最大海泛面时期发育密集段，岩性以厚层泥岩为主。

4）GRP 层序 4

GRP 层序 4 位于塞诺曼阶—土伦阶下部 2 940～3 000 m，包括下部的海侵阶段（GRP4-TR）和上部的海退阶段（GRP4-RE）两个阶段。GRP4-TR 对应向上增大型 GRP 类型，GR 测井曲线值稳定增加，对应碳酸盐矿物含量和碎屑矿物含量相对稳定，岩性为厚层泥岩夹薄层粉砂质泥岩。GRP4-RE 对应向上减小型 GRP 类型，GR 测井曲线值稳定降低，对应碳酸盐矿物含量和碎屑矿物含量相对稳定，岩性由厚层泥岩夹薄层粉砂质泥岩向粉砂质泥岩过渡。因此，GRP 层序 4 沉积时期存在海平面上升和海平面下降两个过程，最大海泛面时期发育密集段，岩性以厚层泥岩为主。

5）GRP 层序 5

GRP 层序 5 位于塞诺曼阶—土伦阶中部 2 860～2 940 m，包括下部的海侵阶段（GRP5-TR）和上部的海退阶段（GRP5-RE）两个阶段。GRP5-TR 对应相对稳定型 GRP 类型和向上增大型 GRP 类型两种类型，GR 测井曲线值具有先相对稳定不变、后波动增加的变化趋势，对应碳酸盐矿物含量逐渐增加，碎屑矿物含量逐渐降低，岩性为厚层泥岩。GRP5-RE 对应向上减小型 GRP 类型，GR 测井曲线值迅速降低，岩性由泥岩向粉砂质泥岩过渡。因此，GRP 层序 5 沉积时期早期海平面相对稳定，晚期变化明显，包括海平面上升和海平面下降两个过程。

6）GRP 层序 6

GRP 层序 6 位于塞诺曼阶—土伦阶上部 2 810～2 860 m，包括下部的海侵阶段（GRP6-TR）和上部的海退阶段（GRP6-RE）两个阶段。GRP6-TR 对应相对稳定型 GRP 类型和向上增大型 GRP 类型两种类型，GR 测井曲线值具有先相对稳定不变、后小幅增加的变化趋势，对应碳酸盐矿物含量和碎屑矿物含量相对稳定，岩性为厚层泥岩。GRP6-RE 对应向上减小型 GRP 类型，GR 测井曲线值迅速降低，岩性由泥岩向粉砂质泥岩过渡。因此，GRP 层序 6 沉积时期早期海平面相对稳定，晚期变化明显，包括海平面上升和海平面下降两个过程。

7）GRP 层序 7

GRP 层序 7 位于塞诺曼阶—土伦阶顶部 2 760～2 810 m，包括下部的海侵阶段（GRP7-TR）和上部的海退阶段（GRP7-RE）两个阶段。GRP7-TR 对应向上增大型 GRP 类型，GR 测井曲线值小幅稳定增加，对应碳酸盐矿物含量和碎屑矿物含量相对稳定，岩性由泥岩和粉砂质泥岩互层向厚层泥岩过渡。GRP7-RE 对应向上减小型 GRP 类型，GR 测井曲线值小幅稳定降低，对应碳酸盐矿物含量和碎屑矿物含量相对稳定，岩性为厚层泥岩。因此，GRP 层序 7 沉积时期存在海平面上升和海平面下降两个过程，海平面变化幅度较小，密集段不发育。

4. 里奥穆尼盆地连井 GRP 特征

对里奥穆尼盆地 AK-1、G-2 和 G13-2 三口井 GR 测井曲线进行 GRP 层序划分，横向上各井之间有着较好的对应关系，其 GRP 类型和相对海平面变化具有一致性，其中阿尔布阶—圣通阶为低幅齿状叠置 GRP 旋回，坎潘阶—马斯特里赫特阶为稳定叠置 GRP 旋回（图 4.31）。

在阿尔布阶，GR 测井曲线波动明显，从下向上可以识别出两期相对海平面升降变化。第一期相对海平面升降变化仅包括海退阶段，第二期相对海平面升降变化规模较小，海平面低频波动，包括海侵和海退两个阶段，分别对应向上增加型 GRP 类型和向上减小型 GRP 类型，岩性以厚层泥岩为主，夹薄层灰质泥岩，发育小规模密集段。

在塞诺曼阶—土伦阶，GR 测井曲线波动明显，可以识别出两期相对海平面升降变化，均包括海侵和海退两个阶段，分别对应向上增加型 GRP 类型和向上减小型 GRP 类型，变化规模较小，海平面低频波动。其中第一期相对海平面升降，岩性以厚层泥岩为主，夹薄层粉砂质泥岩，发育小规模密集段；第二期相对海平面升降，岩性为粉砂质泥岩和泥岩互层，发育小规模密集段。在康尼亚克阶—圣通阶，GR 测井曲线高频波动，可以识别出两期相对海平面升降变化。其中第一期相对海平面升降变化对应 GR 测井曲线波动明显，又可进一步划分三个次级 GRP 层序，每个次级层序均包括海侵和海退两个阶段，分别对应向上增加型 GRP 类型和向上减小型 GRP 类型。两期海平面升降变化岩性均以粉砂质泥岩为主，夹薄层泥岩，密集段不发育。在坎潘阶—马斯特里赫特阶 GR 测井曲线为相对稳定型，GR 值没有明显的变化，岩性以厚层泥岩夹薄层粉砂质泥岩、泥质粉砂岩为主。可知坎潘阶—马斯特里赫特期海平面相对稳定，没有明显的升降变化。

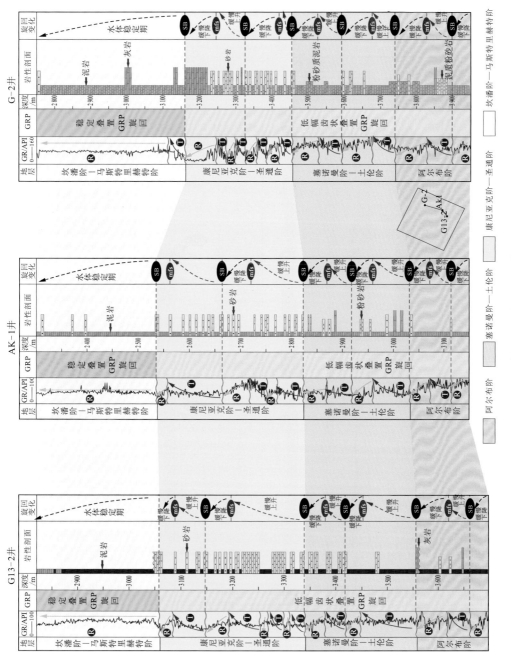

图4.31　里奥穆尼盆地连井GRP层序划分

三、富有机质海相烃源岩段精细识别

根据 M-1 井 GR 测井曲线特征和岩相叠加样式，以及 MH-1、MH-2、NK-4 和 NK-5 井（该 4 口井没有进行矿物含量测试，岩性剖面来自录井资料）的 GR 测井曲线特征，将 Madingo 组划分为三期海平面升降旋回（图 4.32）。

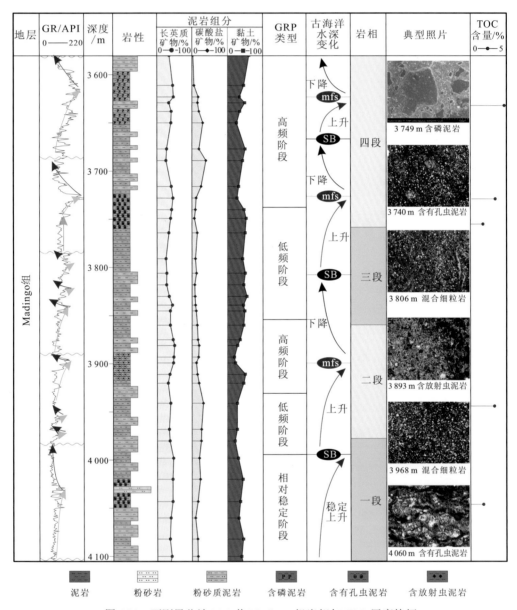

图 4.32　下刚果盆地 M-1 井 Madingo 组岩相与 GRP 层序特征

第一期海平面升降：包括一期规模较小的海平面升降变化 1 和一期规模较大的海平面升降变化 2。其中海平面升降变化 1 仅在 M-1 井可以识别，位于 3 980~4 100 m，对应于 Madingo 组一段。海侵阶段，底部受陆源供给影响较大，主要发育厚层粉砂质泥岩，最大海泛面时期含有孔虫泥岩发育，但有孔虫磨蚀性强，较为破碎，指示沉积时期水动力条件较强，不利于有机质的保存。海退阶段，岩性由含有孔虫泥岩、薄层粉砂质向厚层粉砂质泥岩过渡。海平面升降变化 2 在横向上各井之间有着较好的对应关系。海侵阶段，对应于 Madingo 组二段沉积时期，底部受陆源供给影响较大，岩性为厚层粉砂质泥岩夹薄层泥岩，再向上由于海平面迅速上升，发育厚层含放射虫泥岩。海退阶段，对应于 Madingo 组三段沉积时期早期，GR 测井曲线波动明显，岩性变化频繁，由泥岩和粉砂质泥岩互层组成。

第二期海平面升降：包括下部的海侵阶段和上部的海退阶段两个阶段，位于 Madingo 组上部 3 690～3 780 m，对应于 Madingo 组三段沉积时期晚期和 Madingo 组四段沉积时期早期。海侵阶段，对应相对稳定型 GRP 类型和向上增大型 GRP 类型两种类型，GR 值具有先相对稳定、后迅速增加的变化趋势，对应碳酸盐矿物含量和碎屑矿物含量相对稳定，岩性由泥岩向含有孔虫泥岩过渡。海退阶段，对应向上减小型 GRP 类型，GR 值迅速降低，对应碳酸盐矿物含量增加，碎屑矿物含量降低，岩性为泥岩和粉砂质泥岩互层。最大海泛面时期岩性以有孔虫泥岩为主，由含有孔虫泥岩组成密集段。

第三期海平面升降：包括下部的海侵阶段和上部的海退阶段两个阶段，位于 Madingo 组顶部 3 600～3 690 m，对应于 Madingo 组四段沉积时期中晚期。海侵阶段，对应向上增大型 GRP 类型，GR 值稳定增加，对应碳酸盐矿物含量降低，碎屑矿物含量增加，岩性为厚层泥岩夹薄层粉砂质泥岩。海退阶段，对应向上减小型 GRP 类型，GR 值稳定降低，岩性由含磷泥岩向粉砂质泥岩过渡。最大海泛面时期磷酸盐发育，由含磷泥岩组成密集段。

岩相和烃源岩的发育与海平面升降密切相关，海平面变化引起的水体深度和底水氧化还原条件变化控制着有机质的保存条件。低海平面时期，水体较浅而水动力条件较强，岩性以灰质泥岩、粉砂质泥岩为主，水体含氧而不利于有机质的保存。高海平面时期，在相对深水低能环境下岩性以厚层泥岩为主，水体分层广泛存在，底层缺氧而有利于有机质的保存。

下刚果盆地 M-1 井 Madingo 组岩相垂向叠置特征与 GRP 层序划分对应良好，可识别出三期密集段，分别对应于 Madingo 组二段含有孔虫泥岩、Madingo 组四段含放射虫泥岩和含磷泥岩。

第三节　海相烃源岩地震相识别技术

一、海相烃源岩地震响应特征及正演模拟

（一）正演模拟

正演模拟可以将地质模型和地震响应有机联系起来，使地震反射特征具有双重含

义，既具有地球物理意义，又具有明确的地质含义。通过正演模拟，可以对地震波在复杂介质中传播的运动学和动力学特征有更为清晰的认识，准确分析地下地质构造所产生的反射地震波的波场特征。对实际资料建立的地质模型进行正演，可以得到一定的规律，增进人们对地下地质体的认识，从而为实际地质问题的解决提供指导。

1. 正演参数确定

正演参数主要包括两个方面，地质模型中的岩石物理关系及地震子波特征。岩石物理参数及子波特征是将油藏特征参数与地震数据连接的桥梁。充分利用测井数据获得正演参数是确保正演结果可靠的有力保障。前人曾经探讨过利用声波测井曲线精细计算砂泥岩速度的有效方法，虽然这种方法的计算精度较高，但是使用该方法时要求时差采样点密集，且计算烦琐，所以直接通过声波测井曲线的值和公式换算得到一组岩性体的纵波速度数据，在纵波速度曲线上，分出砂泥岩的层段，然后估读出砂泥岩的速度值。

首先通过声波测井曲线的值和换算公式得到纵波速度。此时纵波速度曲线与声波时差曲线呈镜像关系。在测井曲线上一般用自然电位（SP）测井曲线和自然伽马（GR）测井曲线划分砂泥岩段，砂岩段 SP 测井曲线常常表现为负异常，GR 曲线表现为低值，而泥岩段 SP 测井曲线为基线，GR 测井曲线表现为低值。在泥岩段按每米取一个点，将所有取得的点的纵波速度取平均值得到泥岩速度为 2 600 m/s，同样的方法得到砂岩速度为 3 000 m/s，粉砂质泥岩速度为 2 900 m/s，灰质泥岩速度为 3 930 m/s，泥灰岩速度为 4 600 m/s。

2. 结果分析

根据重点单井钻遇的岩性可知，岩性组合主要包括厚层泥岩、厚层泥岩夹薄层粉砂质泥岩、大套泥岩夹厚层灰质泥岩、大套泥岩夹中厚层粉砂质泥岩、大套灰质泥岩夹中薄层泥灰岩和大套泥岩夹薄层粉砂质泥岩 6 种类型。

因此，针对上述 6 种岩性组合模型，进行正演模拟分析。结果表明，厚层泥岩、大套灰质泥岩夹中薄层泥灰岩和大套泥岩夹薄层粉砂质泥岩三种岩性组合为弱振幅响应，而厚层泥岩夹薄层粉砂质泥岩、大套泥岩夹中厚层灰质泥岩和大套泥岩夹中厚层粉砂质泥岩为强振幅响应（图 4.33）。

（二）RGB 分频属性融合分析

随着地震属性在储层预测、构造解释、沉积微相研究等方面的广泛应用，地震多属性融合逐渐成为一种新兴的属性分析方法。在分析地震剖面的过程中，研究人员总希望将不同属性叠加到同一张剖面图上去获取更多的地质信息。颜色和属性关联是常用的地震剖面显示技巧，常规地震属性彩色显示技术通过某种变化将属性数值映射成彩色图像，但是单个属性难以直观反映局部地下地质异常体，因此在地震属性融合中引入基于颜色空间的多属性融合技术（RGB 分频属性融合）。

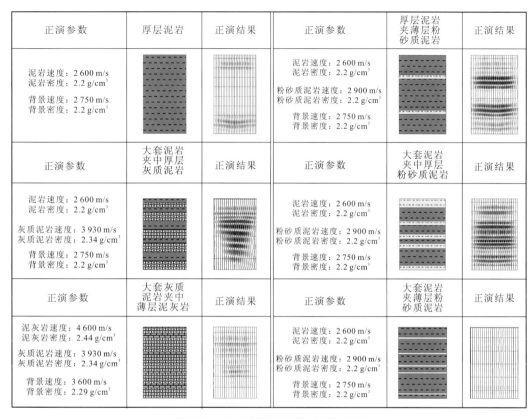

图 4.33 不同岩性组合模型正演结果

1. RGB 分频属性融合方法

RGB 分频属性融合方法基于三原色原理，将小波分频得到的互不重叠的低频段、中频段、高频段属性体以 RGB 混合模式显示，形成色彩数据体。将 RGB 融合引入地震剖面中，将 3 个频率不同的分频属性体融合在一起，形成具有通频信息的 RGB 融合剖面。实际应用中一般红色代表低频，绿色代表中频，蓝色代表高频，浅色代表砂岩，深色代表泥岩。

2. 结果分析

首先根据数据体频谱分析，设置三个不同主频率（15 Hz、35 Hz、55 Hz）的分频体，分别对应红、绿、蓝三色；然后对三个分频体剖面做-90°相位转换；最后将-90°相位转换后的三个不同频率的剖面体融合，进而得到 RGB 融合剖面。

常规的地震剖面中同相轴不能够表达砂体，振幅可以用（λ/8-λ/4）表达厚度，通过常规剖面肉眼很难观察到岩性及厚度的变化，且地震资料识别沉积体的平面形态比识别垂向形态相对容易，因此常通过切割同相轴从平面观察。经 RGB 融合以后的剖面其同相轴可以表达砂体，同相轴和颜色的变化可以识别出岩性厚度（λ/16-λ）。RGB 融合后的剖面砂体厚度很容易识别，红色（低频）表达的砂体厚度为厚层，绿色（高频）表达的砂体为薄层。

下刚果盆地 NK-4 井 Madingo 组岩性为泥岩夹薄层砂岩,对其过井剖面进行 RGB 分频融合（图 4.34）。

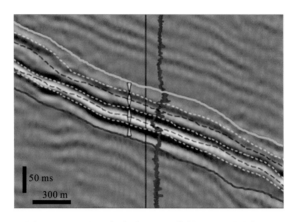

图 4.34　下刚果盆地过 NK-4 井的 RGB 融合剖面

根据分频融合结果，Madingo 组颜色明显与其他组区分开，根据 GR 曲线的变化，Madingo 组划分出三期大的旋回，GR 高值区对应三个最大洪泛面，而洪泛面的位置颜色为深红色，可能为厚层的泥岩层，而亮蓝绿色可能为薄层砂岩。

分别通过 NK-4 井进行岩性组合、井旁道变面积地震响应、井旁道变密度地震响应、不同频率分频体及 RGB 融合体的对比分析（图 4.35）。对比结果发现，频率的变化对同相轴有很大影响，低频（15 Hz）地震剖面与岩性组合、井旁道变面积地震响应、井旁道变密度地震响应及 RGB 融合响应对应较差，而高频（55 Hz）地震剖面与岩性组合、井

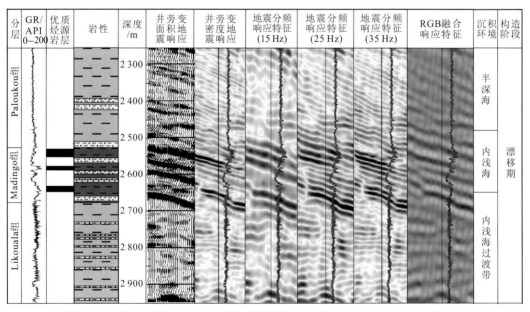

图 4.35　下刚果盆地 NK-4 井岩性、井旁道、分频体、RGB 融合体地震响应图

旁道变面积地震响应、井旁道变密度地震响应及 RGB 融合响应对应较好。经过 RGB 融合以后的剖面与原始地震剖面同相轴对应良好，且能够很好地对应井旁道地震响应。

由前所述，Madingo 组可识别出三期密集段，分别对应 GR 测井曲线三段高值段，岩性以厚层泥岩为主，这与井旁道、不同频率分频体及 RGB 融合体的分析结果相一致。

二、地震相类型及展布特征

地震相是由特定的地震反射参数（振幅、频率、连续性、外部几何形态、内部反射结构等）所限定的三维空间的地震反射单元，该单元在三维空间的地震反射特征与其相邻单元不同，它是特定的沉积相或地质体的地震响应，代表了产生反射的沉积物的一定岩性组合、层理和沉积特征，地震相解释是沉积环境和沉积相分析的基础，利用地震资料可以恢复沉积环境。

少井、无井区的沉积体系分析主要依靠地震资料分析、表征。分析地震相的目的，即通过层内各地震相单元的识别、划分，利用地震资料恢复沉积环境与层序内的岩相特征。地震相的划分是通过识别层序内地震相参数的横向变化规律，从平面上揭示该层序的沉积特征及其所引起的反射特征变化。

（一）下刚果盆地地震相类型及特征

1. 地震相类型

根据振幅、频率、连续性、外部几何形态、内部反射结构等地震反射参数，下刚果盆地 Madingo 组和 Paloukou 组共识别了 5 种典型地震相类型（图 4.36）。

典型地震相	岩性组合特征		典型实例	地震反射结构示意	沉积环境
外部弱振幅，内部杂乱强反射，蠕虫状	厚层泥岩夹薄层砂岩		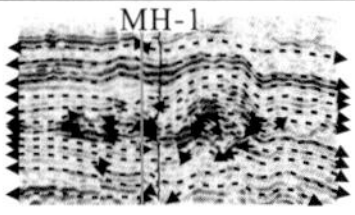 MH-1	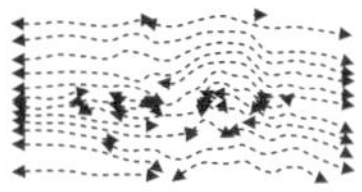	深水重力流
中高频、低连续、强振幅，丘型反射	厚层泥岩夹厚层砂岩	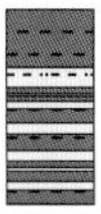	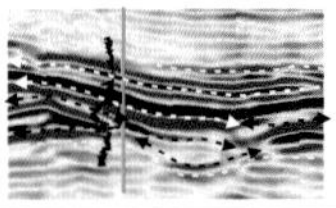	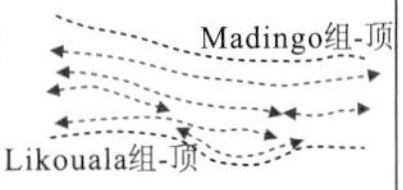 Madingo组-顶 Likouala组-顶	砂质滨岸带
中频、中高连续、强振幅，亚平行反射	厚层泥岩与厚层泥灰岩互层	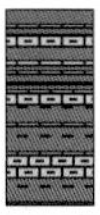	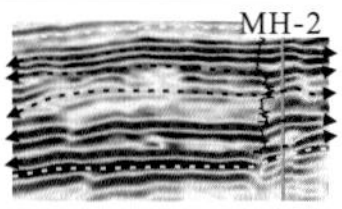 MH-2	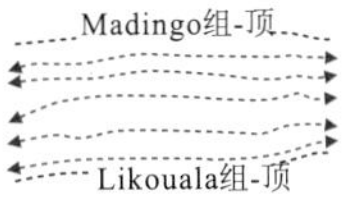 Madingo组-顶 Likouala组-顶	内浅海
中低频、中高连续、中强-弱振幅，亚平行-平行反射	厚层泥岩夹薄层粉砂质泥岩	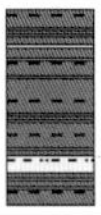	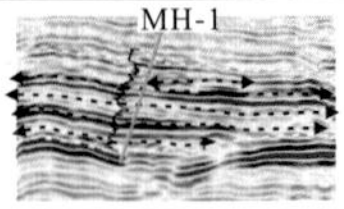 MH-1	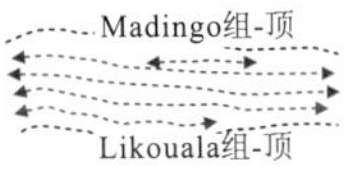 Madingo组-顶 Likouala组-顶	外浅海
低频、中高连续、弱振幅，平行-亚平行反射	大套厚层泥岩	无钻井	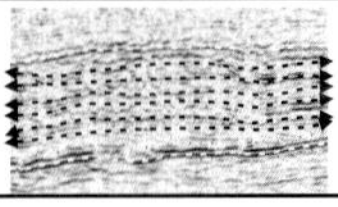	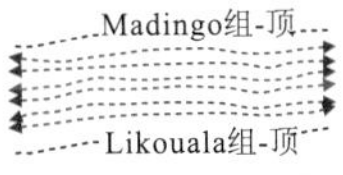 Madingo组-顶 Likouala组-顶	半深海、深海

图 4.36 下刚果盆地典型地震相类型

Madingo 组共识别出了 4 种典型地震相类型，分别是中高频、低连续、强振幅、丘型地震反射，岩性组合为厚层泥岩夹厚层砂岩，代表砂质滨岸带沉积环境；中频、中高连续、强振幅、亚平行地震反射，岩性组合为厚层泥岩与厚层泥灰岩互层，代表内浅海沉积环境；中低频、中高连续、中强-弱振幅、平行-亚平行地震反射，岩性组合为厚层泥岩夹薄层粉砂质泥岩，代表外浅海沉积环境；低频、中高连续、弱振幅、平行-亚平行地震反射，岩性组合为大套厚层泥岩，代表半深海、深海沉积环境。

Paloukou 组共识别出了 2 种典型地震相类型，分别是低频、中高连续、弱振幅、平行-亚平行反射，岩性组合为大套厚层泥岩，代表半深海、深海沉积环境；外部弱振幅，内部杂乱强反射，蠕虫状，岩性组合为厚层泥岩夹薄层砂岩，代表深水重力流沉积环境。

M-1 井 Madingo 组岩性组合为厚层泥岩夹薄层粉砂岩、泥质粉砂岩，测井曲线呈锯齿状、箱形、漏斗形，综合分析为间歇性陆源影响的外浅海沉积。MH-1 井 Madingo 组岩性组合为厚层泥岩夹泥灰岩，测井曲线呈高幅箱形、漏斗形，综合分析为陆源影响较弱的内浅海沉积。NK-4 井 Madingo 组岩性组合为厚层泥岩、粉砂质泥岩夹砂岩，测井曲线呈箱形、钟形、漏斗形，综合分析为砂质滨岸远端沉积（图 4.37）。

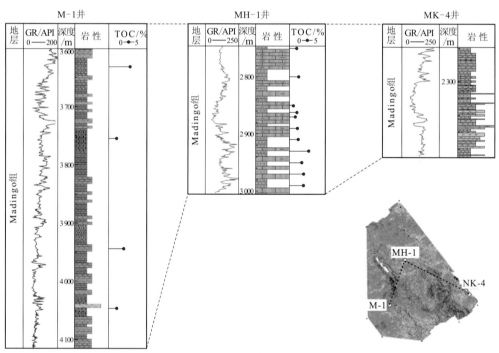

图 4.37　下刚果盆地 Madingo 组不同古地理背景单井岩性组合特征

NK-4 井.近岸带；MH-1 井.浅海区；M-1 井.浅海洼槽边缘

如图 4.38 所示，NK-4 井 Madingo 组为中高频、低连续、强振幅，丘型反射地震相，岩性组合为泥岩与砂岩、泥质粉砂岩互层，指示砂质滨岸带沉积环境。MH-1 井 Madingo 组为中频、中连续、强振幅，亚平行反射地震相，岩性组合为泥岩与灰岩、泥灰岩互层，指示内浅海沉积环境。M-1 井 Madingo 组为中低频、中连续弱振幅背景下的断续强反射，亚平行-平行反射地震相,岩性组合为厚层泥岩夹薄层粉砂质泥岩,指示外浅海(浅海洼槽)沉积环境。区域地震剖面($A—A'$)为低频、中高连续、弱振幅,平行-亚平行反射地震相,厚层泥岩发育,无钻井揭示,指示半深海相沉积环境(图 4.39)。

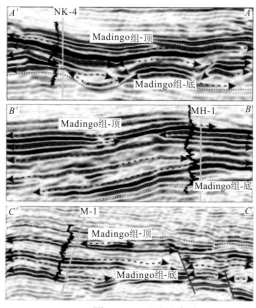
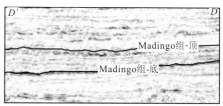
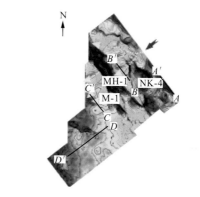

图 4.38 下刚果盆地 Madingo 组不同古地理背景的典型地震相特征

$A—A'$.近岸带;$B—B'$.浅海区;$C—C'$.浅海洼槽;$D—D'$.深水区

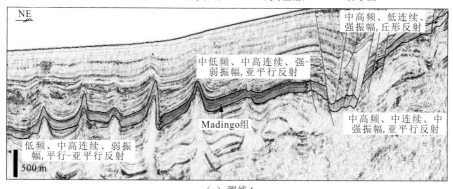

(a)测线 A

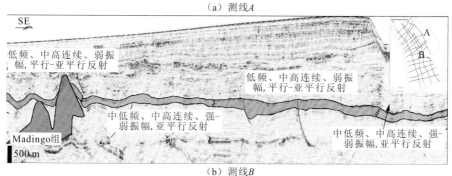

(b)测线 B

图 4.39 下刚果盆地 Madingo 组典型地震剖面

2. 地震相特征

如图 4.39 所示，下刚果盆地 Madingo 组地震反射特征由陆向海依次为中高频、低连续、强振幅、丘形反射，中高频、中连续、中强振幅、亚平行反射，中低频、中高连续、弱振幅背景下强振幅，低频、中高连续、弱振幅、平行-亚平行地震反射，代表由陆向海沉积环境从砂质滨岸带、内浅海、外浅海向半深海、深海过渡的带状变化特征。在垂直物源方向，从北西到南东地震反射特征依次为低频、中高连续、弱振幅、平行-亚平行地震反射，中低频、中高连续、弱振幅背景下强振幅，亚平行地震反射，低频、中高连续、弱振幅、平行-亚平行地震反射，中低频、中高连续、弱振幅背景下强振幅，亚平行地震反射，代表半深海、深海沉积环境与外浅海沉积环境相间分布。

下刚果盆地 Madingo 组全盆二维线地震相展布特征，由陆向海依次为中高频、低连续、强振幅，中频、中高连续、中强振幅，低频、中低连续、弱振幅背景下强振幅，低频、高连续、弱振幅地震反射，代表由陆向海沉积环境从砂质滨岸带、内浅海、外浅海向半深海、深海过渡的带状变化特征。

（二）里奥穆尼盆地地震相类型及特征

根据振幅、频率、连续性、外部几何形态、内部反射结构等地震反射参数，里奥穆尼盆地阿尔布阶—古新统共识别了 4 种典型地震相类型（图 4.40）。

地层	典型地震相	岩性组合特征	实例剖面	地震反射结构	沉积环境
康尼亚克阶｜古新统	低频,中低连续,弱振幅,平行-亚平行反射	大套泥岩	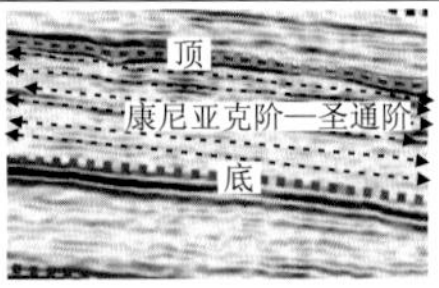	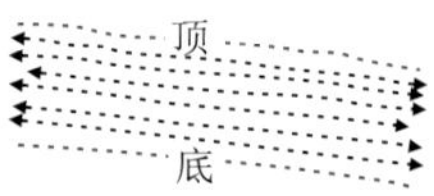	半深海、深海
	外部弱反射,内部杂乱反射,蠕虫状	厚层泥岩夹薄层砂岩		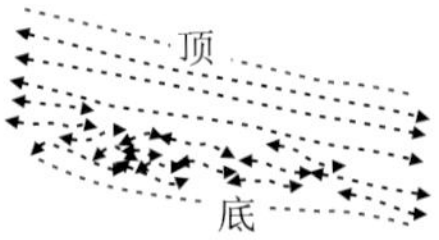	深水重力流
阿尔布阶｜土伦阶	中低频,中高连续,强-弱振幅,平行-亚平行反射	大套泥岩夹薄层粉砂质泥岩	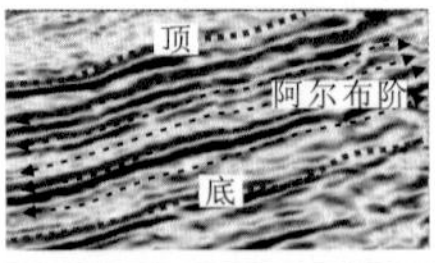	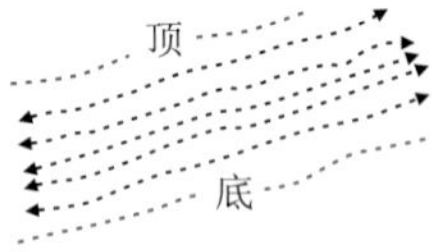	内浅海、外浅海
	低频,中低连续,弱振幅,平行-亚平行反射	大套泥岩	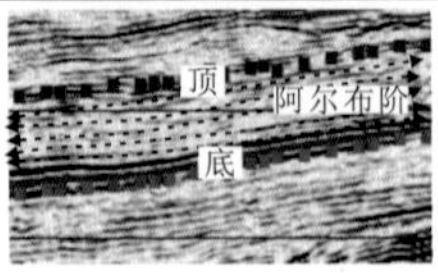		半深海、深海

图 4.40 里奥穆尼盆地典型地震相类型

阿尔布阶—土伦阶共识别出了 2 种典型地震相类型，分别是中低频、中高连续、强-弱振幅、平行-亚平行反射，岩性组合为大套泥岩夹薄层粉砂质泥岩，代表内浅海、外浅海沉积环境；低频、中低连续、弱振幅、平行-亚平行反射，岩性组合为大套泥岩，代表半深海、深海沉积环境。康尼亚克阶—古新统共识别出了 2 种典型地震相类型，分别是低频、中低连续、弱振幅、平行-亚平行反射，岩性组合为大套泥岩，代表半深海、深海沉积环境；外部弱反射，内部杂乱反射，蠕虫状，岩性组合为厚层泥岩夹薄层砂岩，代表深水重力流沉积环境。

　　如图 4.41 测线 A 所示，AK-1 井阿尔布阶由于底辟作用地震相杂乱，结合该时期陆源输入强烈，岩性组合为泥岩夹薄层粉砂岩，有孔虫壳体大，且经过近距离搬运沉积，总体反映为距离物源较近的内浅海沉积。图 4.41 测线 B 展示的是垂直物源方向的地震反射特征，总体为低频、中低连续、弱振幅、平行-亚平行反射，代表半深海、深海沉积环境。

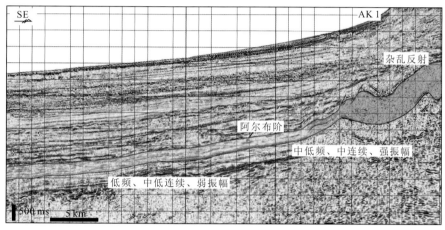

（a）测线A

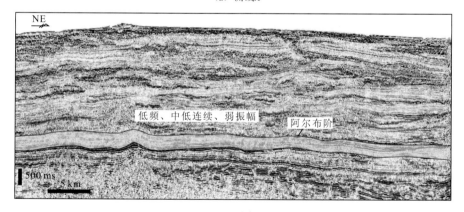

（b）测线B

图 4.41　里奥穆尼阿尔布阶典型地震剖面

三、沉积相时空展布特征

（一）下刚果盆地沉积相类型及特征

　　根据下刚果盆地 Madingo 组重点单井岩性组合特征及地震相特征，分析下刚果盆地

Madingo 组和 Paloukou 组沉积展布特征。

　　Madingo 组共划分了陆相沉积、近端三角洲、远端三角洲、砂质滨岸、内浅海、外浅海、浅海洼槽、半深海、深海 9 种沉积相（亚相）类型，平面上由陆向海呈条带状展布。陆相沉积靠近物源区，以陆相河流相沉积为主，含有较多的高等植物等陆源营养物质，不在研究区范围之内。

　　近端三角洲、远端三角洲、砂质滨岸发育规模较小，岩性以砂泥岩互层为主，据物源越远砂质含量越低，该相水动力条件强，不利于烃源岩的发育。

　　内浅海、外浅海发育规模较大，岩性以厚层泥岩夹薄层粉砂岩为主，并且浅海洼槽发育，岩性以厚层泥岩为主，该相水动力条件弱，生产力高，有机质富集，是 Madingo 组烃源岩发育的有利相带。半深海和深海沉积发育规模最大，岩性以厚层泥岩为主，该相水动力条件弱，但由于其生产力低，烃源岩不发育。

　　Paloukou 组共划分了陆相沉积、近端三角洲、远端三角洲、砂质滨岸、内浅海、外浅海、浊积扇、半深海、深海 9 种沉积相（亚相）类型，平面上由陆向海呈条带状展布。

　　与 Madingo 组相比，Paloukou 组半深海和深海相发育规模较大，而内浅海、外浅海发育规模较小，浅海洼槽不发育，在半深海和深海相内发育大量浊积扇。

　　（二）里奥穆尼盆地沉积相类型及特征

　　根据里奥穆尼盆地阿尔布阶—土伦阶重点单井岩性组合特征及地震相特征，分析里奥穆尼盆地阿尔布阶—土伦阶沉积相展布。

　　阿尔布阶—土伦阶共划分了陆相沉积、近端三角洲、远端三角洲、砂质滨岸、内浅海、外浅海、半深海 7 种沉积相（亚相）类型。

　　陆相沉积范围较大，靠近物源区，以陆相河流相沉积为主；近端三角洲、远端三角洲发育规模较小，主要位于三维工区范围以外，岩性以砂泥岩互层为主，据物源越远砂质含量越低，该相水动力条件强，不利于烃源岩的发育。三维工区内部以砂质滨岸、内浅海、外浅海和半深海沉积发育为主，平面上由陆向海呈条带状展布。其中砂质滨岸岩性以砂岩为主，该相水动力条件强，水体为氧化环境，不利于烃源岩的发育；内浅海、外浅海岩性以厚层泥岩夹薄层粉砂岩为主，该相水动力条件弱，生产力高，是烃源岩发育的有利相带；半深海沉积发育规模最大，岩性以厚层泥岩为主，该相水动力条件弱，但由于其生产力低，烃源岩不发育。

　　（三）尼日尔三角洲盆地沉积相类型及特征

　　根据尼日尔三角洲盆地重点单井岩性组合特征、地震相特征及文献调研资料，绘制了尼日尔三角洲盆地上白垩统沉积相图（图 4.42）。

　　上白垩统共划分了近岸三角洲、洪泛平原、滨浅海相、海湾相、内浅海、外浅海、浅海洼槽、半深海 8 种沉积相（亚相）类型，平面上由陆地向海洋呈条带状展布。

　　古近系共划分了陆相沉积、近端三角洲、远端三角洲、砂质滨岸、内浅海、外浅海、浊积扇、半深海、深海 9 种沉积相（亚相）类型，平面上由陆地向海洋呈条带状展布。

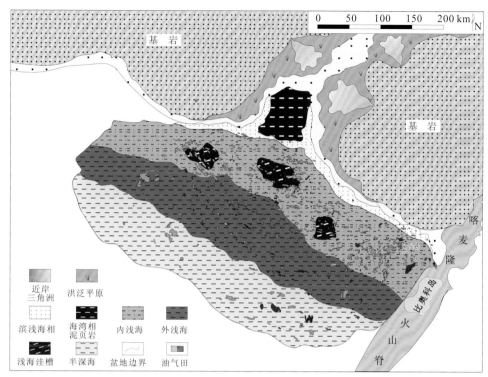

图 4.42　尼日尔三角洲盆地上白垩统沉积相图

第五章　大陆边缘盆地海相烃源岩生烃机理

第一节　海相烃源岩生烃模拟实验

为了定量评价海相烃源岩对油气成藏的控制作用，选取不同成因类型的海相烃源岩样品，分别采取密闭和开放体系高温高压实验装置，模拟海相烃源岩生烃过程，从化学反应动力学角度研究大陆边缘盆地海相烃源岩的生烃机理。根据在研究过程中采集到样品的情况，选择了北卡那封盆地、波拿巴盆地、马达班湾盆地、里奥穆尼盆地、下刚果盆地和尼日尔三角洲盆地等不同类型的海相烃源岩开展生烃模拟实验。

一、开放体系下生烃动力学实验

实验所用仪器为法国石油研究院 Rock-Eval-6 生油岩评价仪。采用不同速率的恒速升温法获取不同升温条件下的生烃转化率-温度曲线，具体实验步骤为：首先，将制备好的岩石样品进行热解分析获取常规热解参数；其次，将 Rock-Eval-6 生油岩评价仪的分析周期设置为活化能分析，每个样品先在 200℃ 恒温加热 5 min 除去吸附烃；最后，由 200℃ 在不同的升温速率下恒速升温至 600℃，实时记录生烃转化率。本次实验采用了 6 种升温速率：10℃/min、15℃/min、20℃/min、25℃/min、30℃/min、50℃/min。

因样品受油基泥浆污染，先用 CHCl$_3$ 索氏抽提 12 h，将浸入岩石的油基泥浆的有机质抽提出来。每个样品称取 3 份平行样，每样重约 100 mg，各样分别按不同升温程序进行加热，起始温度为 200℃，终止温度为 600℃，加热过程中实时记录加热温度和产物数量，根据记录数据得到累积生烃转化率-温度关系曲线，用于生烃动力学参数的标定。样品采取索氏抽提预处理不仅减少了污染物对实验的干扰，同时也在一定程度上降低了岩石中游离烃的含量对生烃动力学参数标定的影响。

开放体系下生烃动力学实验的部分样品情况见表 5.1。

表 5.1　开放体系下生烃动力学实验的部分样品情况

成因类型	盆地	井号	深度/m	地质年代	岩性	TOC含量/%	HI/(mg/g)	R_o/%	T_{max}/℃
海相陆源型	波拿巴盆地	RA 1	2 755～2 780	侏罗纪	灰色泥岩	2.30	191	0.6	440
	北卡那封盆地	BA 2	3 230～3 235	侏罗纪	黑色泥岩	6.77	125	—	427
		NE 1	2 964	侏罗纪	黑色泥岩	10.2	163	—	436
	马达班湾盆地	RM 3	340	上新世	灰色泥岩	1.11	221	0.53	426
		SP 2	2 127	中新世早期	灰色泥岩	0.40	145	0.72	429
		RM 1	840～842	中新世中期	灰色泥岩	0.94	178	0.65	411
		RM 1	60～65	始新世	灰色泥岩	0.80	100	0.53	457
		AD-1	2 500～2 503	渐新世	灰黑色泥岩	3.28	157	0.39	424

续表

成因类型	盆地	井号	深度/m	地质年代	岩性	TOC含量/%	HI/（mg/g）	R_o/%	T_{max}/℃
海相陆源型	尼日尔三角洲盆地	OK-3	2 369	中新世	灰黑色泥岩	1.47	190	—	416
		OK-3	2 863	中新世	灰黑色泥岩	1.29	198	—	428
		MI-1	2 637	中新世	灰色泥岩	0.78	121	—	419
		AD-1	1 835	上新世	黑色泥岩	38.42	192	—	413
		AD-1	2 457	中新世	灰色泥岩	1.44	77	—	415
海相混合Ⅱ型	里奥穆尼盆地	AD-1	2 800～2 803	坎潘期—马斯特里赫特期	灰黑色泥岩	5.17	171	0.5	429
		AD-1	2 977～2 980	坎潘期—马斯特里赫特期	灰黑色泥岩	4.76	140	0.49	424
		AD-1	3 118～3 121	圣通期	灰黑色泥岩	3.07	136	0.52	431
		AD-1	3 352～3 355	康尼亚克期	灰黑色泥岩	0.89	185	0.65	423
		AD-1	3 514～3 517	土伦期	灰黑色泥岩	3.32	132	0.7	425
		AD-1	3 076～3 079	圣通期	灰黑色泥岩	3.94	140	0.51	433
		AD-1	4 036～4 039	土伦期	灰黑色泥岩	1.46	246	0.98	434
	北卡那封盆地	SE 1	1 125～1 130	早白垩世	灰色泥岩	1.48	59	—	431
	尼日尔三角洲盆地	OK-3	2 671	中新世	灰黑色泥岩	1.79	353	—	435
	下刚果盆地	M-1	3 503	中新世	灰黑色泥岩	1.41	228	—	437
		M-1	4 256	塞诺曼期	灰黑色泥岩	1.03	252	—	441
		M-1	4 343	塞诺曼期	灰色泥岩	0.96	106	—	429
海相混合Ⅰ型	里奥穆尼盆地	AD-1	3 631～3 634	土伦期	灰黑色泥岩	5.12	198	0.74	393
		AD-1	3 922～3 925	土伦期	灰黑色泥岩	4.09	197	0.97	432
		AD-1	4 156～4 159	土伦期	灰黑色泥岩	0.93	183	1.07	431
	下刚果盆地	M-1	3 632	中新世	灰黑色泥岩	4.29	532	—	431
		M-1	3 755	土伦期—始新世	灰黑色泥岩	1.74	500	—	437
		M-1	3 944	土伦期—始新世	灰黑色泥岩	3.27	639	—	437
		M-1	4 046	土伦期—始新世	灰黑色泥岩	1.88	383	—	439
		M-1	4 163	土伦期—始新世	灰黑色泥岩	3.79	339	—	439

注：样品经索氏抽提处理油基泥浆后，进行岩石热解分析

二、封闭体系生烃动力学实验

小金管的实验装置最早用于无机地球化学领域中的成岩-成矿模拟实验研究，它最重要的优点是金为惰性元素，这样反应体系中的流体将不会与金管发生反应，保证了反应体系中的物理化学条件不受外来因素的影响。Monthioux 等（1986，1985）最早将这类实验装置用于生烃模拟实验，他们认为这一实验装置最接近自然界烃源岩的生烃过程。近几年来有较多的学者用这一类型装置进行生烃模拟实验研究（Seewald，1998；Michels et al.，1995）。除金的化学上的惰性外，这类实验装置的温度和压力条件还可以控制得非常精确，可以收集和定量分析热解产物中的所有组分，使实验结果具有非常好的可重复性。

本次研究使用的小金管封闭体系模拟实验装置可以将 15 个高压釜同时放入同一个加热炉中,在加热炉底装有 1 个风扇,使炉内温度保持均一。先将高压釜装满水,每个高压釜再放入 2 根装好样品的金管,各个高压釜中的水通过金属管线串联起来,因此,每个高压釜的水压是绝对相等的。在加热前先将水压调至 50 MPa,在加热过程中,通过一个自动调控的水泵将水输入或输出整个装置,使各个高压釜中的水压保持在 50 MPa。在实验过程中,压力的波动范围<±0.1 MPa。金管大小为外径 4 mm,壁厚 0.25 mm,管长分别为 40 mm 或 60 mm。先将金管一端电焊封口,样品装入管中后,装好样品的金管放入充满 Ar 的装置中将金管中的空气置换出来,并将已封口的一端插入冷水中,再将另一端电焊封口。最后将金管放入高压釜中,加热温度点设定为 300 ℃、330 ℃、360 ℃、400 ℃、450 ℃和 500 ℃,升温程序为:2 h 内将加热炉内的温度升至设定的温度,然后恒温 72 h。加热结束后,将高压釜在冷水中淬火 10 min。在淬火过程中将高压釜内水压维持在 50 MPa,避免使金管破裂。温度降低后,再逐渐使水压降低。实验产物的分析流程如图 5.1 所示。

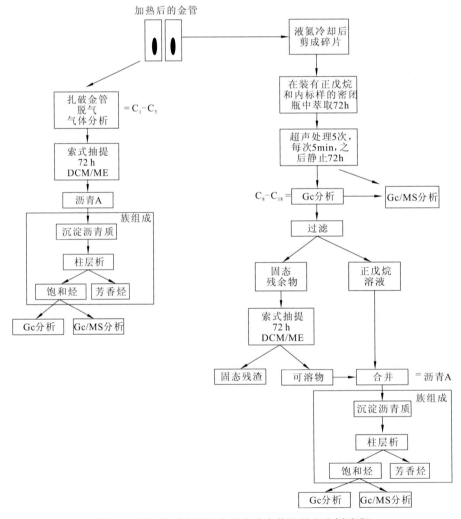

图 5.1　封闭体系生烃动力学实验产物计量和分析流程

尽管封闭体系具有气液产物计量和定性精确的优点，但实验需要的样品量较大，而且实验周期长，最终产物测试往往因为金管泄漏而功亏一篑。因为海上钻井采集的样品的数量有限，能满足封闭体系实验所需的样品很少，本次研究仅完成了 2 个样品系列的封闭体系生烃模拟实验，难以据此对不同类型的烃源岩进行对比研究。

相对而言，基于 Rock-Eval-6 的开放体系生烃模拟实验和生烃动力学分析，具有使用样品数量较少，实验周期较短的优点。因此，根据采样的实际情况，本次研究主要采用开放体系的生烃模拟实验。累计完成 5 个盆地 31 个烃源岩样品的生烃模拟实验，据此，系统地比较了不同类型烃源岩的生烃转化特征，开展了以化学反应动力学为核心的海相烃源岩生烃机理研究。

第二节　海相烃源岩生烃转化率

一、开放体系中烃源岩有机质的热解特征

以里奥穆尼盆地上白垩统海相烃源岩为例。选择 AD-1 井 3 种成因类型烃源岩样品进行开放体系下热模拟实验，结果表明，3 种成因类型的海相烃源岩在生烃行为上存在显著差异（图 5.2），海相陆源型累积生烃转化率-温度曲线较平缓，海相混合生源 I 型和

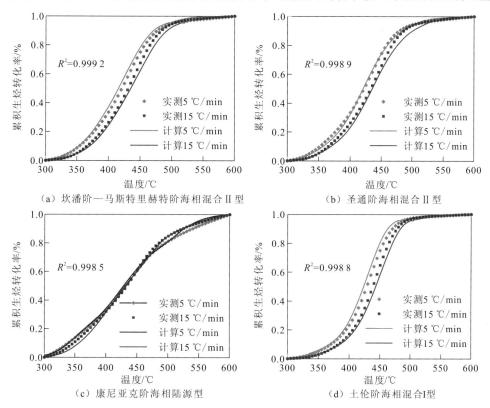

图 5.2　里奥穆尼盆地 AD-1 井上白垩统海相烃源岩累积生烃转化率曲线

海相混合生源 II 型累积生烃转化率-温度曲线较陡峭。海相陆源型生烃温度范围宽，生烃持续时间长，初始生烃温度低，终止生烃温度高，而海相混合生源 II 型生烃温度范围窄，生烃期持续时间短，初始生烃温度较高，结束生烃温度低；海相混合生源 I 型比海相混合生源 II 型具有更窄的生烃温度范围，集中生烃时间更短，初始生烃温度更高，结束生烃温度更低的生烃特征。

　　虽然热模拟实验获得的累积生烃转化率-温度曲线与动力学模拟计算的累积生烃转化率之间的吻合程度有一点差异，但是总体上能比较好地反映不同类型烃源岩生烃的过程和特征（图 5.2）。海相陆源型样品的累积生烃转化率曲线中，在超过 450 ℃时出现了较高升温速率下的累积生烃转化率高于较低升温速率下累积生烃转化率的情况，导致这一现象的原因很可能与样品的非均质性有关。热模拟实验过程是将同一个样品分成不同份样进行不同升温速率的热模拟，每份样品之间的非均质性有可能产生这一反常现象。然而，该实验结果仍能很好地反映海相陆源型烃源岩生烃演化规律和趋势，即初始生烃温度低，持续时间长，结束生烃温度高，整个生烃过程中，累积生烃转化率呈较稳定的变化趋势。

　　由表 5.2 可见，同一类型的海相烃源岩，在不同升温速率条件下，相同的累积生烃转化率所对应的生烃温度不同。如海相混合 II 型烃源岩的累积生烃转化率为 10%时，在 5 ℃/min、15 ℃/min 和 25 ℃/min 升温速率下，对应的生烃温度分别约为 350 ℃、365 ℃和 370 ℃；当烃源岩累积生烃转化率达 90%时，在 5 ℃/min、15 ℃/min 和 25 ℃/min 升温速率下，对应的生烃温度分别约为 480 ℃、485 ℃和 490 ℃。

表 5.2　里奥穆尼盆地海相混合型烃源岩累积生烃转化率随温度变化数据表

热模拟温度/℃	31 号样品 累积生烃转化率/%						33 号样品 累积生烃转化率/%					
	5 ℃/min 升温速率		15 ℃/min 升温速率		25 ℃/min 升温速率		5 ℃/min 升温速率		15 ℃/min 升温速率		25 ℃/min 升温速率	
	实测	计算	实测	计算	实测	计算	实测	计算	实测	计算	实测	计算
300	0.00	0.00	0.00	0.00	0.00	0.00	0.00	0.00	0.00	0.00	0.00	0.00
305	0.43	0.11	0.10	0.00	0.10	0.00	0.10	0.10	0.10	0.00	0.00	0.00
310	0.85	0.42	0.31	0.11	0.10	0.11	0.40	0.20	0.20	0.10	0.10	0.00
315	1.39	0.74	0.52	0.21	0.31	0.11	0.71	0.41	0.30	0.10	0.20	0.10
320	2.13	1.16	0.83	0.42	0.41	0.21	1.11	0.61	0.40	0.20	0.30	0.10
325	2.99	1.90	1.25	0.64	0.71	0.43	1.52	1.02	0.71	0.31	0.40	0.20
330	3.95	2.75	1.77	1.06	1.02	0.64	2.13	1.52	0.91	0.51	0.60	0.31
335	5.23	3.91	2.39	1.49	1.53	0.96	2.73	2.13	1.31	0.81	0.91	0.51
340	6.62	5.39	3.33	2.23	2.14	1.38	3.54	2.94	1.81	1.22	1.21	0.71
345	8.11	7.07	4.37	3.08	2.95	2.02	4.35	3.86	2.32	1.73	1.71	1.12

续表

热模拟温度/℃	31 号样品						33 号样品					
	累积生烃转化率/%						累积生烃转化率/%					
	5 ℃/min 升温速率		15 ℃/min 升温速率		25 ℃/min 升温速率		5 ℃/min 升温速率		15 ℃/min 升温速率		25 ℃/min 升温速率	
	实测	计算	实测	计算	实测	计算	实测	计算	实测	计算	实测	计算
350	9.82	8.98	5.51	4.25	3.87	2.77	5.36	4.97	3.02	2.34	2.21	1.53
355	11.63	11.09	6.96	5.63	5.09	3.83	6.48	6.29	3.83	3.16	2.92	2.14
360	13.55	13.20	8.63	7.32	6.52	5.11	7.69	7.61	4.74	4.07	3.72	2.85
365	15.58	15.52	10.40	9.24	8.15	6.71	9.01	9.14	5.85	5.19	4.63	3.67
370	17.82	17.95	12.37	11.25	9.88	8.41	10.43	10.76	6.96	6.42	5.63	4.79
375	20.06	20.49	14.45	13.38	11.81	10.33	12.04	12.59	8.27	7.74	6.84	5.91
380	22.52	23.23	16.63	15.61	13.95	12.46	13.77	14.72	9.68	9.16	8.25	7.14

海相烃源岩的累积生烃转化率与热模拟温度、升温速率有一定关系（图 5.3）。热解累积生烃量随热模拟温度的增加而不断地增加。在慢速升温条件下的烃源岩生烃速率要低于快速升温条件下的生烃速率。15 ℃/min 与 25 ℃/min 两种升温速率下，烃源岩的生烃速率差别相对小。同一样品在不同升温速率下最终生烃量基本一样，只是中间转化过程略有差别，快速升温速率下的生烃量略高于慢速升温速率下的生烃量。

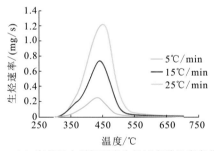
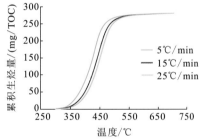

（a）海相混合型烃源岩生烃速率随温度变化图　　（b）海相混合型烃源岩累积生烃量随温度变化图

图 5.3　海相混合型烃源岩生烃速率和累积生烃量随温度变化

概括而言，综合 31 个样品的分析结果，从累积生烃转化率与温度的关系可见（图 5.4），显微组分组成以镜质组和惰质组为主的海相陆源型烃源岩较早开始生烃，且生烃区间范围较广，无明显的高峰期；混合 I 型烃源岩和显微组分组成以壳质组为主的海相陆源型烃源岩开始生烃较晚，且生烃区间较窄，有明显的生烃转化率高峰。

二、封闭体系中烃源岩有机质的热解特征

在封闭体系实验中，有机质生烃过程被限定在一个封闭的空间内，因此它能更好地模拟干酪根生气和干酪根液态产物二次裂解生气的过程，即能更准确地获得烃源岩的极

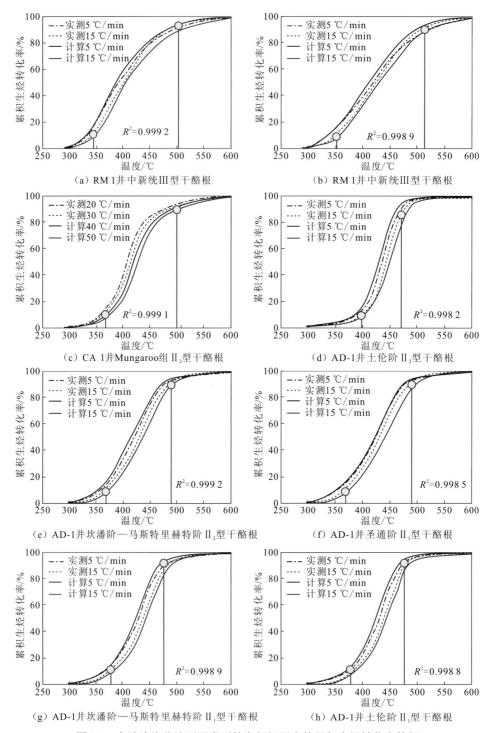

图 5.4　大陆边缘盆地不同类型的海相烃源岩的累积生烃转化率特征

（a）（b）为海相陆源型烃源岩（陆源显微组分以镜惰质组为主）生烃转化率特征；（c）（d）为海相陆源型烃源岩（陆源显微组分以壳质组为主）生烃转化率特征；（e）（f）为海相混合Ⅱ型烃源岩生烃转化率特征；（g）（h）为海相混合Ⅰ型烃源岩生烃转化率特征

限产气量。本节以北卡那封盆地上三叠统 Mungaroo 组样品为例，阐述封闭体系中烃源岩有机质的热解特征。

Mungaroo 组样品取自 ME-1 井 2 965 m 深度，为煤样，为典型的Ⅲ型有机质，氢指数 179.8 mg/g。样品分别以 20 ℃/h 和 2 ℃/h 的升温速率从 300 ℃升温至 600 ℃。在不同加热温度条件下，烃源岩的阶段生烃转化率见表 5.3。

表 5.3　ME-1 井烃源岩阶段生烃转化率特征

温度/℃	升温速率 20 ℃/h 计算 R_o/%	阶段生烃转化率/%	温度/℃	升温速率 2 ℃/h 计算 R_o/%	阶段生烃转化率/%
334.4	0.20	0.00	335.2	0.20	0.00
362.9	0.68	0.81	359.7	0.84	2.24
382.5	0.78	1.34	383.6	1.06	4.99
406.8	0.94	4.04	407.3	1.34	9.35
430.6	1.17	6.07	431.7	1.68	11.73
454.7	1.45	10.43	455.7	2.07	14.41
479.5	1.79	11.85	479.6	2.50	10.91
505.4	2.21	10.77	503.9	2.98	9.20
526.1	2.57	7.99	527.9	3.44	7.21
551.4	3.04	6.77	552.2	3.86	8.14
574.8	3.46	7.97	576.1	4.18	11.84
598.6	3.84	5.98	599.1	4.43	8.70

实验结果表明，天然气的产率随着 R_o 的增高而增大。R_o= 0.7%时开始生气，R_o=1.6%时达到生气高峰，在 R_o>2.5%时，出现一个小一点的生气高峰，推测是以二次裂解气为主的阶段。

第三节　不同类型海相烃源岩生烃反应化学动力学

一、生烃反应化学动力学模型及参数的标定

干酪根的热裂解是非常复杂的物理化学过程，这个过程一般遵从生烃反应化学动力学原理。生烃反应化学动力学很好地表达了反应速率与反应条件（如温度、压力、介质等）之间的函数关系，是定量描述化学反应随时间变化的基础理论。

很早人们就注意到了温度与反应速率的关系，其中影响最大的是关于温度对反应速率影响经验性规律的范托夫（Van't Hoff）规则。范托夫规则认为一般温度升高 10 ℃，反应速率提高 2～4 倍。在此基础上，俄罗斯的科学家 Lopatin 提出属于近似的化学动力学方法的时间温度指数（time temperature index，TTI）法，后经 Waples 的改进完善，使其更加接近地质真实的热史，在 20 世纪 80 年代得到了广泛的应用。

　　然而，干酪根结构和成分复杂，TTI 法的局限性也日渐凸显。20 世纪 70 年代以来，Tissot 和 Welte（1978）提出了以阿伦尼乌斯（Arrhenius）方程为基础的生烃动力学模型，并得到广泛的发展，后经一些学者的改进和扩展，阿伦尼乌斯方程模型成为现今广为接受的一种生烃模型。

　　由上述开放体系下生烃热模拟实验可以得到每个样品的累积生烃转化率-温度曲线，基于图 5.2、图 5.4 的累积生烃转化率-温度曲线可对样品的生烃反应化学动力学参数进行标定。可以选择不同的化学反应动力学模型，利用累积生烃转化率-温度曲线求取相应的动力学参数，从而达到标定模型的目的。

　　根据化学动力学基本原理，反应时间、反应物的浓度与反应生成物的比率关系为

$$dx/dt = k(1-x)^n \qquad (5.1)$$

　　根据阿伦尼乌斯方程，式（5.1）中反应速率常数 k 与活化能 E 呈指数关系：

$$k = A\exp(-E/RT) \qquad (5.2)$$

　　所以　　　　　　　　　　$dx/dt = A\exp(-E/RT)(1-x)^n$

式中：t 为时间；x 为生烃转化率，时间 t 时，反应所生成的烃量占反应最后总烃量的分数，无量纲；n 为反应级数；k 为反应速率常数；A 为指前因子，s^{-1}；E 为反应表观活化能，kJ/mol；R 为通用气体常数，8.314 kJ/(mol·K)；T 为反应温度，K。

　　因为恒速升温，所以

$$T = T_0 + \beta t \qquad (5.3)$$

式中：T_0 为初始温度，K；β 为升温速率，℃/s。

　　微分，得

$$dt = dT/\beta \qquad (5.4)$$

　　代入式（5.2）有 $dx/dt = A/c\exp(-E/RT)(1-x)^n$，即

$$dx/dT/(1-x)^n = A/\beta \cdot \exp(-E/RT) \qquad (5.5)$$

　　式（5.5）两边取对数可得

$$\ln\left[\frac{dx}{dT}\frac{\beta}{(1-x)^n}\right] = \ln A - \frac{E}{RT} \qquad (5.6)$$

　　不同的动力学模型即是对生烃过程所发生的化学反应进行不同的描述，采用相应的数学方法求取式（5.6）中的参数（如活化能 E、指前因子 A、反应级数 n）。

　　串联反应模型将生油岩热解过程视为一系列串联的、具有不同活化能（E）和指前因子（A）的 n 级反应，即热解达到某一生烃转化率时，热解反应具有特定的 E 和 A 或 n。$n=1$，即串联一级反应动力学模型被认为是最接近干酪根生烃反应的模型。

　　采用弗里德曼（Freidman）法来标定这一模型，其基本思路是：不同升温速率的模拟实验得到不同的 x-T，即累积生烃转化率-温度曲线，当累积生烃转化率 x 取一系列不同的数值时，对应的 T 不同，此时 $\ln(dx/dt)$ 也不同，根据实验所得数据，将不同升温速率下同一累积生烃转化率 x 时的 T 及 dx/dt 代入式（5.6），以 $\ln(dx/dt)$ 对 $1/T$ 进行线性回归，则由每个 x 对应的 k 组（恒速升温实验个数）数据组成的一条直线，由直线的斜率和截距，可分别求得每个 x 值所对应的活化能 E 和指前因子 A。实际计算中累积生

烃转化率 x 的间隔 Δx 可视需要而定，本节选取 $\Delta x = 0.01$，实际操作中用 $\Delta x / \Delta t$ 代替 dx/dt，反应级数 $n=1$，$k=6$，用最小二乘法求取生烃反应化学动力学参数（E、A）。

应用专用软件 Kinetics2000 进行数据处理与动力学模拟计算，可获得实验样品的生烃反应化学动力学参数（图5.5）。其中，海相混合Ⅱ型烃源岩，获得的活化能分布区间为 43~67 kcal[①]/mol，分布相对分散，主活化能为 51 kcal/mol，活化能较低；海相混合Ⅰ型烃源岩，获得的活化能分布区间为 43~60 kcal/mol，分布相对集中，主活化能为 54 kcal/mol，所占比例可达 32.53%，活化能较高。海相混合Ⅱ型烃源岩活化能分布范围较广，正好与混合生源型烃源岩的显微组分组成复杂性吻合，活化能分布反映它比混合生源Ⅰ型烃源岩的生烃门限温度略低，但生烃区间更宽广。可见，生烃反应化学动力学参数可以很好地表征海相烃源岩的生烃特征与机理。

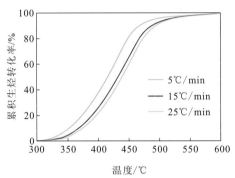

（a）混合生源Ⅱ型烃源岩温度与累积生烃转化率关系图

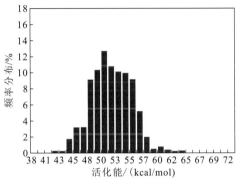

（b）混合生源Ⅱ型烃源岩活化能频率分布图

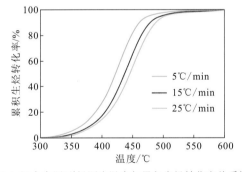

（c）混合生源Ⅰ型烃源岩温度与累积生烃转化率关系图

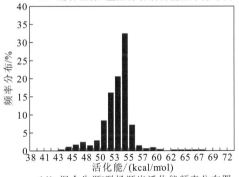

（d）混合生源Ⅰ型烃源岩活化能频率分布图

图5.5 不同成因类型烃源岩累积生烃转化率与温度及生烃反应化学动力学参数的关系

不同成因类型海相烃源岩的动力学参数列于表5.4。生烃反应活化能的分布有如下规律：海相内源型的烃源岩活化能分布较为集中，海相陆源型烃源岩较为分散；主要生烃阶段的活化能分布是海相陆源型＞混合生源型＞海相内源型。

---

① 1kcal＝4.184kJ。

表 5.4　不同成因类型海相烃源岩的生烃反应化学动力学参数

烃源岩成因类型		A/s^{-1}	E 平均值 /(kcal/mol)	σ_E /(kJ/mol)
海相内源型		2.13×10^{13}	49.4	8.2
混合生源型	混合生源 I 型	1.43×10^{17}	54.0	6.3
	混合生源 II 型	8.14×10^{13}	51.5	8.3
海相陆源型	陆源显微组分（以壳质组为主）	4.97×10^{13}	54.6	7.9
	陆源显微组分（以镜质组和惰质组为主）	1.23×10^{13}	62.0	6.6

二、重点盆地不同类型海相烃源岩生烃动力学参数

（一）下刚果盆地

1. 局限海富腐泥组有机相

局限海富腐泥组有机相烃源岩的累积生烃转化率-温度曲线较其他有机相类型较陡峭，其初始生烃温度较高，约 430 ℃，终止生烃温度也较高，约 500 ℃。生烃温度范围窄，生烃持续时间较短，生烃高峰明显（图 5.6）。

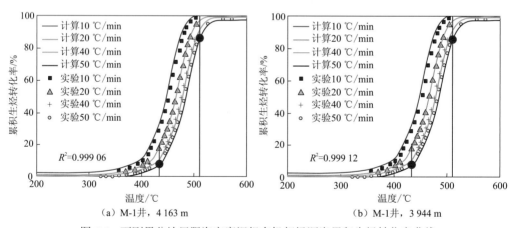

（a）M-1井，4 163 m　　　　　　　　（b）M-1井，3 944 m

图 5.6　下刚果盆地局限海富腐泥组有机相烃源岩累积生烃转化率曲线

由图 5.7 可知，下刚果盆地局限海富腐泥组有机相的烃源岩生烃活化能分布非常集中，活化能分布区间为 220～240 kJ/mol，主活化能约为 225～245 kJ/mol。因为显微组分以壳质组和矿物沥青基质为主，这些主要由芳核和杂原子的高度交联的饱和脂肪物质的聚合物基质组成，断裂所需的能量比镜-惰质组中芳构的苯环小，所以活化能偏低；而且腐泥组的化学结构决定了其断链形式相对其他类型的有机质更快，所以该相样品的活化能分布非常集中。

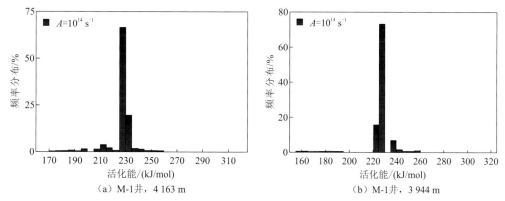

图 5.7　下刚果盆地局限海富腐泥组有机相烃源岩生烃活化能分布图

2. 外浅海壳-腐组合有机相

外浅海壳-腐组合有机相烃源岩的累积生烃转化率-温度曲线是比较陡峭的，开始生烃温度比较滞后，约 430 ℃，在 500 ℃左右生烃结束，生烃温度范围窄，生烃持续时间较短，且生烃高峰明显（图 5.8）。

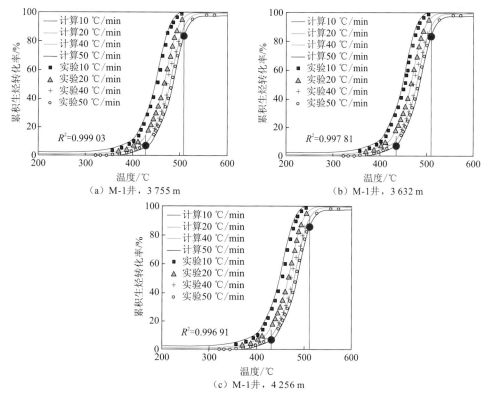

图 5.8　下刚果盆地外浅海壳-腐组合有机相的烃源岩累积生烃转化率曲线

由图 5.9 可知，下刚果盆地外浅海壳-腐组合有机相烃源岩的生烃活化能分布是比较集中的，活化能分布区间为 220～250 kJ/mol，主活化能约为 225 kJ/mol；类似于局限海富腐泥组有机相，其显微组分也以壳质组和矿物沥青基质为主，所以该相样品的活化能分布较集中。

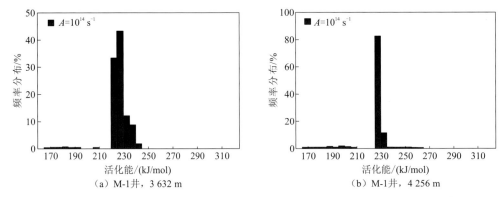

（a）M-1井，3 632 m   （b）M-1井，4 256 m

图 5.9　下刚果盆地外浅海壳-腐组合有机相烃源岩生烃活化能分布图

3. 内浅海镜-壳组合有机相

内浅海镜-壳组合有机相烃源岩具有初始生烃温度低，约 380 ℃，生烃结束温度较高，在 500 ℃左右，生烃温度范围较宽，生烃温度区间较大（图 5.10）。

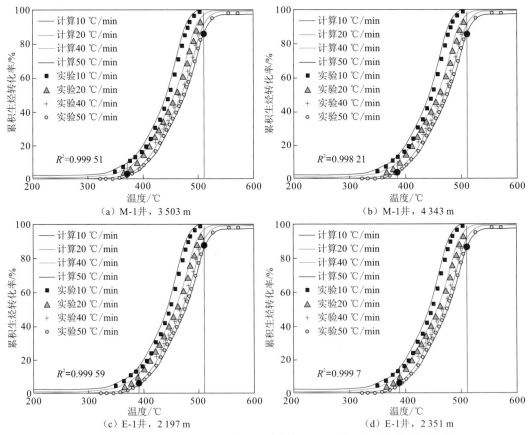

（a）M-1井，3 503 m   （b）M-1井，4 343 m

（c）E-1井，2 197 m   （d）E-1井，2 351 m

图 5.10　下刚果盆地内浅海镜-壳组合有机相的烃源岩累积生烃转化率曲线

由图 5.11 可知，下刚果盆地内浅海镜-壳组合有机相烃源岩的生烃活化能分布是较分散的，活化能分布区间为 180～250 kJ/mol，主活化能约为 225 kJ/mol。因为显微组分中镜质组和惰质组占优势，这类有机质的化学结构相对复杂，断键的模式是逐个断开支链的，所以该相样品的活化能分布相对分散。

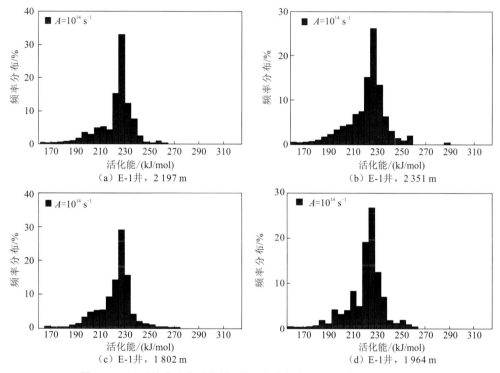

图 5.11 下刚果盆地内浅海镜-壳组合有机相烃源岩生烃活化能分布

下刚果盆地不同有机相类型海相烃源岩的生烃反应化学动力学参数列于表 5.5。生烃反应活化能的分布规律：①外浅海壳-腐组合有机相和局限海富腐泥组有机相烃源岩的活化能分布较为集中，而镜-惰质组分占主导的内浅海镜-壳组合有机相烃源岩则较为分散；②主要生烃阶段的活化能分布是内浅海镜-壳组合有机相烃源岩＞外浅海壳-腐组合有机相烃源岩＜局限海富腐泥组有机相烃源岩。

表 5.5 下刚果盆地不同有机相类型海相烃源岩的生烃反应化学动力学参数

烃源岩成因类型	活化能平均值/(kJ/mol)
局限海富腐泥组有机相	224.90
外浅海壳-腐组合有机相	224.38
内浅海镜-壳组合有机相	220.19

（二）尼日尔三角洲盆地

1. 前三角洲浅海壳-腐组合有机相

由图 5.12 可知，前三角洲浅海壳-腐组合有机相烃源岩活化能分布区间为 170～260 kJ/mol，分布比较集中，主活化能约为 235 kJ/mol；从活化能分布来看，仍然可以看到一些分散的低活化能和高活化能的峰；这是因为其显微组分以壳质组和腐泥组为主，壳质组的母质来源类型丰富，化学结构的非均一性导致其演化相对复杂，断键和脱官能团顺序先后不一，再加上其本身陆源高等植物有机质输入比例也不小，所以其生烃范围广且相对滞后，活化能分布相对下刚果盆地的外浅海壳-腐组合有机相要更分散。

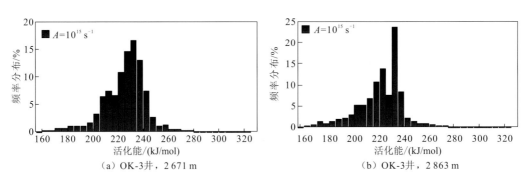

（a）OK-3井，2 671 m   （b）OK-3井，2 863 m

图 5.12　尼日尔三角洲盆地前三角洲浅海壳-腐组合有机相烃源岩活化能分布

2. 近岸沼泽镜-壳组合有机相

由图 5.13 可知，近岸沼泽镜-壳组合有机相烃源岩的生烃特征为：活化能分布区间为 160～270 kJ/mol，分布比较分散，主活化能约为 220 kJ/mol。这是因为相对于前三角洲浅海壳-腐组合有机相，其镜质组更多，这类有机质的化学结构相对复杂，断键的模式是逐个断开支链，所以该类样品的活化能分布相对分散，主活化能值更低。

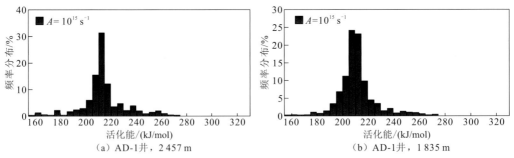

（a）AD-1井，2 457 m   （b）AD-1井，1 835 m

图 5.13　尼日尔三角洲盆地近岸沼泽镜-壳组合有机相烃源岩活化能分布

3. 三角洲前缘浅海镜-壳组合有机相

由图 5.14 可知，三角洲前缘浅海镜-壳组合有机相烃源岩的活化能分布区间为 160～270 kJ/mol，分布比较分散，主活化能约为 230 kJ/mol。显微组分中镜质组和惰质组占优势，这类有机质的化学结构相对复杂，断键的模式是逐个断开支链的，所以该类样品的活化能分布相对分散，生烃区间也较大，主活化能峰值较低。

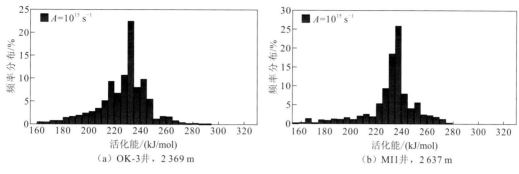

图 5.14　尼日尔三角洲盆地三角洲前缘浅海镜-壳组合有机相的烃源岩活化能分布

尼日尔三角洲盆地不同有机相类型海相烃源岩的生烃反应化学动力学参数列于表 5.6。①三角洲前缘浅海镜-壳组合有机相和近岸沼泽镜-壳组合有机相烃源岩的活化能分布较为分散，而壳质组和腐泥组占主导的前三角洲浅海壳-腐组合有机相烃源岩则较为集中；②主要生烃阶段的活化能分布是：近岸沼泽镜-壳组合有机相<前三角洲浅海壳-腐组合有机相<三角洲前缘浅海镜-壳组合有机相。

表 5.6　尼日尔三角洲盆地不同有机相类型海相烃源岩的生烃反应化学动力学参数

烃源岩成因类型	活化能平均值/(kJ/mol)
前三角洲浅海壳-腐组合有机相	226
近岸沼泽镜-壳组合有机相	222
三角洲前缘浅海镜-壳组合有机相	231

第四节　不同类型海相烃源岩生烃机理及生排烃模式

油气形成模型中生成石油、天然气的阶段可以用埋深、温度或 R_o 与生烃转化率的关系来表示。因各个盆地的地温梯度不同，一般采用成熟度表示生烃阶段，以便进行全球不同盆地的对比。

随地层埋深的增加，地层温度不断上升，烃源岩的热演化程度相继增加。在一定的热演化阶段中烃源岩会大量生烃，这个阶段为主生烃期。在这里主生烃期定义为烃源岩累积生烃转化率为 10%～90%，并用对应的 R_o 作为各个生烃阶段的成熟度标尺。

一、实验升温速率下的主生烃期

以表 5.7 中里奥穆尼盆地的两个不同成因类型海相烃源岩的分析数据为例。两个烃源岩分别属于混合生源 II 型和混合生源 I 型。在不同升温速率下，两个样品主生烃期所对应的温度区间有一定的差别，但同一个样品主生烃期对应的温度范围基本不受升温速率的影响。设 T_1 为烃源岩累积生烃转化率为 10%时对应的热模拟温度，T_2 为烃源岩累积生烃转化率为 90%时对应的热模拟温度，ΔT 为 T_2 与 T_1 的差值，即 $\Delta T = T_2 - T_1$。混合生源 II 型烃源岩的主生烃阶段的温度范围明显较大，$\Delta T > 75\ ℃$；而混合生源 I 型烃源岩的主生烃阶段的温度范围较窄，ΔT 为 58 ℃（表 5.7）。

表 5.7　里奥穆尼盆地混合生源型烃源岩主生烃期对应的热模拟温度范围

烃源岩成因类型	升温速率/（℃/min）	T_1/ ℃	T_2/ ℃	ΔT/ ℃
海相混合生源 II 型	5	374	449	75
	15	389	466	77
	25	396	474	78
海相混合生源 I 型	5	390	447	57
	15	406	464	58
	25	413	472	59

两个样品的生烃转化率曲线和动力学参数标定结果如图 5.15 和表 5.8 所示。在活化能 $<45\ kcal/mol$ 的区间内，海相混合生源烃源岩均只有少量烃类生成，且这两个亚类烃源岩生烃高峰在 $50\sim55\ kcal/mol$，海相混合生源 I 型烃源岩生烃率远远高于海相混合生源 II 型烃源岩，高达 77.86%。在活化能 $>65\ kcal/mol$ 的区间范围内，混合生源型烃源岩生成的烃类很少。

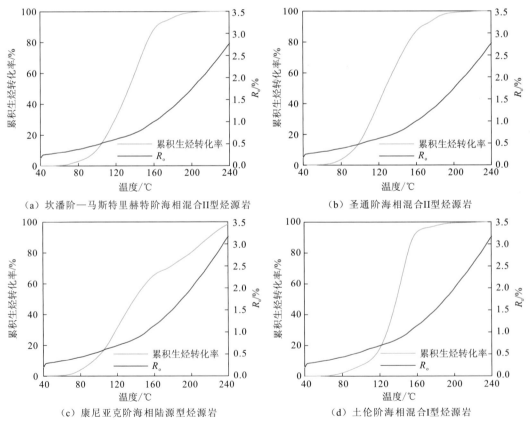

（a）坎潘阶—马斯特里赫特阶海相混合 II 型烃源岩　　（b）圣通阶海相混合 II 型烃源岩

（c）康尼亚克阶海相陆源型烃源岩　　（d）土伦阶海相混合 I 型烃源岩

图 5.15　里奥穆尼盆地混合生源型烃源岩在地质升温速率情况下的生烃动力学模拟

表 5.8　里奥穆尼盆地混合生源型烃源岩在不同活化能区间内的生烃转化率

烃源岩成因类型	不同活化能区间内的相对生烃转化率/%					
	<45 kcal/mol	45～50 kcal/mol	50～55 kcal/mol	55～60 kcal/mol	60～65 kcal/mol	>65 kcal/mol
海相混合生源 II 型	1.64	18.33	57.65	20.93	1.19	0.26
海相混合生源 I 型	1.30	8.99	77.86	10.67	0.95	0.22

　　下刚果盆地内浅海镜-壳组合有机相烃源岩的主生烃阶段的温度范围明显较大，$\Delta T>120$℃；而外浅海壳-腐组合有机相和局限海富腐泥组有机相烃源岩的主生烃阶段的温度范围较窄，ΔT 约为 70 ℃（表 5.9）。

表 5.9　下刚果盆地不同有机相类型烃源岩样品主生烃期对应的热模拟温度范围

有机相	升温速率/（℃/min）	T_1/ ℃	T_2/ ℃	ΔT/ ℃
局限海富腐泥组有机相	10	413	482	68
	20	425	495	70
	40	438	510	72
	50	443	515	72
外浅海壳-腐组合有机相	10	413	483	70
	20	423	495	73
	40	435	510	75
	50	440	515	75
内浅海镜-壳组合有机相	10	366	488	122
	20	378	501	124
	40	389	516	127
	50	394	521	127

　　根据相关模型计算出的活化能，对应不同的温度值，表 5.10 统计了下刚果盆地不同有机相类型烃源岩样品的生烃转化率曲线和生烃反应化学动力学参数标定结果。由表 5.10 可知，在活化能<180 kJ/mol 和活化能>240 kJ/mol 的区间内，下刚果盆地海相烃源岩只有很少量烃类生成；而在 180～200 kJ/mol 和 240～260 kJ/mol 两个区间，不同有机相类型的烃源岩的生烃转化率有明显差别，内浅海镜-壳组合有机相烃源岩在这两个活化能区间开始生成较多的烃类，外浅海壳-腐组合有机相和局限海富腐泥组有机相烃源岩生烃转化率却很低；外浅海壳-腐组合有机相和局限海富腐泥组有机相烃源岩的生烃高峰为 220～240 kJ/mol，在这一区间的生烃转化率明显高于内浅海镜-壳组合有机相烃源岩，最高达 89.86%。

表 5.10　下刚果盆地不同有机相类型烃源岩不同活化能区间内的生烃转化率

有机相	不同活化能区间内的生烃转化率/%					
	<180 kJ/mol	180~200 kJ/mol	200~220 kJ/mol	220~240 kJ/mol	240~260 kJ/mol	>260 kJ/mol
局限海富腐泥组有机相	0.56	1.17	7.72	89.86	0.70	0
外浅海壳-腐组合有机相	0.74	2.05	19.82	76.74	0.65	0
内浅海镜-壳组合有机相	2.52	9.81	30.76	53.43	3.22	0.26

尼日尔三角洲三种不同有机相类型的烃源岩的生烃温度区间差异不是非常明显（表 5.11），生烃温度范围 ΔT 约为 140℃，生烃区间大小为前三角洲浅海壳-腐组合有机相<近岸沼泽镜-壳组合有机相<三角洲前缘浅海镜-壳组合有机相；总体来说，结果是比较符合其显微组分特征的。

表 5.11　尼日尔三角洲盆地不同有机相类型烃源岩主生烃期对应的热模拟温度范围

有机相	升温速率/（℃/min）	T_1/℃	T_2/℃	ΔT/℃
前三角洲浅海壳-腐组合有机相	10	340	470	130
	30	355	493	138
	40	360	498	138
	50	365	503	138
近岸沼泽镜-壳组合有机相	10	326	460	134
	30	340	480	140
	40	345	485	140
	50	350	490	140
三角洲前缘浅海镜-壳组合有机相	10	346	485	139
	30	362	506	144
	40	367	511	144
	50	372	516	144

表 5.12 统计了尼日尔三角洲盆地不同有机相类型烃源岩的生烃转化率和生烃反应化学动力学参数标定结果。总体来看，尼日尔三角洲盆地烃源岩的生烃活化能分布比较分散；前三角洲浅海壳-腐组合有机相和三角洲前缘浅海镜-壳组合有机相的活化能高峰更加滞后一些。

表5.12　尼日尔三角洲盆地不同有机相类型烃源岩不同活化能区间内的生烃转化率

有机相	不同活化能区间内的生烃转化率/%					
	<180 kJ/mol	180~200 kJ/mol	200~220 kJ/mol	220~240 kJ/mol	240~260 kJ/mol	>260 kJ/mol
前三角洲浅海壳-腐组合有机相	2.51	6.75	26.01	54.22	8.82	1.68
近岸沼泽镜-壳组合有机相	3.41	8.64	44.89	31.22	9.21	2.63
三角洲前缘浅海镜-壳组合有机相	3.28	7.41	17.40	54.39	14.33	3.20

二、地质升温速率下的主生烃期

生烃动力学参数求取的目的在于可将这些参数进行地质外推，来研究地质条件下有机质的生烃行为与生烃特性。为了排除不同升温速率对生烃行为产生的影响，本节在探讨地质条件下有机质生烃行为时，常常选用固定升温速率。

地质升温速率比实验升温速率慢得多，一般以摄氏度每百万年为单位，因此需要将实验条件下获得的烃源岩动力学参数转化到地质条件下的升温速率，才能正确模拟出烃源岩产烃率与地质温度及成熟度之间的关系，进而确定地质条件下烃源岩生烃特征。如果不考虑异常热事件的影响，沉积有机质的增温往往是由于埋藏深度的增加引起的温度的升高，在正常沉积速率之下，由沉积埋藏所引起的地温增高的幅度为 1~10 ℃/Ma，大部分在 2~5 ℃/Ma。因此，常常选用 3 ℃/Ma 或 3.3 ℃/Ma 作为地质升温速率来探讨地质条件下沉积有机质的生烃行为。本书将上述所求烃源岩生烃反应化学动力学参数按地质升温速率（3 ℃/Ma）进行外推，以探讨不同成因类型烃源岩生烃特性。

R_o 是把模拟实验条件转化为地质温度计的关键方法。R_o 模型是 Sweeney 和 Burnham（1990）基于对大量样品的镜质体反射率随时间-温度变化的研究而建立起的镜质体反射率动力学模型。镜质组的热成熟过程基本遵循化学动力学一级反应和阿伦尼乌斯方程，即热演化程度与受热温度呈指数关系，与受热时间呈线性关系。R_o 模型中反应的活化能采用频带分布，即将镜质组的成熟过程视作 4 个具有相同 A 和不同 E 的平行化学动力学反应，即镜质组裂解脱水、脱二氧化碳、脱重烃和脱甲烷反应。通过将时间和温度史分解成一系列等温段或恒定加热速率段，计算出镜质组的反应程度 F，推导出某一地层底界的第 j 个埋藏点的化学动力学反应程度为

$$F_j = \sum_{i=1}^{20} f_i \left\{ 1 - \exp\left[-\frac{(I_{ij} - I_{i+j-1})(t_j - t_{j-1})}{T_j - T_{j-1}} \right] \right\} \qquad (5.7)$$

$$I_{ij} = T_j A \exp\left(-E_i / RT_j\right) \times \left[1 - \frac{\left(E_i / RT_j\right)^2 + a_1\left(E_i / RT_j\right) + a_2}{\left(E_i / RT_j\right)^2 + b_1\left(E_i / RT_j\right) + b_2} \right] \qquad (5.8)$$

式中：F_j 为井中某地层底界的第 j 个埋藏点的化学动力学反应程度，其值为 0~0.85，据此，R_o 的最大值可能达到 4.7%；f_i 为化学计量因子或权数，$i=1$，2，3，…，20（1~20

是活化能的个数，见表5.13）；t_j 为该井该地层底界的第 j 个埋藏点的埋藏时间，Ma；T_j 为该井该地层底界的第 j 个埋藏点的古地温，K；R 为气体常数，其值为 1.986 cal/(mol·K)；A 为频率因子或指前因子，其值为 $1.0×10^{13}\,\text{s}^{-1}$；$a, b$ 为校正系数，a_1=2.334 733，a_2=0.250 621，b_1=3.330 657，b_2=1.181 534。

表 5.13　R_o 模型使用的化学计量因子和活化能

i	f_i	E_i/(kcal/mol)	i	f_i	E_i/(kcal/mol)
1	0.03	34	11	0.06	54
2	0.03	36	12	0.06	56
3	0.04	38	13	0.06	58
4	0.04	40	14	0.05	60
5	0.05	42	15	0.05	62
6	0.05	44	16	0.04	64
7	0.06	46	17	0.03	66
8	0.04	48	18	0.02	68
9	0.04	50	19	0.02	70
10	0.07	52	20	0.01	72

F_j 由式（5.7）计算出后，就可用式（5.9）得到 R_o（镜质组反射率）值：

$$R_o = \exp（-1.6+3.7F_j）\quad（j=1, 2, 3, \cdots，直至现今）\qquad（5.9）$$

表 5.14 为根据模拟实验数据，数值模拟计算得出的两个海相混合生源型烃源岩样品的 R_o 及相应的烃源岩生烃转化率。主生烃期为烃源岩累积生烃转化率在10%～90%区间，因此，重点关注烃源岩的累积生烃转化率为 10% 和 90% 时对应的 R_o 与地质温度。从表 5.15 可以求出烃源岩主生烃期的 R_o 范围及在特定的地温梯度下的古地温范围。

表 5.14　里奥穆尼盆地混合生源烃源岩不同模拟温度对应的 R_o 和累积生烃转化率

热模拟温度/℃	R_o/%	累积生烃转化率/%	
		混合生源 II 型烃源岩	混合生源 I 型烃源岩
300	0.20	0	0
306	0.29	0	0
312	0.30	0	0
318	0.31	0	0
324	0.33	0	0
330	0.34	0	0

续表

热模拟温度/℃	R_o/%	累积生烃转化率/%	
		混合生源Ⅱ型烃源岩	混合生源Ⅰ型烃源岩
336	0.36	0	0
342	0.37	0.01	0
348	0.39	0.01	0.01
354	0.41	0.02	0.01
360	0.43	0.03	0.02
366	0.45	0.04	0.03
372	0.48	0.06	0.04
378	0.50	0.07	0.05
384	0.52	0.09	0.06
390	0.55	0.11	0.07
396	0.58	0.14	0.08
402	0.62	0.16	0.10
408	0.64	0.20	0.12
414	0.66	0.24	0.14
420	0.69	0.30	0.18
426	0.72	0.35	0.23
432	0.75	0.42	0.30
438	0.77	0.49	0.37
444	0.81	0.55	0.46
450	0.85	0.62	0.55
456	0.90	0.68	0.65
462	0.95	0.73	0.75
468	1.01	0.78	0.83
474	1.09	0.82	0.90
480	1.15	0.85	0.93
486	1.21	0.87	0.95
492	1.28	0.89	0.96
498	1.36	0.91	0.96
504	1.44	0.92	0.97
510	1.51	0.95	0.97
516	1.60	0.96	0.98

续表

热模拟温度/℃	R_o/%	累积生烃转化率/%	
		混合生源 II 型烃源岩	混合生源 I 型烃源岩
522	1.70	0.98	0.98
528	1.79	0.98	0.99
534	1.89	0.99	0.99
540	1.99	0.99	0.99
546	2.11	0.99	0.99
552	2.22	0.99	0.99
558	2.32	0.99	0.99
564	2.43	0.99	1.00
570	2.55	0.99	1.00
576	2.67	1.00	1.00
582	2.78	1.00	1.00
588	2.91	1.00	1.00
594	3.04	1.00	1.00
600	3.16	1.00	1.00

表 5.15 里奥穆尼盆地海相混合生源型烃源岩累积生烃转化率随热模拟温度变化数据表

热模拟温度/℃	31 号样品						33 号样品					
	累积生烃转化率/%						累积生烃转化率/%					
	5 ℃/min 升温速率		15 ℃/min 升温速率		25 ℃/min 升温速率		5 ℃/min 升温速率		15 ℃/min 升温速率		25 ℃/min 升温速率	
	实测	计算	实测	计算	实测	计算	实测	计算	实测	计算	实测	计算
300	0	0	0	0	0	0	0	0	0	0	0	0
305	0.43	0.11	0.10	0	0.10	0	0.20	0.10	0.10	0	0	0
310	0.85	0.42	0.31	0.11	0.10	0.11	0.40	0.20	0.20	0.10	0.10	0
315	1.39	0.74	0.52	0.21	0.31	0.11	0.71	0.41	0.30	0.10	0.20	0.10
320	2.13	1.16	0.83	0.42	0.41	0.21	1.11	0.61	0.40	0.20	0.30	0.10
325	2.99	1.90	1.25	0.64	0.71	0.43	1.52	1.02	0.71	0.31	0.40	0.20
330	3.95	2.75	1.77	1.06	1.02	0.64	2.13	1.52	0.91	0.51	0.60	0.31
335	5.23	3.91	2.39	1.49	1.53	0.96	2.73	2.13	1.31	0.81	0.91	0.51
340	6.62	5.39	3.33	2.23	2.14	1.38	3.54	2.94	1.81	1.22	1.21	0.71
345	8.11	7.07	4.37	3.08	2.95	2.02	4.35	3.86	2.32	1.73	1.71	1.12
350	9.82	8.98	5.51	4.25	3.87	2.77	5.36	4.97	3.02	2.34	2.21	1.53
355	11.63	11.0	6.96	5.63	5.09	3.83	6.48	6.29	3.83	3.16	2.92	2.14
360	13.55	13.2	8.63	7.32	6.52	5.11	7.69	7.61	4.74	4.07	3.72	2.85

续表

热模拟 温度/℃	31 号样品						33 号样品					
	累积生烃转化率/%						累积生烃转化率/%					
	5 ℃/min 升温 速率		15 ℃/min 升温 速率		25 ℃/min 升温 速率		5 ℃/min 升温速 率		15 ℃/min 升温 速率		25 ℃/min 升温 速率	
	实测	计算	实测	计算	实测	计算	实测	计算	实测	计算	实测	计算
365	15.58	15.52	10.40	9.24	8.15	6.71	9.01	9.14	5.85	5.19	4.63	3.67
370	17.82	17.95	12.37	11.25	9.88	8.41	10.43	10.76	6.96	6.42	5.63	4.79
375	20.06	20.49	14.45	13.38	11.81	10.33	12.04	12.59	8.27	7.74	6.84	5.91
380	22.52	23.23	16.63	15.61	13.95	12.46	13.77	14.72	9.68	9.16	8.25	7.14
385	25.19	26.29	18.92	17.94	16.29	14.59	15.79	17.16	11.29	10.79	9.76	8.56
390	27.96	29.46	21.41	20.49	18.74	16.93	18.12	20.10	13.10	12.63	11.47	10.09
395	30.95	32.95	24.12	23.14	21.38	19.28	20.85	23.35	15.12	14.66	13.38	11.82
400	34.15	36.64	26.92	26.11	24.24	21.94	23.99	27.31	17.54	17.11	15.59	13.76
405	37.57	40.55	29.94	29.19	27.29	24.71	27.53	31.78	20.26	19.86	18.11	16.00
410	41.20	44.77	33.16	32.59	30.55	27.69	31.68	36.85	23.39	23.12	21.13	18.55
415	45.04	49.31	36.69	36.20	34.11	30.88	36.34	42.44	27.12	26.78	24.65	21.51
420	49.09	53.96	40.44	40.02	37.98	34.40	41.50	48.53	31.35	31.06	28.67	24.87
425	53.36	58.82	44.39	44.06	42.06	38.02	47.17	54.82	36.19	35.85	33.40	28.85
430	57.84	63.57	48.65	48.41	46.44	41.96	53.04	61.12	41.53	41.24	38.63	33.33
435	62.33	68.32	53.12	52.87	51.12	46.11	59.11	67.31	47.38	47.05	44.47	38.33
440	66.81	72.76	57.69	57.54	55.91	50.48	65.08	73.10	53.43	53.05	50.80	43.73
445	71.18	76.87	62.37	62.21	60.90	54.95	70.75	78.27	59.68	59.27	57.34	49.64
450	75.24	80.57	67.05	66.88	65.78	59.64	76.01	82.74	65.93	65.38	63.78	55.66
455	78.98	83.74	71.62	71.34	70.57	64.22	80.57	86.50	71.77	71.08	70.12	61.77
460	82.28	86.48	75.88	75.58	75.15	68.80	84.51	89.64	77.12	76.37	75.96	67.69
465	85.06	88.70	79.73	79.30	79.23	73.06	87.85	91.98	81.75	81.06	80.99	73.19
470	87.41	90.50	83.16	82.70	82.89	77.10	90.49	93.81	85.79	85.13	85.41	78.19
475	89.33	91.87	85.97	85.56	85.85	80.72	92.61	95.13	89.11	88.39	88.93	82.57
480	90.93	92.93	88.36	88.00	88.39	83.92	94.23	96.04	91.73	91.04	91.75	86.34
485	91.89	93.66	89.92	89.60	90.02	86.16	95.24	96.65	93.45	92.77	93.56	88.79
490	92.96	94.40	91.58	91.30	91.65	88.50	96.15	97.16	95.06	94.40	95.07	91.44
495	93.81	95.04	92.83	92.57	92.97	90.42	96.76	97.56	96.17	95.62	96.18	93.37
500	94.45	95.46	93.87	93.63	93.99	91.91	97.17	97.77	96.88	96.54	96.88	94.90
505	94.98	95.99	94.59	94.48	94.70	93.18	97.57	97.97	97.38	97.15	97.38	96.02
510	95.41	96.30	95.22	95.12	95.42	94.14	97.77	98.17	97.68	97.56	97.79	96.84
515	95.84	96.62	95.74	95.65	95.93	94.89	97.98	98.38	97.98	97.86	98.09	97.35
520	96.16	96.94	96.26	96.18	96.33	95.53	98.18	98.48	98.19	98.17	98.29	97.76

续表

热模拟温度/℃	31号样品 累积生烃转化率/%						33号样品 累积生烃转化率/%					
	5℃/min升温速率		15℃/min升温速率		5℃/min升温速率		15℃/min升温速率		5℃/min升温速率		15℃/min升温速率	
	实测	计算	实测	计算	实测	计算	实测	计算	实测	计算	实测	计算
525	96.48	97.25	96.57	96.60	96.74	96.06	98.28	98.58	98.39	98.37	98.49	98.06
530	96.80	97.57	96.99	96.92	97.05	96.59	98.48	98.78	98.59	98.57	98.59	98.27
535	97.12	97.78	97.30	97.24	97.45	96.91	98.58	98.88	98.69	98.68	98.79	98.47
540	97.44	97.99	97.51	97.56	97.66	97.34	98.68	98.98	98.89	98.78	98.89	98.67
545	97.65	98.20	97.82	97.88	97.96	97.66	98.79	99.09	98.99	98.98	98.99	98.78
550	97.87	98.42	98.13	98.09	98.27	97.87	98.89	99.19	99.09	99.08	99.09	98.98
555	98.19	98.63	98.34	98.30	98.47	98.19	99.09	99.29	99.19	99.19	99.30	99.08
560	98.40	98.84	98.54	98.51	98.68	98.40	99.19	99.39	99.29	99.29	99.40	99.18
565	98.61	98.94	98.75	98.73	98.88	98.72	99.29	99.49	99.40	99.39	99.50	99.29
570	98.83	99.16	98.96	98.94	99.08	98.94	99.39	99.59	99.50	99.49	99.60	99.39
575	99.04	99.26	99.17	99.15	99.29	99.15	99.49	99.59	99.60	99.59	99.60	99.49
580	99.25	99.47	99.38	99.36	99.39	99.36	99.60	99.70	99.70	99.69	99.70	99.59
585	99.36	99.58	99.48	99.47	99.59	99.47	99.70	99.80	99.80	99.80	99.80	99.69
590	99.57	99.68	99.69	99.68	99.69	99.68	99.80	99.90	99.90	99.90	99.90	99.80
595	99.79	99.89	99.79	99.79	99.80	99.79	99.90	99.90	99.90	99.90	100.00	99.90
600	100.00	100.00	99.90	100.00	99.90	100.00	100.00	100.00	100.00	100.00	100.00	100.00
601	100.00	100.00	100.00	100.00	100.00	100.00	100.00	100.00	100.00	100.00	100.00	100.00

由表 5.16 和图 5.15 可见，混合生源 II 型烃源岩的生烃期 R_o 为 0.54%～1.32%，在 3℃/Ma 的地质升温速率条件下，它对应的地质温度范围为 98～170℃。海相混合生源 I 型烃源岩主生烃期 R_o 为 0.62%～1.09%，在 3℃/Ma 的地质升温速率条件下，它对应的地质温度范围为 108～156℃。

表 5.16 里奥穆尼盆地地质升温速率下（3℃/Ma）烃源岩累积生烃转化率与 R_o 关系

累积生烃转化率/%	混合生源 II 型烃源岩		混合生源 I 型烃源岩	
	R_o/%	地层温度/℃	R_o/%	地层温度/℃
10	0.54	98	0.62	108
20	0.64	112	0.71	122
80	1.05	154	0.98	150
90	1.32	170	1.09	156

很显然，开始大量生烃时，混合生源I型烃源岩比混合生源II型烃源岩所需成熟度和地质温度更高；而结束生烃的成熟度和地质温度，则是混合生源I型烃源岩比混合生源II型烃源岩低。这种生烃特征的差别反映了不同类型烃源岩生烃机理上的差别，正如前面所指出的，混合生源II型烃源岩的活化能分布比混合生源I型烃源岩宽广，且活化能值低，因此生烃门限低。

（一）下刚果盆地

根据模拟实验数据，采用数值模拟计算得出下刚果盆地的不同有机相类型海相烃源岩样品的 R_o 值及相应的烃源岩生烃转化率。表 5.17 列出了 R_o 模型使用的化学计量因子和活化能。

表 5.17　下刚果盆地 R_o 模型使用的化学计量因子和活化能

i	f_i	$E_i/$ (kcal/mol)	i	f_i	$E_i/$ (kcal/mol)
1	0.03	34	11	0.06	54
2	0.03	36	12	0.06	56
3	0.04	38	13	0.06	58
4	0.04	40	14	0.05	60
5	0.05	42	15	0.05	62
6	0.05	44	16	0.04	64
7	0.06	46	17	0.03	66
8	0.04	48	18	0.02	68
9	0.04	50	19	0.02	70
10	0.07	52	20	0.01	72

由表 5.18 可知，在 3℃/Ma 的地质升温速率条件下，局限海富腐泥组有机相烃源岩大量生烃的地质温度为 134～159 ℃，外浅海壳-腐组合有机相烃源岩主生烃的地质温度为 133～161 ℃，而内浅海镜-壳组合有机相烃源岩主生烃的地质温度为 101～133 ℃（图 5.16）。局限海富腐泥组有机相和外浅海壳-腐组合有机相烃源岩的地质生烃温度区

表 5.18　下刚果盆地质升温速率下（3 ℃/Ma）烃源岩累积生烃转化率与平均地质外推生烃温度关系

累积生烃	平均地质外推生烃温度/℃		
转化率/ %	局限海富腐泥组有机相	外浅海壳-腐组合有机相	内浅海镜- 壳组合有机相
10	134	133	101
90	159	161	133

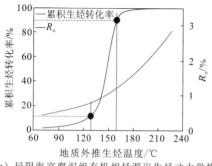

（a）局限海富腐泥组有机相烃源岩生烃动力学模拟

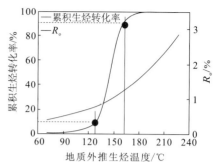

（b）外浅海壳-腐组合有机相烃源岩生烃动力学模拟

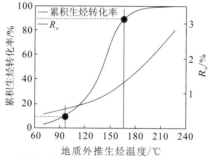

（c）内浅海镜-壳组合有机相烃源岩生烃动力学模拟

图 5.16　下刚果盆地不同有机相类型烃源岩在地质升温速率为 3℃/Ma 情况下的生烃动力学模拟

间较窄，它们开始生烃地质温度要高于内浅海镜-壳组合有机相，而结束生烃的地质温度也要高于后者。这种生烃特征的差别反映了不同有机质类型烃源岩生烃机理上的差别。这与局限海富腐泥组有机相和外浅海壳-腐组合有机相的显微组分以壳质组和腐泥组为主有关。

（二）尼日尔三角洲盆地

由表 5.19 可知，在 3℃/Ma 的地质升温速率条件下，尼日尔三角洲不同有机相类型的烃源岩的地质外推生烃起始温度比较接近，起始生烃温度约为 90℃，而结束生烃温度约为 165℃（图 5.17）。前三角洲浅海壳-腐组合有机相烃源岩的地质生烃温度区间较窄，这与它的显微组分以壳质组和腐泥组为主有关。

表 5.19　尼日尔三角洲盆地地质升温速率下（3℃/Ma）烃源岩累积生烃转化率与平均地质外推温度关系

累积生烃转化率/%	平均地质外推生烃温度/℃		
	前三角洲浅海壳-腐组合有机相	近岸沼泽镜-壳组合有机相	三角洲前缘浅海镜-壳组合有机相
10	94	86	98
90	166	162	177

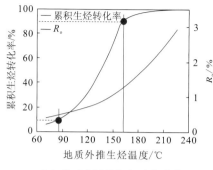

（a）前三角洲浅海壳-腐组合有
机相烃源岩生烃动力学模拟

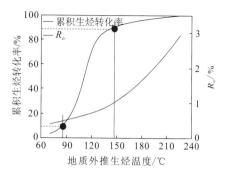

（b）近岸沼泽镜-壳组合有机
相烃源岩生烃动力学模拟

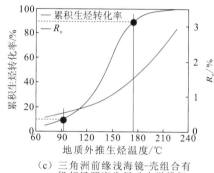

（c）三角洲前缘浅海镜-壳组合有
机相烃源岩生烃动力学模拟

图 5.17　尼日尔三角洲不同有机相类型烃源岩在地质升温速率为 3 ℃/Ma 情况下的生烃动力学模拟

尼日尔三角洲 3 个不同有机相类型的烃源岩地质外推生烃温度范围比较一致，较下刚果盆地的烃源岩地质外推生烃温度范围明显要宽，正如前面所指出的，这种生烃特征的差别反映了两个不同盆地烃源岩显微组分存在较大的差别。

三、不同类型海相烃源岩生烃机理

（一）不同成因类型海相烃源岩生烃机理

在对 31 个样品的生烃动力学模拟结果进行综合分析的基础上，与前人的研究成果进行比较研究，归纳得出不同成因类型海相烃源岩的生烃活化能分布及对其在地质条件下生烃动力学过程的模拟（图 5.18 和图 5.19）。

由图 5.18 和图 5.19 可见，不同成因类型海相烃源岩的生烃特征不同，具体表现在以下三个方面。

（1）活化能的分布：海相内源型的烃源岩活化能分布较为集中，海相陆源型烃源岩较为分散；主要生烃阶段的活化能分布范围为海相陆源型 III 型干酪根（镜惰质组为主）>混合生源型>海相陆源型 II 型干酪根（壳质组为主）>海相内源型。

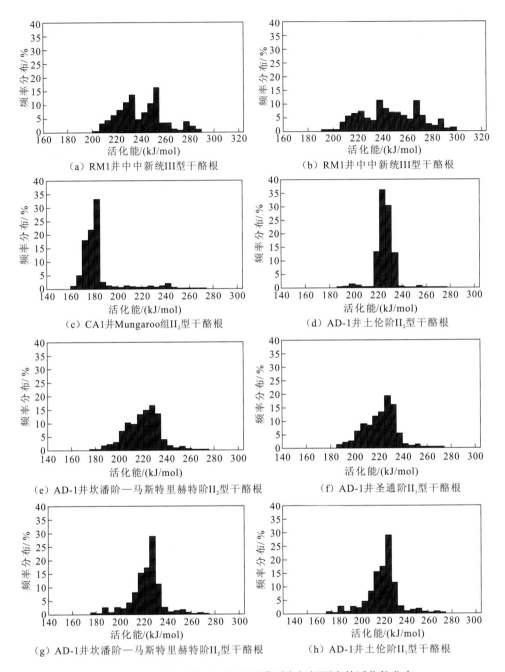

图 5.18　大陆边缘盆地不同成因类型海相烃源岩的活化能分布

（a）（b）为海相陆源型（陆源显微组分以镜惰质组为主）活化能分布；（c）（d）为海相陆源型（陆源显微组分以壳质组为主）活化能；（e）（f）为海相混合 II 型活化能分布；（g）（h）为海相混合 I 型活化能分布

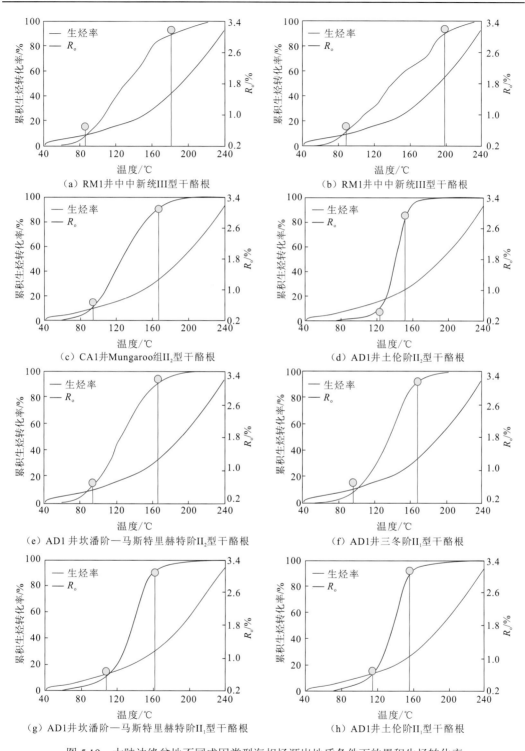

图 5.19 大陆边缘盆地不同成因类型海相烃源岩地质条件下的累积生烃转化率

（a）（b）为海相陆源型烃源岩（以镜质组和惰质组为主）；（c）（d）为海相陆源型烃源岩（以壳质组为主）；（e）（f）为海相混合 II 型烃源岩；（g）（h）为海相混合 I 型烃源岩

（2）生烃门限温度为海相内源型>混合生源型>海相陆源型 II 型干酪根（壳质组为主）>海相陆源型 III 型干酪根（镜惰质组为主）。

（3）主生烃期温度范围为海相陆源型 III 型干酪根（镜惰质组为主）>混合生源型>海相陆源型 II 型干酪根（壳质组为主）>海相内源型。

不同成因类型海相烃源岩的生烃特征差异明显，从机理上而言，显微组分是油气生成的基本单元，而海相烃源岩有机质由不同显微组分组合而成，各显微组分的活化能、生烃转化率及油气产率差异决定了各成因类型海相烃源岩的生烃特征的差异。见表 5.20，显微组分平均活化能分布为藻类体>角质体>镜质体>孢子体>木栓质体>树脂体。

表 5.20　常见显微组分的生烃动力学参数

显微组分	镜质体	木栓质体	孢子体	角质体	树脂体	藻类体
指前因子/min^{-1}	1.282×10^{16}	2.505×10^{12}	1.532×10^{16}	2.032×10^{17}	1.055×10^{13}	1.892×10^{20}
平均活化能/（kJ/mol）	216.57	167.33	210.76	234.08	167.16	280.06

藻类体的活化能明显较高，生烃需要的能量更高。树脂体和木栓质体的活化能明显较低，在演化早期可生成未熟油。王铁冠等（1995）的研究也表明，不同显微组分的生烃门限温度次序是树脂体<木栓质体<镜质体<孢子体<角质体<藻类体；主生烃期温度区间分布范围则是镜质体>孢子体>角质体>树脂体>藻类体>木栓质体。

由多种显微组分构成的不同成因类型的海相烃源岩，其生烃特征取决于构成生烃母质的显微组分。因此，就某一特定类型的烃源岩来说，它体现出一种整体性和平均化的生烃特征。总体而言，海相内源型烃源岩生烃门限温度高，结束生烃温度较低，主生烃期短，以生油为主。海相陆源型烃源岩一般有机相生烃门限较低，结束生烃温度较高，主生烃期长，以生气为主。混合生源型和部分海相陆源型的生烃门限介于两者之间，由于混合生源型烃源岩的有机质既有水生生物的输入，又有陆源高等植物的输入，随着藻类有机质输入的增加，烃源岩的生烃门限温度增高，而且结束生烃温度较海相内源型延长，即主生烃期较长，具有明显的倾油和倾气性。若海相陆源型烃源岩中壳质组分增加或是高等植物物质的"腐泥化"，将会改变干酪根的性质，导致烃源岩有机质富氢，而具有一定的生油潜力。

不同类型烃源岩倾油气性也是由组成生烃母质的显微组分的气油比所决定的。图 5.20 展示了在生烃模拟实验过程中，主要显微组分的油气产率随温度的变化规律。很明显，低等水生生物来源有机质的产烃气油比较低，惰质组和镜质组的产烃气油比极高，而壳质组的产烃气油比较均衡。显微组分组成的差别造成了不同类型海相烃源岩生油活化能和生气活化能分布的差别，进而控制了生烃产物的气油比。

如图 5.21 所示，从生油、生气的活化能的分布，可以确定三种不同类型海相烃源岩累积生烃产物的气油比分别为海相内源型 205∶1、海相陆源型（III 型干酪根）786∶1、混合生源型（II 型干酪根）205∶1 和海相陆源型（II 型干酪根）300∶1。

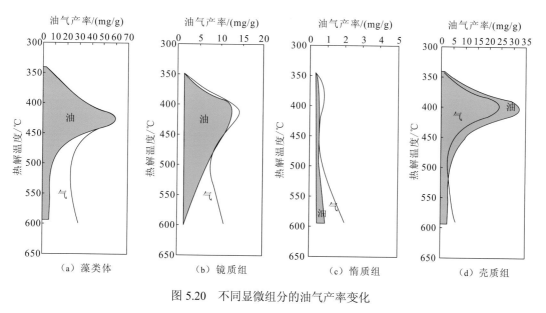

图 5.20　不同显微组分的油气产率变化

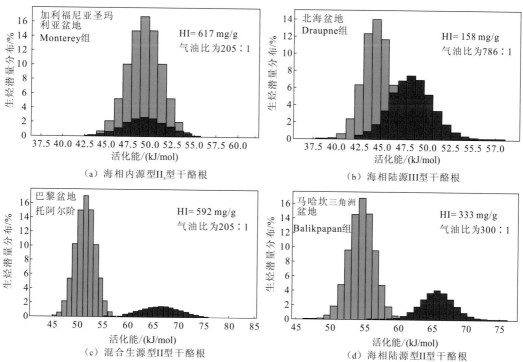

图 5.21　不同成因类型海相烃源岩的生烃潜量分布与活化能关系

（二）重点盆地不同类型有机相海相烃源岩生烃机理

下刚果盆地和尼日尔三角洲盆地不同有机相类型海相烃源岩的生烃动力学特征总结见表 5.21 和表 5.22。在下刚果盆地，局限海富腐泥组有机相和外浅海壳-腐组合有机相的生烃地质外推温度范围更小，活化能分布更为集中，生烃更为集中，时间更短，更有利于油气的成藏，其显微组分组成以矿物沥青基质和壳质组为主，是优质倾油型烃源岩。而内浅海镜-壳组合有机相的生油窗地质外推温度范围略宽，且初始生烃温度明显提前，活化能范围更宽，显微组分组成以镜质组和惰质组为主，也混有较高的壳质组，是中等烃源岩。

表 5.21　下刚果盆地不同有机相类型海相烃源岩生烃特征

有机相类型	沉积相	生烃特征			烃源岩性质
		生油窗地质外推温度范围/℃	活化能范围/(kJ/mol)	主活化能/(kJ/mol)	
局限海富腐泥组有机相	局限海	134~159	220~240	225	优质倾油烃源岩
外浅海壳-腐组合有机相	外浅海	133~161	210~240	225	优质倾油烃源岩
内浅海镜-壳组合有机相	内浅海	101~133	180~250	225	中等烃源岩
深水贫有机质有机相	半深海-深海	—	—	—	差烃源岩

表 5.22　尼日尔三角洲盆地不同有机相类型海相烃源岩生烃特征

有机相类型	沉积相	生烃特征			烃源岩性质
		生油窗地质外推温度范围/℃	活化能范围/(kJ/mol)	主活化能/(kJ/mol)	
前三角洲浅海壳-腐组合有机相	外浅海	94~166	170~260	235	优质倾油烃源岩
近岸沼泽镜-壳组合有机相	三角洲平原	86~162	160~270	215	优质倾气烃源岩
三角洲前缘浅海镜-壳组合有机相	滨岸带、内浅海、三角洲前缘亚相	98~177	160~270	230	中等倾油烃源岩
深水重力流含镜质组有机相	浊积扇、海底扇、浊流	—	—	—	差烃源岩
深水贫有机质有机相	半深海-深海	—	—	—	差烃源岩

由表 5.22 可知，尼日尔三角洲盆地中，显微组分组成以矿物沥青基质和壳质组为主的前三角洲浅海壳-腐组合有机相的烃源岩生烃地质外推温度范围更小，活化能分布更为集中，生烃更为集中，时间更短，有利于油气的成藏，是该盆地的优质倾油型烃源岩。近岸沼泽镜-壳组合有机相和三角洲前缘浅海镜-壳组合有机相的生烃地质外推温度范围都较大；以镜质组和惰质组占主导的近岸沼泽镜-壳组合有机相，是优质倾气型烃源岩；而三角洲前缘浅海镜-壳组合有机相在显微组分组成上跟近岸沼泽镜-壳组合有机相接近，是中等烃源岩。

总体而言，从显微组分组成来看，下刚果盆地烃源岩显微组分以矿物沥青基质占优势，且镜质组和惰质组在有机质中占比较小，而尼日尔三角洲盆地的显微组分类型更为丰富，镜质组和惰质组较多，且壳质组的类型多样。受到显微组分组成的影响，就生烃特征来看，下刚果盆地海相烃源岩的活化能分布明显比尼日尔三角洲盆地的海相烃源岩集中得多，生烃期也更短。

四、不同类型海相烃源岩生排烃模式

根据下刚果盆地部分样品所做的开放体系生烃动力学模拟实验结果，基于 Petromod 软件，采用 Pepper 生排烃动力学模型，模拟了几种典型有机相烃源岩的生排烃动力学。

（一）局限海富腐泥组有机相生排烃模式

将典型局限海富腐泥组有机相的生烃动力参数拟合进行地质外推，外推条件为 3 ℃/Ma 的升温速率，采用 R_o 模型，建立了富腐泥组有机相烃源岩的生排烃动力学模式。从建立的生排烃模式结果来看（图 5.22、图 5.23），局限海富腐泥组有机相烃源岩从 R_o=0.6% 左右开始生烃，到 R_o=0.75% 左右开始排烃，到 R_o=0.9% 左右达到生排烃高峰，在 R_o=1.1% 左右明显的生排烃已经基本结束。

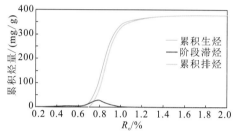
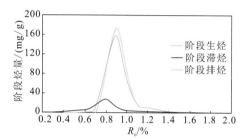

图 5.22　局限海富腐泥组有机相在 3 ℃/Ma 的　　　图 5.23　局限海富腐泥组有机相在 3 ℃/Ma 的
　　　升温速率下 R_o 与累积生排烃模式图　　　　　　　升温速率下 R_o 与阶段生排烃模式图

（二）外浅海壳-腐组合有机相生排烃模式

将典型外浅海壳-腐组合有机相的生烃动力参数拟合进行地质外推，外推条件为 3 ℃/Ma 的升温速率，采用 R_o 模型，建立外浅海壳-腐组合有机相烃源岩的生排烃动力学模式。从建立的生排烃模式来看（图 5.24、图 5.25），外浅海壳-腐组合有机相烃源岩从 R_o=0.6% 左右开始生烃，到 R_o=0.7% 左右开始排烃，到 R_o=0.9% 左右达到生排烃高峰，在 R_o=1.2% 左右明显的生排烃已经基本结束。

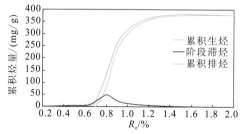
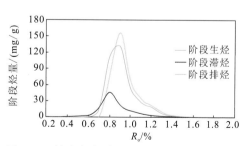

图 5.24　外浅海壳-腐组合有机相在 3 ℃/Ma 的　　　图 5.25　外浅海壳-腐组合有机相在 3 ℃/Ma 的
　　　升温速率下 R_o 与累积生排烃模式图　　　　　　　升温速率下 R_o 与阶段生排烃模式图

（三）内浅海镜-壳组合有机相生排烃模式

将典型内浅海镜-壳组合有机相的生烃动力参数拟合进行地质外推，外推条件为 3℃/Ma 的升温速率，采用 R_o 模型，建立内浅海镜-壳组合有机相烃源岩的生排烃动力学模式。从建立的生排烃模式来看（图 5.26、图 5.27），内浅海镜-壳组合有机相烃源岩从 $R_o=0.4\%$ 左右开始生烃，到 $R_o=0.6\%$ 左右开始排烃，到 $R_o=0.9\%$ 左右达到生排烃高峰，在 $R_o=1.2\%$ 左右明显的生排烃已经基本结束。

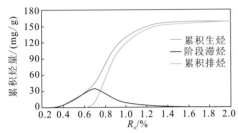

图 5.26　内浅海镜-壳组合有机相在 3℃/Ma 的升温速率下 R_o 与累积生排烃模式图

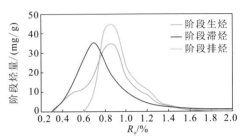

图 5.27　内浅海镜-壳组合有机相在 3℃/Ma 的升温速率下 R_o 与阶段生排烃模式图

第六章 海相烃源岩对油气成藏的控制作用

第一节 下刚果盆地

一、盆地概况

下刚果盆地位于西非刚果（布）和安哥拉国家海上，面积为 $15.71\times10^4\,km^2$，北邻加蓬盆地，南接宽扎盆地，东部为前寒武系变质岩基底，西部以洋壳为界，由北向南横跨加蓬、刚果（布）、刚果（金）和安哥拉 4 个国家。截至 2017 年底，下刚果盆地共有 374 个油气发现，其中陆上 42 个，海上 332 个，累计油气可采储量为 $54.27\times10^8\,m^3$ 油当量，其中在盐下发现油气可采储量为 $5.34\times10^8\,m^3$ 油当量，盐上白垩系发现油气可采储量为 $17.09\times10^8\,m^3$ 油当量，古近系—新近系发现油气可采储量 $31.85\times10^8\,m^3$ 油当量。

二、构造演化与沉积充填

（一）构造演化

早白垩世贝里阿斯期—巴雷姆期，地壳减薄，冈瓦纳大陆解体，非洲大陆和南美大陆间发生陆内裂谷作用，形成平行海岸线的地堑和地垒，发育了一系列北西—南东向克拉通裂谷盆地（孙自明，2016；李涛 等，2012；杨晓娟 等，2012；Valle et al.，2001）。早白垩世欧特里夫末期发生第二次裂谷作用，形成了很深的湖泊，沉积了富含有机质的深水湖相泥页岩地层，是该盆地重要的湖相烃源岩。

早白垩世阿普特期，持续伸展运动最终导致大陆裂开，盆地进入过渡期，从陆相环境向海相环境转变。这一时期海水开始第一次进入盆地，在阿普特期早期盆地内准平原化作用沉积 Chela 组河流相粗粒碎屑砂岩；受沃尔维斯海岭（Walvis Ridge）的影响，南侧的海水周期性地涌入北侧的沉积盆地，沉积了 Loeme 组蒸发盐岩，受后来盐岩活动的影响，不同位置分布不均匀，盆地中心厚度约 3 000 m（Oluboyo et al.，2014）。

晚白垩世开始，由于海平面持续上升、非洲大陆抬升掀斜，产生重力滑动，形成盐岩重力滑脱构造体系（赵鹏 等，2014；于水 等，2012a；Jackson et al.，2008），该时期广泛发育海相沉积。晚白垩世塞诺曼期—土伦期，西非发生区域性的缺氧事件，在盆地范围内广泛沉积了一套暗色泥岩；圣通期至新生代南美洲板块和非洲板块完全分离，南大西洋完全开启，海水正常进入，发育海相泥岩与深水浊流沉积。

（二）沉积充填

下刚果盆地根据其构造演化阶段，其沉积充填可分为裂谷层序、过渡层序和漂移层序（图 6.1）。

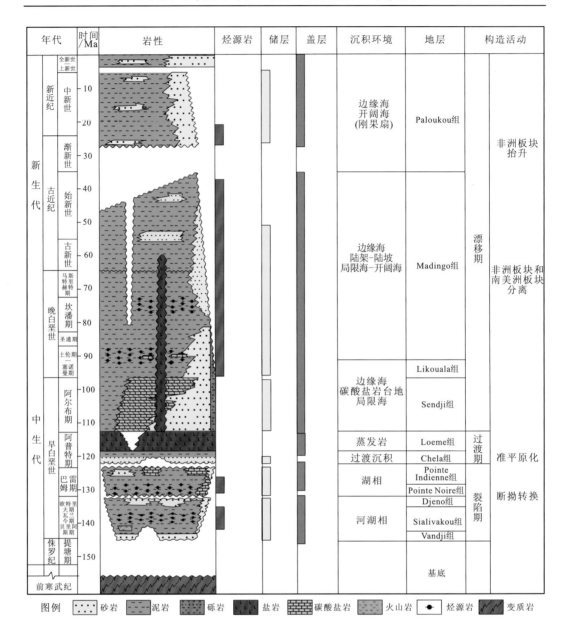

图 6.1 下刚果盆地地层柱状图（IHS Energy Group，2017）

　　裂谷层序位于前寒武系基底之上，属于断陷湖盆沉积，以湖相碎屑岩沉积为主。下部为贝里阿斯阶 Vandji 组砾岩、长石石英砂岩和泥岩。中部为瓦兰今阶—欧特里夫阶 Sialivakou 组砂岩和泥岩互层，横向相变明显。上部为巴雷姆阶 Pointe Indienne 组以泥岩沉积为主，夹砂岩和粉砂岩。在古隆起上部，发育 Toca 组生物碎屑灰岩。

　　裂谷层序与盐层之间发育非常明显的不整合面，不整合面之上为一套准平原化作用发育的阿普特阶 Chela 组砂岩沉积，局部相变为泥岩、钙质粉砂岩和白云岩，厚度大约 60 m，属于早阿普特期沉积。

阿普特阶 Chela 组上覆的蒸发岩为阿普特阶 Loeme 组，由硬石膏、盐岩、钾岩和泥岩组成，厚几十米到 800 m 或更厚。上覆的沉积负荷使之变形并发生底辟作用。膏盐岩在下刚果盆地普遍发育，由于盐拱运动盆地不同部位盐层厚度差别很大，局部厚度可达3 000 m，而其他地区则减薄甚至缺失。

阿尔布阶的 Sendji 组碳酸盐岩和砂岩是盐岩层序之上发育的下刚果盆地第一套被动陆缘地层，以高能浅滩碳酸盐岩沉积为主（张彪 等，2016；于水 等，2012b；程涛 等，2012），之上为塞诺曼阶 Likouala 组沉积的滨岸砂岩和页岩，构成了下刚果盆地盐上层序的一套重要的储层。之后，沉积了土伦阶—马斯特里赫特阶 Madingo 组海相缺氧泥岩，形成了盆地盐上的主力烃源岩。渐新世以来，全球海平面降低，古刚果河复活，向盆地内部输送大量物源，形成了西非仅次于尼日尔三角洲的巨大刚果扇体系，厚度可达 6 000 m，统称为 Paloukou 组（渐新统—第四系），是一套深海泥岩夹浊积水道砂岩的地层（王琳霖 等，2015；王振奇 等，2013；Savoye et al.，2009；Anka et al.，2009；Dale et al.，2002；Cole et al.，2000），Paloukou 组浊积砂岩是目前下刚果-刚果扇盆地最重要的储层和产层。

三、海相烃源岩特征

下刚果盆地漂移期发育三套烃源岩，分别为上白垩统塞诺曼阶 Likouala 组、土伦阶—始新统 Madingo 组和渐新统—中新统 Paloukou 组底部，其中 Madingo 组烃源岩以泥岩和灰质泥岩为主，生烃潜力最大，是漂移期的主力烃源岩（季少聪 等，2018，2017；黄兴 等，2017 a，2017b；曹军 等，2014）（图6.2）。

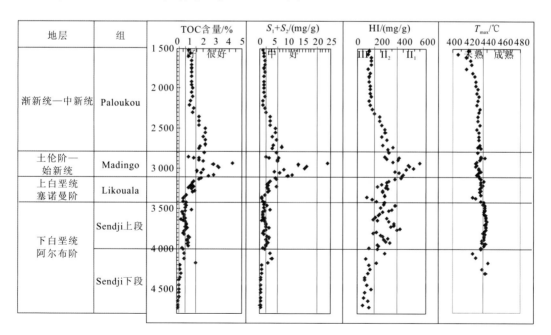

图 6.2　下刚果盆地 MH-1 井地球化学剖面

（一）烃源岩有机相特征

基于海相烃源岩的成因类型，根据烃源岩的地震相、沉积相、地球化学特征和显微组分组成，将下刚果盆地海相烃源岩由陆地向海洋划分为 4 种有机相，分别为内浅海镜-壳组合有机相、外浅海壳-腐组合有机相、局限海富腐泥组有机相和深水贫有机质有机相。

Madingo 组包含 4 种有机相类型（图 6.3），由陆地向海洋分别为：内浅海镜-壳组合有机相，其 TOC 含量为 0%～2.0%；外浅海壳-腐组合有机相，其 TOC 含量为 2.0%～4.0%；局限海富腐泥组有机相，TOC 含量为 2.0%～4.0%；深水贫有机质有机相，其 TOC 含量<0.5%。以上 4 种有机相特征已在第二章论述。Madingo 组除局限海富腐泥组有机相之外，其他类型有机相与 Likouala 组一致，但其分布范围及 TOC 含量与 Likouala 组明显不同。

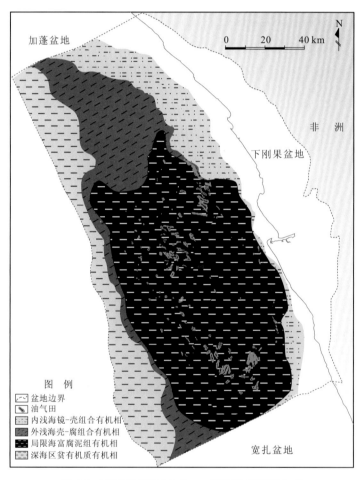

图 6.3　下刚果盆地 Madingo 组有机相平面分布

Likouala 组包含三种有机相类型，由陆地向海洋分别为：内浅海镜-壳组合有机相，其 TOC 含量为 1.0%～1.5%；外浅海壳-腐组合有机相，其 TOC 含量为 1.5%～2.0%；以及深水贫有机质有机相，其 TOC 含量<1.5%。

Paloukou 组包含两种有机相类型，由陆地向海洋分别为深水贫有机质有机相，其 TOC 含量<1.0%，以及深水重力流含镜质组有机相，其分布范围与刚果扇的沉积范围相一致。

（二）地球化学特征

Madingo 组烃源岩的 TOC 含量为 1.3%～4.3%，平均值为 2.3%；S_2 为 3.3～26.3 mg/g，平均值为 10.2 mg/g；HI 为 256～550 mg/g，平均值为 388 mg/g，以 II_1 型干酪根为主（图 6.4）。其显微组分以腐泥组和壳质组为主，表明其生源贡献以低等水生生物为主，其中腐泥组占比为 33%，壳质组占比为 18%，镜质组占比为 37%，惰质组占比为 12%。

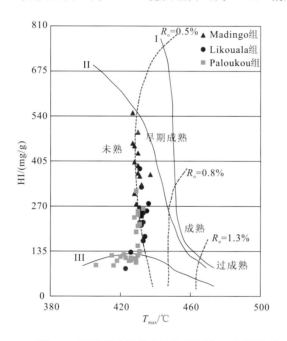

图 6.4　下刚果盆地盐上海相烃源岩干酪根类型

Likouala 组烃源岩以灰质和硅质泥岩为主，TOC 含量为 0.5%～2.5%，平均值为 1.2%；S_2 为 0.4～9.6 mg/g，平均值为 3.1 mg/g；HI 为 83～392 mg/g，平均值为 241 mg/g，以 II_2 型干酪根为主。Paloukou 组烃源岩为海相泥岩，TOC 含量为 0.9%～2.2%，平均值为 1.4%；S_2 为 1.1～7.6 mg/g，平均值为 2.7 mg/g；HI 为 92～316 mg/g，平均值为 159 mg/g，以 II_2/III 型干酪根为主。

（三）测井及地震相特征

MH-1 井钻遇 Madingo 组烃源岩为一套厚层泥岩夹泥灰岩，测井曲线呈高幅箱形、漏斗形（图 6.5）；在地震剖面上呈现低频、平行-亚平行、较连续的地震反射特征，在盆地范围内较易识别和追踪。根据烃源岩层段岩性组合特征和地震反射结构，在盆地范围内由陆地向海洋发育三种类型地震相。

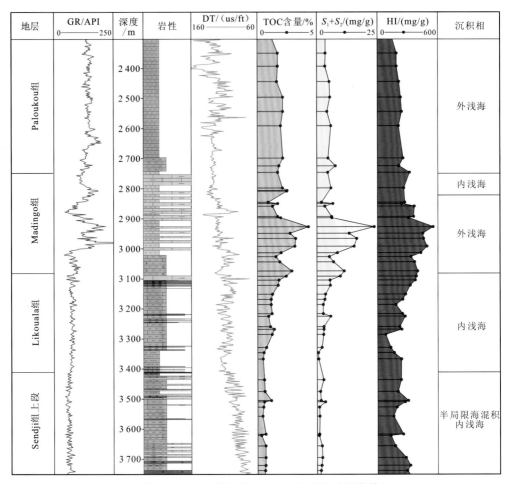

图 6.5　MH-1 井钻遇 Madingo 组烃源岩测井特征

Ⅰ类：中低频连续中弱振幅反射特征，岩性组合为大套泥灰岩与泥岩互层为主，夹白云岩、灰岩和薄层粉砂岩。下刚果盆地的 LK-1 井在 Madingo 组钻遇了约 430 m 厚的大套泥岩与泥灰岩互层，其中泥岩厚 200 m，泥灰岩厚 230 m。地震反射特征为中低频连续中弱振幅。

Ⅱ类：低频连续强振幅反射特征，岩性组合为厚层泥岩为主，夹薄层泥质粉砂岩、粉砂质泥岩与泥质灰岩。下刚果盆地 MH-1 井在塞诺曼阶—土伦阶 Madingo 组烃源岩层段钻遇 340 m 厚的海相泥岩夹薄层泥质灰岩，地震相为低频连续强振幅反射（图 6.6）。

Ⅲ类：低频弱中续弱振幅反射特征，无井钻遇，推测岩性以厚层泥岩为主。

（四）热演化与生排烃期次

Madingo 组烃源岩成熟度在盆地范围内呈现南高北低的特点。在盆地南部，由于后期巨厚的新近系—第四系刚果扇地层沉积，Madingo 组烃源岩达到成熟-高成熟的演化阶段，同时局部 Madingo 组烃源岩被盐岩的剧烈滑动而拉空，造成局部缺失（图 6.7）。盆地北部，上覆刚果扇地层厚度薄，大部分烃源岩现今为未成熟-低成熟阶段。

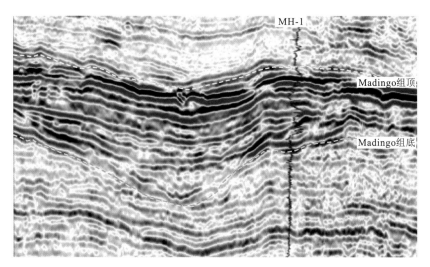

图 6.6 MH-1 井钻遇 Madingo 组烃源岩地震相特征

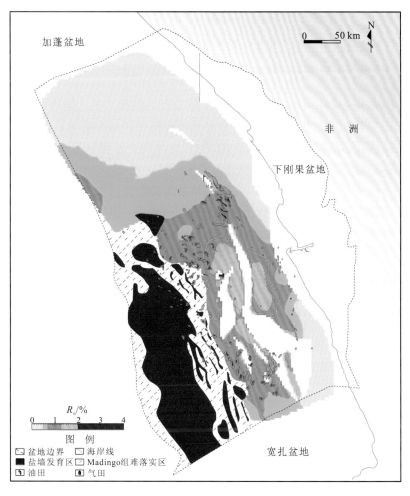

图 6.7 下刚果盆地 Madingo 组烃源岩底面现今成熟度图

以位于盆地中北部的某区块为例，通过盆地模拟显示 Madingo 组烃源岩在中新世早期进入排烃阶段，现今仍处于排烃高峰阶段（图 6.8）。

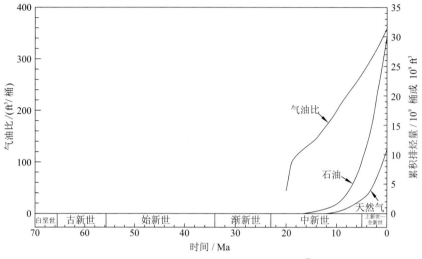

图 6.8　Madingo 组烃源岩排烃史[①]

（五）优质海相烃源岩展布

下刚果盆地 Madingo 组由陆地向海洋发育 4 种有机相，依次为内浅海镜-壳组合有机相、外浅海壳-腐组合有机相、局限海富腐泥组有机相和深水贫有机质有机相。内浅海镜-壳组合有机相发育的烃源岩以 II_1—III 型有机质为主，显微组分以镜质组为主，含30%～50%的壳质组和腐泥组，生烃潜力为中等—好。外浅海壳-腐组合有机相发育的烃源岩以 II 型有机质为主，显微组分以壳质组和腐泥组为主，生烃潜力好。局限海富腐泥组有机相发育的烃源岩以 II_1 型有机质为主，腐泥组较多，生烃潜力很好。深水贫有机质有机相发育较差的烃源岩。从上述 4 种有机相的烃源岩特征来看，下刚果盆地 Madingo组烃源岩在平面上展现出较强的非均质性，其中优质海相烃源岩主要分布在现今盆地深水区的外浅海壳-腐组合有机相和局限海富腐泥组有机相（图 6.9）。

四、油气分布与富集特征

（一）典型油气田解剖

1. MH 油田

MH 油田位于盐岩拉张形成的微盆构造带，油田水深 800 m。1995 年钻探了第一口探井 MH-1 井，发现该油田。在下白垩统 Sendji 组碳酸盐岩储层和古近系—第四系Paloukou 组浊积水道砂岩储层发现油层，MH-1 井在碳酸盐岩储层测试产能为 349.77～

---

① 10^9 桶=1.59 $\times 10^8 m^3$，$10^9 ft^3$=2.83 $\times 10^7 m^3$，1ft^3/桶=0.18 m^3/m^3

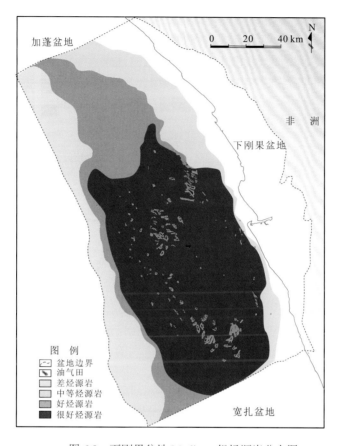

图 6.9 下刚果盆地 Madingo 组烃源岩分布图

747.24 m³/d，MH-3 井在新近系中新统水道砂岩储层测试产能为 959.49 m³/d。油田面积为 56.27 km²，已发现石油可采储量为 95.39×10⁶ m³，天然气可采储量为 60.88×10⁸ m³，2008 年 4 月投产，截至 2014 年底，累计生产原油 23.37×10⁶ m³，原油密度为 0.88～0.92 g/cm³。

1）烃源岩条件

油田整体位于古近纪—新近纪形成的地垒构造背景，两侧为盐岩拉张形成的微盆，MH-1 井钻遇 Madingo 组优质烃源岩，TOC 含量为 1.3%～4.3%，平均值为 2.3%；S_2 为 3.3～26.3 mg/g，平均值为 10.2 mg/g；HI 为 256～550 mg/g，平均值为 388 mg/g，以 II$_1$ 型干酪根为主。该套烃源岩在地震反射特征上具有低频连续强反射的特征，分布范围广，厚度较稳定。在微盆内烃源岩现今已达到成熟-高成熟阶段。油源对比证实，MH 油田的原油主要来自 Madingo 组烃源岩。

2）储层条件

油田钻遇的碳酸盐岩储层发育于浅海碳酸盐岩台地缓坡台地相带，有利储层的发育主要受控于一系列盐筏的展布。MH-1 井在 Sendji 组下段钻遇浅海碳酸盐岩台地缓坡台地颗粒滩、鲕滩和砂质浅滩储层。其中颗粒灰岩和粉砂质白云岩是主要储层。颗粒灰岩储层厚度为 17～25 m；孔隙度为 4%～23%，平均孔隙度为 16.2%；渗透率为 1～37 mD，平均渗透率为 5.5 mD。粉砂质白云岩厚度为 0.3～7 m；孔隙度为 8%～28%，平均孔隙度为 18.8%；渗透率为 1～34 mD，平均渗透率为 4.4 mD。

油田古近系中新统浊积水道砂岩储层，埋藏浅，成岩作用弱，颗粒以点接触为主，发育大量的原生粒间孔，孔隙连通性好。MH-3 井在 2 075.8～2 105.6 m 段，岩心孔隙度为 25.1%～37.9%，平均值为 34.4%；渗透率为 2 170～2 900 mD，平均值为 2535 mD。

3）盖层条件

下白垩统 Sendji 组下段储层上覆盖层为 Sendji 组上段泥质灰岩和灰质泥岩，厚度约 500 m。新近系—第四系整体为深海相泥岩沉积背景，局部发育的浊积水道砂岩上部为稳定的厚层泥岩，保存条件好。

4）圈闭条件

油田位于受两条边界断层控制形成的断块构造背景之上。下白垩统 Sendji 组下段为断块圈闭，形成于早白垩世，在中新世受到非洲板块掀斜的影响进一步调整，在中新世末期定型。新近系浊积水道为构造-岩性复合圈闭，形成于中新世末。

5）成藏事件

MH 油田的油源主要来自紧邻微盆内的 Madingo 组烃源岩，中中新世开始排烃，现今为排烃高峰。白垩系和新近系圈闭形成时间均在排烃高峰之前，成藏匹配关系好。油气输导体系与圈闭配置好，圈闭两侧的断层为有利的垂向运移通道，断距大，活动时间长，输导油气效率高。

6）成藏控制因素

MH 油田之所以形成大型油田，其成藏控制因素可以概括为：①有利的构造背景，油田区位于强烈的盐岩拉张区形成的垒块之上，发育大型的圈闭，同时两侧为有利的生烃灶，是油气运聚的优势方向；②有利储集相带，下白垩统位于有利的碳酸盐岩储层相带，新近系发育大规模的浊积水道；③有利保存条件，下白垩统和新近系储层上覆均发育良好的盖层，在油气充注后未发生较大规模的构造活动，圈闭保存条件好。新近系油藏埋藏深度在 1 000 m 之下，生物降解作用弱，原油基本未受到次生破坏。

2. G 油田

G 油田位于盐岩底辟构造带，油田水深 1 250～1 400 m。1996 年钻探了第一口探井 G-1 井，发现该油田，主力储层为渐新统 Paloukou 组浊积水道砂岩，是下刚果盆地第一个巨型油田。G-1 井在渐新统浊积水道砂岩储层测试产能为 1 987.34 m³/d。油田面积 96.5 km²，已发现石油可采储量 1.59×10^8 m³，天然气可采储量 269.01×10^8 m³，2001 年 12 月投产，截至 2016 年底，累计生产原油 1.36×10^8 m³，天然气 9.72×10^8 m³，原油密度为 0.86 g/cm³，原油黏度为 1～1.3 mPa·s。

1）烃源岩条件

油田位于底辟形成的微盆之间，下伏发育 Madingo 组优质烃源岩，以 II 型干酪根为主，现今已达到成熟-高成熟阶段。

2）储层条件

油田储层为古近系渐新统浊积水道砂岩储层，顶面埋深 1 150 m，与 MH 油田新近系中新统的储层相当，成岩作用弱，原生孔隙发育。砂岩为中-粗粒砂岩，储层孔隙度为

22%～36.6%，平均值为 27%；渗透率为 550～9 300 mD，平均值为 4 200 mD。

　　3）盖层条件

　　浊积水道砂岩之上为稳定的半深海-深海相沉积的厚层泥岩，厚度为大于 100 m，保存条件好。

　　4）圈闭条件

　　油田位于底辟之间，受挤压作用而形成的背斜构造背景，在背斜之上的浊积水道侧向或上倾尖灭。油田的多套储层均为构造-岩性圈闭，形成于渐新世，在中新世进一步调整，更新世—全新世定型。

　　5）成藏事件

　　G 油田的油源主要来自下伏微盆内的 Madingo 组烃源岩，中中新世末开始排烃，现今为排烃高峰。古近系渐新统构造-岩性圈闭形成时间早于排烃高峰，成藏匹配关系好。底辟活动和断裂是良好的油气运移通道，与圈闭配置好，底辟活动时间长，输导油气效率高。

　　6）成藏控制因素

　　G 油田之所以形成巨型油田，其成藏控制因素可以概括为：①有利的构造背景，油田区位于强烈的底辟构造区形成的构造-岩性圈闭中，下伏为成熟的生烃灶，近源成藏（图 6.10）；②浊积水道砂体发育，古近纪渐新世发育大规模的复合浊积水道，垂向间互，

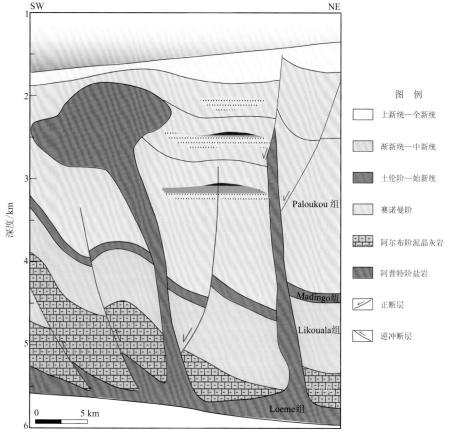

图 6.10　G 油田成藏模式图

侧向叠置，三套主力储层厚度累计 240 m；③有利保存条件，浊积水道砂岩储层上覆均发育良好的泥岩盖层，后期圈闭保存条件好。油藏埋藏深度在 1 000 m 之下，生物降解作用弱，原油基本未受到次生破坏。

（二）油气分布特征

纵向上，下刚果盆地发育多套成藏层系，油气集中分布在三个成藏层系：①深层盐下河湖相碎屑砂岩、湖相碳酸盐岩层系，发现油气可采储量总计 7.64×10^8 m^3，占盆地已发现总可采储量的 12%；②中层盐上下白垩统阿尔布阶—上白垩统陆架边缘海相碳酸盐岩、滨浅海砂岩层系，发现油气可采储量 23.22×10^8 m^3，占盆地已发现总可采储量的 37%；③浅层盐上渐新统—中新统深水浊积碎屑砂岩层系，发现油气可采储量 32.50×10^8 m^3，占盆地已发现总可采储量的 51%。由此可见，下刚果盆地由深层白垩系至浅层新近系均分布有大量的油气，盐上阿尔布阶海相碳酸盐岩和新近系深水浊积碎屑砂岩层系是盆地的勘探主要目的层。

平面上，下刚果盆地油气藏呈平行海岸线分布，具有明显的分带性（图 6.11）。以深层盐下层系成藏的油气田主要分布在盆地的东北部陆上及浅水区，以中小型油气田为主 [图 6.11(a)]；以中层下白垩统阿尔布阶层系成藏的油气田集中分布在陆架边缘附近，以中小型油气田为主 [图 6.11(b)]，其中浅水区北部以中型油气田分布为主，浅水区南部以小型油气田分布为主；以浅层新近系层系成藏的油气田集中分布在盆地深水区的刚果扇沉积区域内，以大中型油气田为主 [图 6.11(c)]，其中深水区南部及中部以大型油气田分布为主，深水区北部以中型油气田分布为主。由此可见，由陆地向海洋，下刚果盆地含油层系年代逐渐变新，先由深层盐下层系到中层盐上阿尔布阶层系，再过渡为浅层新近系层系。

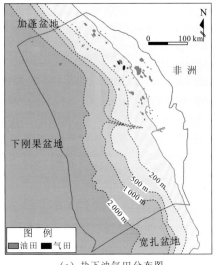

（a）盐下油气田分布图

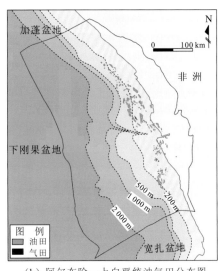

（b）阿尔布阶—上白垩统油气田分布图

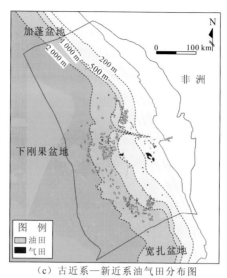

(c) 古近系—新近系油气田分布图

图 6.11　下刚果盆地油气平面分布特征

（三）油气富集特征

下刚果盆地浅水区与深水区油气富集具有较大的差异性。浅水区以中小型油气田为主，油气主要集中分布在深层盐下碎屑岩与中层盐上海相碳酸盐岩层系，烃源岩主要为盐下湖相烃源岩；而深水区以大中型油气田为主，油气集中分布在浅层新近系深水浊积碎屑岩层系，烃源岩主要为盐上 Madingo 组海相烃源岩。

勘探已证实烃源岩是控制下刚果盆地浅水区与深水区油气分布差异的主要因素（赵红岩 等，2013，2012；丁汝鑫 等，2009；Burwood et al.，1990）。该盆地陆上及浅水区以盐下裂谷期地层沉积为主，盐上地层沉积发育厚度薄，并且缺失新近系刚果扇沉积，盐上烃源岩基本不发育，油气主要集中分布在盐下裂谷层系和盐上阿尔布阶海相碳酸盐岩层系。该盆地深水区油气发现主要集中在盐上古近系—新近系，新近系刚果扇发育，盐上优质海相烃源岩发育，烃源岩上覆最大沉积厚度在 6 000～8 000 m，钻井证实盐上烃源岩达到成熟且主力生烃灶主要分布在盆地中南部，已发现的油气主要围绕生烃灶呈环状展布。

1. 浅水区油气分布的南北差异性

以近东西向的扎伊尔（Zaire）转换断层为界，其位于现今的刚果河口附近，将下刚果盆地分为南北两部分。该盆地浅水区南部油气田规模以小型油气田为主，而北部以中小型油气田为主，这种分布特点主要是受盆地中部转换断层的影响，盆地北部和南部盐下裂谷期构造发育具有不均一性，南弱北强。南部裂陷期地堑不发育，或者发育规模较小，盐下烃源岩受裂陷地堑和半地堑的控制，分布较局限，发育规模也有限。北部地堑较为发育，盐下地层埋深在 4 000～6 000 m，烃源岩分布广泛，发育规模较大。因此，下刚果盆地地堑发育规模直接控制盐下湖相烃源岩的发育程度，而有效烃源岩的发育规模控制了浅水区油气分布的南北差异性。

2. 深水区油气分布的南北差异性

下刚果盆地深水区南北部油气田分布也具有明显的差异性，从南向北油气田分布数量和规模明显变小，这种变化特点主要是刚果扇沉积中心从渐新世至中新世由盆地东南向西北方向迁移，导致了盐上地层厚度的分布差异，盆地南部地层最大深度达 8 000 m，而北部地层最大深度为 6 000 m。由南向北，该盆地盐上地层的沉积厚度逐渐变小，使得盐上烃源岩成熟度逐渐降低。烃源岩成熟度在盆地范围内呈现南高北低的特点，盆地南部 Madingo 组烃源岩达到成熟-高成熟的演化阶段，盆地北部上覆刚果扇地层厚度薄，大部分烃源岩现今处于未成熟-低成熟阶段，仅在局部微盆内达到成熟-高成熟演化阶段。从深水区已发现的油气可以看出，所有的油气田均围绕着 Madingo 组成熟生烃灶展布。因此，盐上地层沉积厚度直接控制了盐上 Madingo 组烃源岩的成熟度及有效烃源岩的分布，从而控制了深水区油气分布的南北差异性。

（四）油气成藏控制因素

通过对下刚果盆地典型油气田解剖及油气分布与富集特征的分析，认为盆地油气成藏的控制因素主要包括 4 个方面：①烃源岩控制下刚果盆地的油气分布；②盐下大油气田分布受到构造背景的控制；③盐上碳酸盐岩层系油气分布受到相带和盐窗的双重控制；④古近系—新近系油气田的分布受到 Madingo 组生烃灶的控制。

1. 烃源岩控制下刚果盆地的油气分布

烃源岩是控制下刚果盆地油气差异性分布的关键因素。该盆地陆上及浅水区油气成藏以盐下湖相烃源岩为主，多为中小型油气田，而深水区以盐上海相烃源岩为主，多为大中型油气田。浅水区盐下裂谷期地堑发育程度，南弱北强，导致了盐下湖相烃源岩发育规模南小北大，形成了浅水区南部以小型油气田为主、北部以中小型油气田为主的差异分布特点。刚果扇沉积中心由南向北迁移，导致了新近系沉积地层厚度南厚北薄，使得盐上海相烃源岩成熟度由南向北逐渐降低，形成了深水区油气田分布数量与规模由南向北明显减小的差异分布特点。已发现的油气围绕盐上 Madingo 组成熟烃源岩呈环状展布。

2. 盐下大油气田分布受到构造背景的控制

盐下大油气田主要集中在强烈断陷期的贝里阿斯阶—欧特里夫阶层系，整体呈现两坳夹一隆，分别为西部坳陷带、中央隆起带和东部坳陷带。目前已发现的油气主要分布在内裂陷带，其次为中央隆起带。其中内裂陷带可进一步划分为东部断阶带、东部凹陷带、中部反转带、西部凹陷带 4 个三级构造单元，已发现的大型油气田明显受到中部反转带和东部断阶带形成的背斜构造背景控制。

3. 盐上碳酸盐岩层系油气分布受到相带和盐窗的双重控制

有利碳酸盐岩储层受沉积相带控制。早白垩世末期（阿尔布期），下刚果盆地盐岩沉积之后，发育浅海碳酸盐岩台地沉积，在古陆架边缘背景下，盐岩受上覆沉积物重力作用发生蠕动，盐岩的蠕动形成一系列盐筏体。这些盐筏体控制了碳酸盐岩沉积，在盐筏体顶部，水体浅，水动力条件强，以颗粒灰岩、鲕粒灰岩和砂质白云岩沉积为主，由多个油气田已证实。在盐筏体翼部，水体较深，水动力条件弱，以泥晶灰岩沉积为主。同时，向陆架深水区转变为泥晶灰岩和泥灰岩沉积为主。

油气由盐下向盐上充注受盐窗控制。渐新世至今，非洲板块抬升，盆地向海发生倾斜，加之刚果河向盆地注入大量沉积物，盐岩滑脱层向海方向发生强烈滑动，在中央隆起带附近盐岩受到强烈滑动而拉空形成盐窗。盐窗的发育有利于西部拗陷带盐下优质湖相烃源岩生成的油气向盐上有利圈闭中运移聚集。

4. 古近系—新近系油气田的分布受到 Madingo 组生烃灶的控制

下刚果盆地 Madingo 组优质海相烃源岩发育受大陆边缘陆架内洼槽局限环境控制。在烃源岩沉积早期，古刚果河陆源供给间歇性增强，在盆地中南部浅水陆棚和深水陆棚发育大型陆架内洼槽，河流带来大量陆源异地有机质为生物繁盛提供丰富的有机质，造成水生生物繁盛，陆架内洼槽造成水体分层，形成缺氧环境，利于烃源岩保存，发育海相内源型和海相混合生源型优质烃源岩。

Madingo 组烃源岩在盆地范围内呈现南高北低的特点。在盆地中南部，后期巨厚的新近系刚果扇地层沉积，造成 Madingo 组烃源岩达到成熟-高成熟的演化阶段。盆地北部，上覆刚果扇地层厚度薄，大部分烃源岩现今为未成熟-低成熟阶段。加之，盆地中南部发育优质海相烃源岩。目前已发现的大量油气田均围绕着 Madingo 组成熟烃源灶展布。

（五）油气成藏模式

下刚果盆地盐上发育三种类型的油气成藏模式（图 6.12）：盐下自生自储、盐下生盐上储、盐上下生上储。前两者主要与盐下湖相烃源岩有关，在此不做论述。与盐上海相烃源岩相关的成藏模式主要为 Madingo 组烃源岩生烃，古近系—新近系浊积砂岩成藏。

图 6.12　下刚果盆地 3 种油气成藏模式

盐上 Madingo 组烃源岩生烃，渐新统、中新统浊积水道砂岩储集的下生上储型，微盆内烃源岩生成的油气以垂向运移的方式向浅层底辟活动和浊积砂岩形成的构造-岩性圈闭中聚集成藏。由此推测该类型的成藏模式主要分布于刚果扇盆地与下刚果盆地叠合部分的刚果河南部及偏北区域。

第二节 北卡那封盆地

一、盆地概况

卡那封盆地位于澳大利亚西北陆架的最南端，是一个晚古生代至新生代发育的巨型含油气盆地。其构造位置为南至珀斯盆地，北到柔布克和坎宁盆地（图 6.13）。卡那封盆地分为南北两部分，本节主要介绍北卡那封盆地，盆地面积约 343 500 km²。该盆地由一系列中生代沉降中心组成，这些沉降中心大部分位于海上，深水区面积为 238 100 km²，浅水区面积为 105 400 km²。

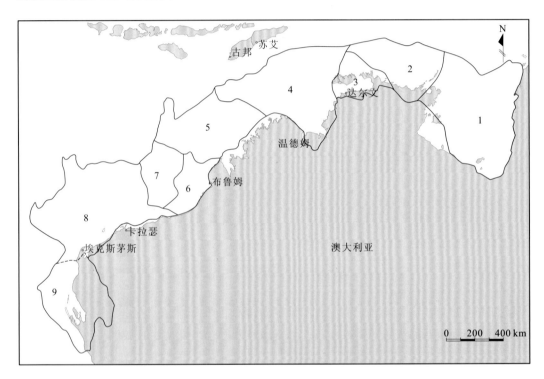

图 6.13　澳大利亚西北大陆架盆地位置图

1.卡奔塔利亚盆地；2.阿拉弗拉盆地；3.金钱滩盆地；4.波拿巴盆地；5.布劳斯盆地；

6.坎宁盆地；7.柔布克盆地；8.北卡那封盆地；9.南卡那封盆地

北卡那封盆地可划分为 4 个二级构造单元，包括：两拗一隆一斜坡。两拗是指埃克斯茅斯—巴罗—丹皮尔拗陷和比格尔凹陷，一隆是指埃克斯茅斯隆起，一斜坡是指皮达姆拉—兰伯特斜坡。

北卡那封盆地是澳大利亚西北陆架生产石油和天然气最重要的盆地，也是世界最主要的富气盆地之一。自1954年发现第一个油田以来，截至2015年底，盆地累计发现石油和凝析油可采储量为 6.55×10^8 m³，发现天然气可采储量为 3.63×10^{12} m³。

二、构造演化与沉积充填

（一）构造演化

北卡那封盆地是一个大型的含油气叠合盆地，盆地的演化与冈瓦纳大陆的裂解密切相关，经历了三个演化阶段（图6.14），分别为晚古生代—中生代内克拉通盆地，中生代大陆边缘裂谷盆地和新生代被动大陆边缘盆地，沉积了厚度达15 km的中-新生界沉积

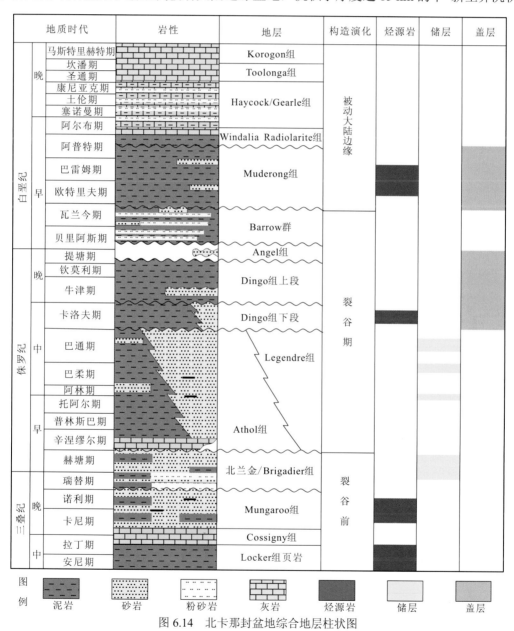

图6.14　北卡那封盆地综合地层柱状图

盖层（张建球 等，1997）。北东东向断裂作用控制着盆地的构造样式，区域沉积作用和断裂活动的差异，形成了具有多个沉降中心的次盆地，呈现垒堑相间的构造格局，由巴罗凹陷、丹皮尔凹陷、埃克斯茅斯凹陷、比格尔凹陷、兰金凸起和埃克斯茅斯隆起6个次级构造单元组成。

1. 裂谷前（晚二叠世—早侏罗世）

北卡那封盆地在克拉通背景下的前寒武系结晶基底之上沉积了上二叠统—下侏罗统裂前层系（Jablonskl and Saltta，2004；Hocking，1988；Powell，1976）。上二叠统发育滨浅海相碎屑岩，地层厚度较薄。下-中三叠统 Locker 组页岩不整合于二叠系之上，该套页岩分布范围广，受断层影响比较小，向上渐变为中-上三叠统 Mungaroo 组河流-三角洲相沉积，主要为厚层的砂岩、黏土岩及煤岩。河流三角洲沉积体系向西北方向进积，覆盖北卡那封盆地大部分海域范围（许晓明 等，2014）。三叠纪晚期，在澳大利亚西北陆架发生了一次区域性的构造抬升和褶皱，主要表现为三叠系较大范围地遭受抬升剥蚀。

2. 裂谷期（早-中侏罗世—早白垩世）

早-中侏罗世开始，随着澳大利亚板块与印度板块、南极洲板块之间的分离，在板块分离的拉张应力背景下，澳大利亚大陆西北缘整体转入裂陷活跃期。裂陷活动可分为早晚两期，在早-中侏罗世卡洛夫期，早期裂谷主要沿着埃克斯茅斯隆起西侧边缘一带发育，也是后期大陆解体的位置（Tinapple，2002；Bradshaw et al.，1988）。该时期沉积了一套 Athol 组和 Legendre 组滨岸平原-陆架沉积的砂泥岩。晚期裂谷主要发生在中侏罗世卡洛夫期—早白垩世阿普特期，由于印度洋的海底扩张和冈瓦纳大陆的逐渐解体，形成了区域性的卡洛夫期不整合面，此时裂谷作用不断向西北迁移。该时期沉积了一套厚层的 Dingo 组泥岩、Barrow 群砂岩和区域上广泛分布的 Muderong 组页岩。

3. 裂谷后被动大陆边缘阶段（晚白垩世—现今）

随着澳大利亚板块与南极洲板块彻底分离，并开始向北漂移，澳大利亚西北大陆架转入被动大陆边缘阶段，并一直持续至今（Karner and Driscoll，1999；Tindale et al.，1998；Stagg and Colwell，1994）。盆地内构造活动相对稳定，发育一系列小型的张性正断裂，主要分布在浅层。由于澳大利亚大陆西北部地势平坦，陆源碎屑供给少，整个大陆边缘以厚层的台地碳酸盐岩沉积为特征。

（二）沉积充填

自显生宙以来，北卡那封盆地长期保持为持续的沉降区，发育巨厚的沉积盖层，最大沉积厚度达 14～16 km（白国平 等，2013；白国平和殷进垠，2007）。地层发育全，在前寒武系结晶基底上发育有下古生界寒武系、奥陶系和泥盆系，上古生界石炭系、二叠系和中生代以来至现今各时代地层。对于主要勘探目的层，三叠系的前裂谷层序主要为大型的三角洲沉积体系，是主要气源岩和储层发育段；早-中侏罗世—早白垩世的裂谷层序，早期发育大型三角洲沉积体系，晚期为小型近源三角洲和海相泥岩沉积也是主要的生油岩和储层发育段。后裂谷沉积早期主要为海相泥岩沉积，是一套区域性盖层，晚期为海相碳酸盐岩沉积。

北卡那封盆地 Mungaroo 组浅水辫状河三角洲发育时期，受到环特提斯洋巨型季风的影响明显。澳大利亚西北陆架三叠系三角洲具有宽平原+窄前缘、薄煤层、暗色泥岩与中粗粒砂岩互层等特点。泥岩中干旱分子与湿热分子共存，无细胞结构的分散陆源有机质常见，菱铁矿、自生高岭石广泛分布，砂岩结构成熟度低且成分成熟度高，阵发性水流沉积特征典型等，体现了季风背景下洪水水流的沉积特点。

三、海相烃源岩特征

（一）烃源岩有机相特征

北卡那封盆地纵向上发育多套烃源岩，都在中生界。从中三叠统到下白垩统，分别为中三叠统 Locker 组页岩、上三叠统 Mungaroo 组泥岩、下中侏罗统 Athol 组泥岩、中-上侏罗统 Dingo 组泥岩、下白垩统 Muderong 组页岩。其中三叠系 Locker 组页岩和 Mungaroo 组泥岩是盆地的主要烃源岩。此节主要针对海陆过渡相浅水辫状河三角洲 Mungaroo 组烃源岩进行分析。

基于海相烃源岩的成因类型，根据烃源岩的地震相、沉积相、地球化学特征和显微组分组成，将北卡那封盆地 Mungaroo 组受大型三角洲影响的海相烃源岩有机相由陆地向海洋划分为四种有机相，分别为三角洲平原惰-镜-壳组合有机相（包括近端三角洲平原镜-惰组合有机相和远端三角洲平原镜-壳组合有机相）、三角洲前缘惰-壳组合有机相和滨浅海惰-壳组合有机相。

1. 近端三角洲平原镜-惰组合有机相

近端三角洲平原镜-惰组合有机相为近端三角洲平原烃源岩沉积，为近端三角洲平原强水动力改造后残余的泥炭沼泽沉积部分，主要为暗色泥岩。泥岩中陆源有机质较少，TOC 含量大多数小于 1.5%，平均值仅为 0.8%，S_1+S_2 大多数小于 4 mg/g，样品 HI 大多数位于 10～150 mg/g，有机质类型主要为 III 型。近端三角洲平原水动力冲刷作用强，河流对泥炭沼泽有强烈的改造作用，使得其大多数处于弱氧化环境，暗色泥岩中有机质显微组分以惰质组为主，镜惰比（V/I）普遍小于 1。

由于受到强烈的河流冲刷作用，近端三角洲平原镜-惰组合有机相烃源岩品质较差，主要为中-差烃源岩，少数样品为较好烃源岩（图 6.15）。

富含陆源有机质样品来自大套水道砂岩层之间的泥岩、粉砂质泥岩中，泥岩、粉砂质泥岩厚度一般为 5～10 m（图 6.16），且靠近水道的顶部泥岩和底部泥岩 TOC 含量较低，而位于中段的泥岩则 TOC 含量较高，有的可达 4%。陆源有机质较少的样品主要来自与水道砂岩频繁互层的泥岩、粉砂质泥岩，测井上也呈现出锯齿状，泥岩、粉砂质泥岩厚度小于 5 m，一般为 2～3 m，这样薄层的泥岩夹层，被水道反复冲刷，有机质难以得到保存。

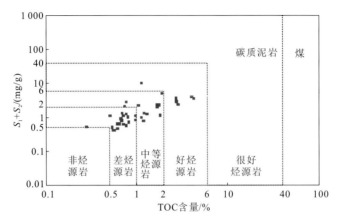

图 6.15　近端三角洲平原镜-惰组合有机相烃源岩品质分布图

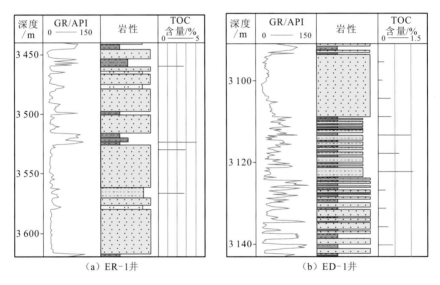

（a）ER-1井　　　　　　　　　　（b）ED-1井

图 6.16　近端三角洲平原镜-惰组合有机相单井分析

2. 远端三角洲平原镜-壳组合有机相

远端三角洲平原镜-壳组合有机相烃源岩主要为薄煤层、碳质泥岩及暗色泥岩。该有机相带远离主水道，且发育低洼沼泽，从而发育煤层。该有机相带有利于有机质富集，虽然偶尔也会受分流水道的冲刷作用，但沉积物中 TOC 含量仍然很高，且普遍大于 1%，43%的样品中 TOC 含量>4.5%，其中泥岩中 TOC 含量可达 33%。该有机相带烃源岩生烃潜力大，S_1+S_2 主要集中在 1～15 mg/g，有的甚至可达 92 mg/g，样品 HI 大多数位于 100～350 mg/g，有机质类型为 II$_2$～III 型。

该有机相受到富氧水流改造程度较低，有机质显微组分以镜质组为主，平均值为 49%，镜惰比普遍大于 1。该有机相带在受到分支流水道改造之前一直处于弱还原的覆水环境，发育泥炭沼泽，虽然河流改道，带来有氧水流，对有机质有一定的改造作用，但原始有机质富集程度高，残留下来的有机质仍然较高，烃源岩品质较好，82%的样品为好的烃源岩（煤无样品分析），而且煤和碳质泥岩均可作为很好的烃源岩（图 6.17）。

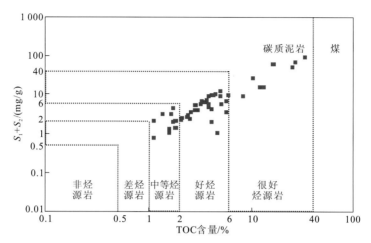

图 6.17　远端三角洲平原镜-壳组合有机相烃源岩品质分布图

远端三角洲平原镜-壳组合有机相烃源岩可为沉积区提供丰富的气源，而与其相邻的水道砂岩孔隙度高，可以作为很好的储集砂体，这样的组合可形成好的自生自储油气藏（如 Chrysaor 气田）。

3. 三角洲前缘惰-壳组合有机相

三角洲前缘惰-壳组合有机相为三角洲前缘水下分支流水道间的越岸沉积及天然堤沉积。烃源岩主要为富含有机质的泥岩和粉砂质泥岩。由于受到的河流冲刷作用较小，主要受到洋流改造，其沉积物中 TOC 含量较高，90%的样品 TOC 含量为 1%～3.5%。该有机相带烃源岩生烃潜力较大，92%的烃源岩样品 S_1+S_2 为 1～10 mg/g。该有机相带烃源岩除含有丰富的陆源有机质外还含有藻类等水生植物，平均值为 12%，最高达 27%。随水流带来的壳质组由于质地较薄，易在该有机相带细粒沉积物中富集，壳质组占比平均值达 27%，最高可达 43%。由于该有机相带陆源有机质主要是随河流搬运而来，搬运过程中陆源有机质遭受氧化，从而贫氢的有机质显微组分惰质组增加；由于富氢的壳质组和藻类较发育，HI 主要集中在 60～250 mg/g，干酪根类型主要为 II_2～III 型。

该有机相带烃源岩主要为中等-较好烃源岩（图 6.18）。其中较纯泥岩段及薄层泥岩、粉砂质泥岩 TOC 含量较低，品质较差，大多数为中等烃源岩。而泥岩与粉砂岩互层的沉积层段，沉积物中 TOC 含量较高，为较好烃源岩（图 6.19）。这主要是由于陆源有机质仍然是三角洲前缘有机质的主要来源。在无水道蔓延的区域，主要沉积较纯钙质泥岩，有机质来源于水生植物和随海水漂流的碳质碎屑，古生产力整体较低，烃源岩品质较差。在有细小水下支流水道流经的区域，主要沉积钙质砂岩和粉砂质泥岩，以陆源有机质为主。

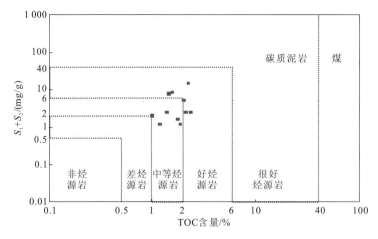

图 6.18 三角洲前缘惰-壳组合有机相烃源岩品质分布图

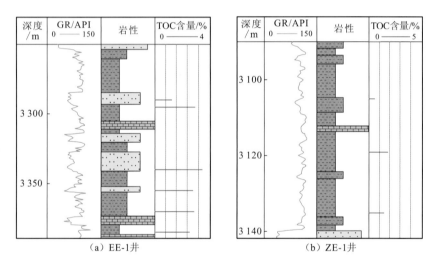

（a）EE-1井   （b）ZE-1井

图 6.19 三角洲前缘惰-壳组合有机相单井分析

4. 滨浅海惰-壳组合有机相

滨浅海惰-壳组合有机相仅在三叠纪晚期瑞替期海侵沉积中可以识别，为 Mungaroo 组三角洲萎缩期沉积。该有机相带烃源岩 TOC 含量较高,91%的样品 TOC 含量为 0.5%～2%，平均值为 1.3%，但该有机相带烃源岩生烃潜力较小，98%的样品 $S_1+S_2<2$ mg/g。虽然滨浅海惰-壳组合有机相中有机质主要来源于海相水生生物，但是受波浪改造较强，HI 偏低，93%的样品 HI 集中在 15～90 mg/g，III 型干酪根。有机质显微组分中镜质组平均值为 16%，惰质组平均值为 63%。

滨浅海惰-壳组合有机相烃源岩品质一般，主要为较差-中等烃源岩（图 6.20）。从海侵开始到海侵结束，洋流对沉积物影响作用增强，沉积物中沟鞭藻有明显增多的趋势，且沉积物中含有丰富的贝壳碎片，随着海侵的加强，沉积物中有机质受风暴改造作用加强，沉积物有机质的保存条件变差（图 6.21）。

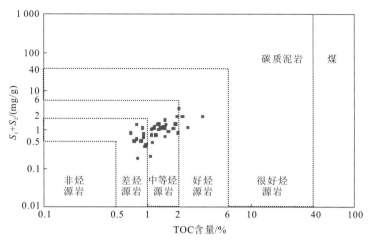

图 6.20 滨浅海惰-壳组合有机相烃源岩品质分布图

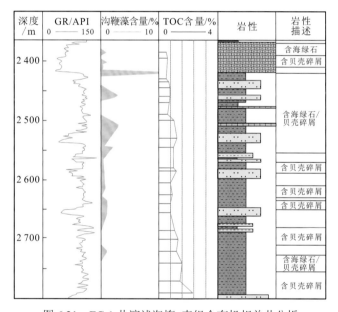

图 6.21 EC-1 井滨浅海惰-壳组合有机相单井分析

（二）地球化学特征

三叠系主要发育两套烃源岩，自下而上分别为下三叠统的 Locker 组页岩和中-上三叠统的 Mungaroo 组泥岩。

1. Locker 组页岩

早三叠世，在北卡那封盆地沉积了 Locker 组页岩，页岩中含有动物化石和微植物化石，厚度为 200～1 000 m，在地震剖面上，这套页岩层系表现为一套微弱的地震反射相位波组。研究中所收集到的 Locker 组烃源岩样品很少，已知的 197 个样品中，有机质丰度并不高，TOC 含量的分布范围为 0.28%～2.92%，平均值为 0.99%，生烃潜量（S_1+S_2）

的分布范围为 0.15～6.5 mg/g，平均值为 0.86 mg/g，评价为差烃源岩。

Locker 组页岩的有机质类型为 II～III 型，以生气为主，但有些样品也具有生油潜力。在晚三叠世－早侏罗世达到生油门限，目前处于高成熟生气阶段。

2. Mungaroo 组泥岩

中 晚二叠世时期发育的 Mungaroo 组沉积为一套河流、三角洲—边缘海相砂、泥岩沉积，河控三角洲沉积体系向西北方向进积，覆盖了北卡那封盆地的大部分海上区域。Mungaroo 组泥岩主要为中等烃源岩，也存在部分好烃源岩。

不同沉积相带陆源有机质和生烃潜力差异性大。近端三角洲平原和远端三角洲平原沉积暗色泥岩，TOC 含量均很高，虽然它们在一定程度上均受到河流的冲刷作用，但被保留下来的碳质泥岩中陆源有机质比例仍很高。近端三角洲平原，碳质泥岩不发育，薄层泥岩中 TOC 含量中等，为 0.5%～4.16%，平均值为 1.16%，有机质显微组分中惰质组多，生烃潜力不大。远端三角洲平原相带，该带薄煤层和富含陆源有机质的厚层碳质泥岩发育，可以作为很好的烃源岩，泥岩中 TOC 含量为 0.5%～26.8%，平均值为 4.11%，主要为中等-好烃源岩，是良好倾气型烃源岩。三角洲前缘在一定程度上受到了海水和河流的双重影响，陆源有机质较少，烃源岩品质较差，而且 Mungaroo 组三角洲前缘沉积相带发育较窄，TOC 含量中等，为 0.5%～4.26%，平均值为 1.05%，不能作为该区有利的烃源岩相带（图 6.22）。图 6.22 中所统计的滨浅海泥岩、碳酸岩台地有机质主要来自瑞替期海侵形成的滨浅海沉积，对于 Mungaroo 组前三角洲沉积（卡尼阶和诺利阶），由于没有钻井揭示，其有机质特征不明。

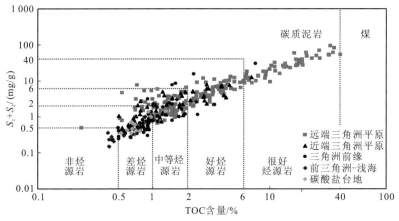

图 6.22　不同沉积相带烃源岩品质

不同沉积相带烃源岩有机质类型也具有一定的差异性。Mungaroo 组烃源岩作为煤系地层，其有机质仍主要来自陆生植物，主要为 III 型干酪根。但不同沉积相带有机质类型仍具有差异性，其中近端三角洲和远端三角洲主要为 II_2～III 型干酪根，三角洲前缘烃源岩有机质类型则主要为 III 型干酪根，仅少数样品为 II_2 型干酪根；三角洲前缘为三角洲平原水下延伸，受到海水影响，且随河流搬运的壳质组会在这里富集，但是受到风暴的改造作用，其富氢组分氧化分解，从而使得其有机质的氢指数（HI）偏低，干酪根类型偏向于III型干酪根；前三角洲-浅海、碳酸盐台地样品主要来自瑞替期海侵地层，由于样品有限，主要为III型干酪根，并没有明显规律（图6.23）。

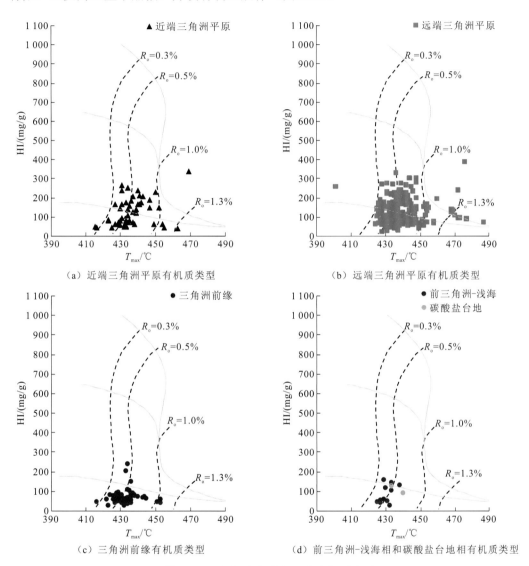

图6.23 不同沉积相带烃源岩有机质类型

（三）测井及地震相特征

根据研究区不同有机相带与地震相的特征，总结北卡那封盆地 Mungaroo 组三角洲不同有机相带与地震相的关系（图 6.24）。

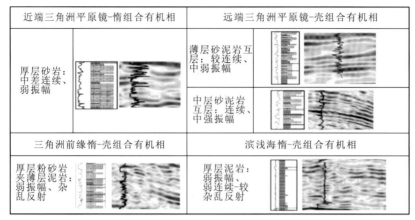

图 6.24　北卡那封盆地 Mungaroo 组三角洲不同有机相带与地震相关系

近端三角洲平原镜-惰组合有机相，极度富砂，具有三明治式的厚层泥岩夹薄层砂岩的岩性组合，在地震上一般是弱振幅反射特征；远端三角洲平原镜-壳组合有机相，砂岩与富有机质泥岩及薄煤层频繁互层的现象非常普遍，高频的薄层砂泥岩互层段为弱振幅，而低频的中层砂泥岩互层段则表现为中强振幅；三角洲前缘惰-壳组合有机相，主要沉积细粒砂岩及粉砂岩，砂岩含量高，主要为弱振幅反射，如有薄层灰岩富集段，则振幅变强；滨浅海惰-壳组合有机相以泥质沉积为主，为一套弱振幅反射。

（四）热演化与生排烃期次

Locker 组页岩在晚三叠世—早侏罗世达到生油门限，目前处于高成熟生气阶段。Mungaroo 组泥岩有机质成熟度比上覆侏罗系和白垩系烃源岩成熟度高，在兰金凸起和埃克斯茅斯隆起从 3 000 m 开始进入成熟阶段，而在埃克斯茅斯凹陷和巴罗凹陷已经达到了高成熟阶段，在巴罗凹陷从 1 800 m 左右就开始进入成熟阶段，比格尔凹陷三叠系沉积较薄，处于未成熟-低成熟阶段，不能成为有效烃源岩。

（五）优质海相烃源岩展布

基于 Mungaroo 组三角洲沉积有机相带分布特征、岩性组合分布特征，对 Mungaroo 组三角洲有利烃源岩发育区进行预测。

1. I 类区

I 类区为 Mungaroo 组最有利的烃源岩发育区，主要为泥炭沼泽区发育的远端三角洲平原镜-壳组合有机相。该区域为薄煤层及碳质泥岩、暗色泥岩，有机质类型为 II₂～III 型，为该区形成自生自储油气藏提供了气源岩。目前，具有重大发现的三叠系气藏均位于该区域。

2. II 类区

II 类区 Mungaroo 组烃源岩品质中等，主要为近端三角洲平原镜-惰组合有机相。该区主要为暗色泥岩，受河流的强烈改造作用，大多数处于弱氧化环境，有机质显微组分以惰质组为主，干酪根类型为 II₂～III 型。

3. III 类区

III 类区 Mungaroo 组烃源岩品质差-中等，主要为三角洲前缘惰-壳组合有机相，该相带为一个狭窄的带，较好的烃源岩分布局限，主要分布在水下分支水道间的相带。岩性为泥岩和粉砂质泥岩，TOC 含量较高，为 1%～3.5%，干酪根类型为 II₂～III 型。

4. IV 类区

IV 类区 Mungaroo 组烃源岩品质差，为滨浅海惰-壳组合有机相。Mungaroo 组发育时期，受到了三叠纪巨型季风的影响，洋流风暴作用强，滨浅海有很大的改造作用，无较好的烃源岩发育。

四、油气分布与富集特征

（一）典型油气田解剖

1. Gorgon 气田

Gorgon 气田位于北卡那封盆地兰金凸起的西南部古梁上，气田沿着古梁展布，水深 259 m，气田总面积大于 400 km²。1981 年在 Gorgon 构造上钻探的 GG-1 井，发现 98 m 的净气柱，从而发现了 Gorgon 气田。该气田共钻探井和评价井 5 口。在下白垩统 Malouet 组砂体中发现天然气可采储量 $0.3×10^{12}$ m³，凝析油可采储量 $12.3×10^6$ m³。在中-上三叠统 Mungaroo 组发现天然可采气储量为 $0.2×10^{12}$ m³，凝析油可采储量 $6.9×10^6$ m³。Gorgon 气田的气柱高度可达 700 m。气田分为 South Gorgon 和 North Gorgon 两个含气区。

Gorgon 气田的南部和中部气水界面一致，GG-1 井的气水界面为 4 113 m TVDSS（水下真实垂直深度）；北部气水界面与南部和中部不一致，GN-3 井的气水界面为 3 520 m TVDSS。主要原因是南北块之间受到北北东向大型断层切割。

1）烃源岩条件

兰金凸起与埃克斯茅斯隆起类似，侏罗系很薄，白垩系和侏罗系烃源岩有机质丰度均不高，由于地温梯度不高，并且早侏罗世未接受沉积，有机质的成熟度总体较低，这两套烃源岩对兰金凸起油气贡献较少。而中-上三叠统 Mungaroo 组较厚，将近 5 000 m，其有机质丰度高，成熟度达到成熟阶段，有机质类型为 II₂ 型和 III 型，以生成天然气和凝析油为主。三叠系烃源岩生成的凝析油和天然气可以在三叠系砂体中聚集成藏，也可以经由北东向断层向上运移，在白垩系储层中聚集成藏。Gorgon 气田位于巴罗凹陷和丹皮尔凹陷交界处，紧邻生烃中心，而兰金凸起形成时间较早，是油气长期运移的指向区，所以巴罗凹陷和丹皮尔凹陷生成的油气可以顺着断层、不整合面和砂岩输导层源源不断地向 Gorgon 圈闭运聚成藏。

2）储层条件

Gorgon 气田有两套储层，一套为中-上三叠统 Mungaroo 组三角洲砂岩，另一套为下白垩统与 Barrow 群时代相当的 Malouet 组砂岩。气田南部的 GG-1 井发现了 10 m 厚的 Malouet 组砂岩，并有油气发现。Mungaroo 组砂岩整体上为河道砂体、决口扇砂体，是由多期河道叠加形成，砂岩净毛比较高，砂岩平均孔隙度为 28%，渗透率大于 1000 mD，而孤立的小型河道、决口扇和泛滥平原组成的砂岩净毛比较低，砂岩孔隙度为 6%～13%，渗透率为 1～50 mD。GG-1 井纯砂岩厚度达 100 m，GC-1 井为 35 m，GN-1 井为 127 m，全气田砂岩整体净毛比为 0.3～0.5。

3）盖层条件

Gorgon 气田的盖层包括 Dingo 组泥岩和 Muderong 组页岩，其中 Muderong 组页岩是最重要的盖层，在 Gorgon 气田页岩厚度在 500～700 m，区域分布稳定，封盖条件较好。

4）圈闭特征

Gorgon 气田长 45 km，宽 8 km，是一个构造背景上的地层不整合气藏。气藏在东西两侧受一系列北东向展布的正断层控制，整体呈地垒形态，而在气藏上倾方向受到地层不整合的遮挡。气藏内部被众多小断层切割而复杂化。而白垩系的气藏属于地层-岩性气藏。在三叠系不整合面之上沉积了上侏罗统和白垩系的厚层泥岩，形成了良好的封盖。

5）气藏温压特征

Gorgon 气田的地温梯度为 2.83 ℃/100 m，高于 Scarborough 气田和 Jansz 气田的地温梯度，但仍低于地壳平均地温梯度（3 ℃/100 m），这与兰金凸起和埃克斯茅斯隆起侏罗系遭受剥蚀，残留地层较薄有关。Gorgon 气田的三叠系普遍具有异常高压的特征，其气层的压力都要远大于静水压力，这种异常高压可以提供油气向上运移的动力，使得三叠系油气向上运移到侏罗系和白垩系储层中成藏。

6）成藏事件

Gorgon 气田的油气来自与储层伴生的 Mungaroo 组烃源岩，该套烃源岩在早侏罗世开始进入生油窗，主要生、排烃期在晚白垩世。兰金凸起断层发育，三叠系烃源岩生成的油气可以沿断层向上运移，也可以沿早侏罗世的不整合面侧向运移，而进入圈闭的高部位。由于 Gorgon 气田处于埃克斯茅斯凹陷和巴罗凹陷交界处，其所在的兰金凸起形成时间早，是油气长期运移的指向区。埃克斯茅斯凹陷和巴罗凹陷的烃源岩在早白垩世开始进入生烃期，其生成的油气通过断层、不整合面和砂岩输导层运聚到圈闭中成藏（图 6.25）。Gorgon 气田中发育的断层均未断穿下白垩统 Muderong 组页岩，后期构造稳定。

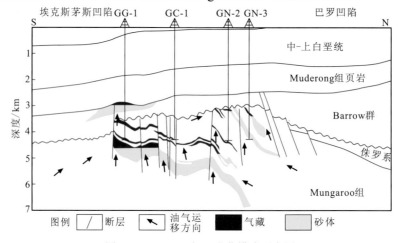

图 6.25　Gorgon 气田成藏模式示意图

7）成藏控制因素

Gorgon 气田三叠系 Mungaroo 组较厚，形成了良好的烃源岩和储层，储层物性好，断块型圈闭发育，生、排烃期晚于圈闭的形成期，并且还在油气运移的主要路径上，盖层发育，后期构造稳定，成藏和配套条件非常完美。对该气田来说，天然气富集的主要控制因素是有利的构造背景、充足的油气源和良好的封盖条件。

2. Scarborough 气田

Scarborough 气田位于北卡那封盆地埃克斯茅斯隆起的中部，水深 900～950 m，离海岸 280 km，气田共钻 5 口井，平面上气田的形态像个乌贼，面积大约为 70 km²。1979年钻探第一口探井 SG-1 井，钻遇 58.5 m 气层；1996 年，SG-2 井钻遇 39 m 气层；2004～2005 年又钻探了 3 口气田评价井，其中 SG-3 井发现了 53 m 气层。据澳大利亚最大的油气生产商 BHP 估计，Scarborough 气田拥有 0.23×10^{12} m³ 的天然气可采储量，甲烷含量约 95%，二氧化碳含量低。

1）烃源岩条件

由于埃克斯茅斯隆起侏罗系很薄，侏罗系烃源岩不发育，白垩系烃源岩有机质丰度不高，这两套烃源岩对埃克斯茅斯隆起生烃贡献较少。埃克斯茅斯隆起的烃源岩主要为三叠系 Mungaroo 组，有机质丰度高，达到成熟阶段，有机质类型为 II_2 型和 III 型，以生成天然气和凝析油为主。Scarborough 气田位于埃克斯茅斯隆起的深水区域，远离埃克斯茅斯凹陷和巴罗凹陷两个生烃中心，并且其储层为深水浊积砂岩，因此气田的油气均来自埃克斯茅斯隆起本身的三叠系 Mungaroo 组烃源岩。三叠系烃源岩生成的凝析油和天然气经由北东向断层向上运移，在白垩系储层中聚集成藏。

2）储层条件

Scarborough 气田的主要储集岩为白垩系 Barrow 群浊积扇砂体，在地震剖面上呈透镜状，岩性组合为大套泥岩夹厚层砂岩。浊积扇砂体物源来自埃克斯茅斯隆起南部，扇体分为上扇和下扇，下扇具有较高的净毛比，上扇净毛比较低。根据 Scarborough 气田 5 口井的统计结果，气田砂岩的平均累计有效厚度为 35.6 m，平均孔隙度为 26.4%，平均渗透率为 1 286.5 mD（表 6.1）。

表 6.1　Scarborough 气田储层综合特征表

井号	深度/m	砂体厚度/m		平均孔隙度/%	平均渗透率/mD	平均含水饱和度/%	平均泥质含量/%
		总厚度	有效厚度				
SG-1	1 825.8～1 924.1	98.3	46.2	25.2	958.6	27.5	15.2
SG-2	1 853.3～1 929.1	75.8	26.7	27.5	1 333.5	34.3	15.6
SG-3	1 877.1～1 930.7	53.6	18.3	24.0	637.1	47.3	20.9
SG-4	1 900.1～1 984.8	84.7	44.6	29.4	2 274.5	32.3	12.3
SG-5	1 829.4～1 926.9	97.5	42.2	25.8	1 228.8	27.4	14.3

3）盖层条件

Scarborough 气田的盖层为下白垩统 Muderong 组页岩，全区域连续分布，封盖条件极佳，但是进入盆地的东南边缘，Muderong 组页岩逐渐相变为 Birdrong 组的砂岩相，变成了非盖层。但是在埃克斯茅斯隆起和兰金凸起上 Muderong 组页岩仍然是一套主要的盖层，特别是在 Scarborough 气田，其封盖条件很好。

4）气藏温压特征

整体来看，Scarborough 气田的地温梯度值接近于 2℃/100 m，低于地壳平均地温梯度（3 ℃/100 m），地温梯度较低，而压力系数接近于 1，属于正常压力范围。

5）成藏事件

Scarborough 气田的烃源岩为三叠系 Mungaroo 组，由于地温梯度偏低，侏罗系和白垩系烃源岩大部分未成熟，其生油门限在 3 800～4 000 m，在早侏罗世开始进入生油窗，由于没有有效的盖层，在早侏罗世断裂发育时期以前生成的油气很难被保存下来。大陆解体之后，在埃克斯茅斯隆起沉积了巨厚的白垩系，在早白垩世晚期气田的圈闭形成，而此时的三叠系烃源岩仍在持续生烃。再加上埃克斯茅斯隆起上的走滑断层倾角很大，这些断层就成为有效的运移通道，将三叠系烃源岩生成的油气运移到白垩系储层中聚集成藏，属于古生新储气藏（图 6.26）。

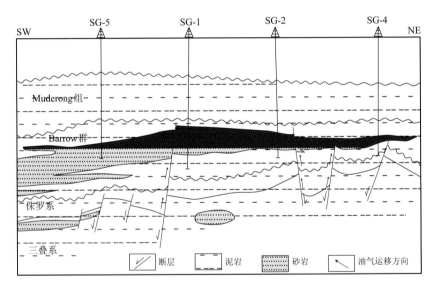

图 6.26　Scarborough 气田气藏成藏模式图

6）成藏控制因素

Scarborough 气田的成藏控制因素可以概括为两方面。①断层对天然气从气源岩运移到储层起到了重要的输导作用。该区侏罗系地层较薄，侏罗系和白垩系烃源岩未成熟，若没有沟通从三叠系烃源岩到白垩系储层的断层发育，那么气田的油气来源就有很大的问题，也不可能形成大型的气藏。②有利的保存条件，在晚期的构造运动中，气田整体所受影响小，并未有漏失现象。

（二）油气分布特征

1. 油气平面分布特征

北卡那封盆地油气分布具有明显的分区性，石油主要分布在四个晚侏罗世-早白垩世时期形成的北东向狭长裂谷内，天然气主要分布在狭长裂谷之外的构造高地上，兰金凸起和埃克斯茅斯隆起南部。盆地油气在地理分布上显示出"内侧为油，外侧为气"的特征（图 6.14），盆地内发现的石油储量较少，主要分布在巴罗凹陷和丹皮尔凹陷，石油储量占全盆地已发现油气储量的 10%左右。天然气储量则主要分布兰金凸起和埃克斯茅斯隆起上，凝析油大部分分布于兰金凸起上。

2. 油气纵向分布特征

北卡那封盆地的油气从中-上三叠统到下白垩统均有分布，包括 9 套储层，其中三叠系 1 套，侏罗系 5 套，白垩系 3 套（图 6.27）。天然气和凝析油主要储集于中-上三叠

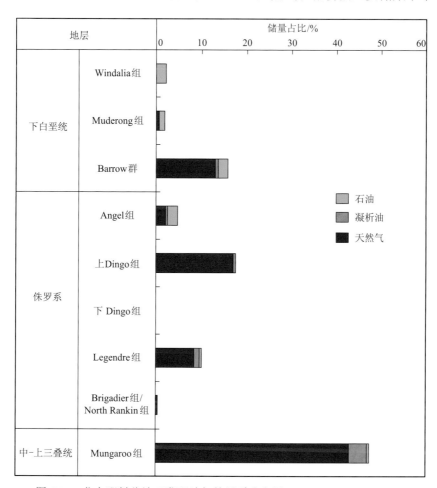

图 6.27　北卡那封盆地已发现油气的层系分布图（IHS Energy Group，2017）

统 Mungaroo 组，10 个大气田中有 7 个气田储层为 Mungaroo 组，其他次要的储集层为上侏罗统牛津阶砂岩和下白垩统 Barrow 群砂岩，分别以 Io/Jansz 气田和 Scarborough 气田为代表。石油主要赋存于 4 套储集层内，在这些储集层中探明的石油储量规模基本相当。上侏罗统 Angel 组以大型 Wanaea 油田为代表，下白垩统 Barrow 群砂岩以 Harriet 油田为代表，下白垩统瓦兰今阶 Birdrong 组以 Griffin 油田为代表，下白垩统阿普特阶 Windalia 组以大型 Barrow Island 油田为代表，造成油气整体纵向分布呈现出"上油下气"的特征。

（三）油气富集特征

通过对北卡那封盆地典型油气藏的解剖及已发现油气分布特征的分析，可以看出北卡那封盆地油气成藏地质因素复杂多样，石油与天然气分布与富集规律具有其自身的独特性，概括起来主要有以下几个特征。

（1）盆地具有"富气贫油"的特征，已发现的油气储量 99% 为天然气。烃源岩以气源岩为主，其烃源岩类型决定了北卡那封盆地"富气贫油"的特征。

（2）油气富集在下白垩统区域盖层之下。白垩系存在一套广泛分布的厚层泥岩，其在整个西北陆架全区稳定分布，是区域上的优质盖层。下伏烃源岩生成的油气很难突破这套盖层运移到浅层。目前已发现的 96% 的油气储量位于这套盖层之下，所发现的 20 个大气田也均储于这套盖层之下。

（3）平面上继承性发育的构造隆起带油气最富集。从已经发现的 20 个大型油气藏的分布来看，油气主要富集在构造隆起带上，如北卡那封盆地的兰金构造隆起带是大油气田的集中发育区。

（4）垂向上具有上油下气的分层富集特征。这种上油下气的富集特征在北卡那封盆地十分明显，主要是由于北卡那封盆地的生油岩为上侏罗统烃源岩，其上、下靠近烃源岩的储层更容易捕获石油成藏，这套生油岩的发育程度及成熟程度控制了盆地石油的分布和富集程度。除此之外，油气垂向运移过程中的相态变化也可以导致这种现象，凝析气在向上运移过程中，凝析油随压力降低而逐渐析出，聚集在上部砂体中，而气体更容易逸散，导致了上油下气的格局。

（四）油气成藏控制因素

综合分析西北大陆架油气成藏的控制因素主要包括以下 4 个方面。

（1）油气分布受到烃源岩有机质类型及生烃中心的控制。北卡那封盆地油气的分布受到烃源岩控制，主要表现在两个方面。首先，油气的分布受到了烃源岩有机质类型的控制，来源于不同的含油气系统。天然气主要富集在狭长裂谷之外的构造高地上，来自三叠系偏气型烃源岩；石油主要富集在侏罗纪晚期形成的北东向狭长裂谷内，来自上侏罗统—下白垩统偏生油型烃源岩。当河流供给稳定且发育大型三角洲，并且持续性发育时，以发育倾气型烃源岩为主；当河流供给弱或以阵发性水流输入为主，发育较小型的三角洲时，以倾油型烃源岩为主。北卡那封盆地的三叠系 Mungaroo 三角洲持续发育，盆地的天然气主要来自三叠系 Mungaroo 组烃源岩。北卡那封盆地巴罗凹陷在晚侏罗世局限海中仅发育阵发性水流的扇三角洲，有利于倾油型干酪根发育，盆地中已发现的石油均来源于这套上侏罗统烃源岩。其次，气源岩的生烃中心和油气主要运移指向控制了盆地大气田的平面分布。在北卡那封盆地三叠系烃源岩生气中心位于埃克斯茅斯隆起，且较高的 Mungaroo 组生烃潜力已被埃克斯茅斯隆起的钻井证实，并且有机质都已成熟-高成熟，以生成天然气和凝析油为主。侏罗系生气中心位于巴罗凹陷和丹皮尔凹陷，烃源岩为下-中侏罗统 Athol 组，在巴罗凹陷已达到过成熟阶段，以生成天然气和凝析油为主。在三叠系和侏罗系这两个生气中心之上已经发现了 5 个大型气田，在两个生气中心的中间部位也已发现了 5 个大气田。这些大型气田都分布在埃克斯茅斯隆起和兰金凸起上，这与天然气主要运移指向密切相关，埃克斯茅斯隆起和兰金凸起相对巴罗凹陷和丹皮尔凹陷为构造高点，是油气长期运移的指向区。

（2）大气田的分布受到构造背景控制。北卡那封盆地发现的大气田均是在大型构造带、古隆起和凹中隆的构造背景下形成的，主要集中在埃克斯茅斯隆起和兰金凸起。不在构造高部位的油气藏规模都偏小。例如，巴罗凹陷除了巴罗岛高点的 Barrow Island 油田为大型油田，其他油气田规模都偏小。大气田主要分布在古隆起和凹中隆的原因主要有两点：①这些大型构造带、古隆起和凹中隆往往发育有规模较大、形成较早的圈闭，圈闭的规模控制着油气藏的规模；②凹中隆、古隆起带是天然气运移的长期指向区，有利于汇聚丰富的天然气资源。埃克斯茅斯隆起和兰金凸起从晚三叠世至现今一直是三叠系、侏罗系和白垩系烃源岩生成天然气的有利运移指向区。巴罗凹陷和丹皮尔凹陷生烃中心生成的天然气都向此运移，所以这两个构造带大气田尤其发育。

（3）油气的分布受到大型三角洲沉积体系控制。北卡那封盆地从晚三叠世-早白垩世发育了四期三角洲，分别为晚三叠世的 Mungaroo 三角洲、早-中侏罗世的 Legendre 三角洲、晚侏罗世的 Angel 三角洲和早白垩世的巴罗三角洲。从已发现的大气田分布情况可以发现，已发现的大气田与这几个三角洲密切相关。北卡那封盆地已发现的 10 个大油气田储层分别为 Mungaroo 组（如 Clio、Geryon、Pluto、Wheatstone、Goodwyn、Gorgon、North Rankin 气田）、Legendre 组（如 Perseus 气田）、Angel 组（Wanaea 油）和 Barrow 群（如 Scarborough 气田），除了 Barrow Island 油田主要储层为上白垩统 Windalia 组砂岩，Io/Jansz 气田储层为侏罗系滨岸砂体外，其他油气储层均来自不同时期的三角洲体系。气田的形成与分布和河流-三角洲体系的发育息息相关的原因，主要有几个方面：①大型河流-三角洲体系为西北大陆架提供了以生成天然气和凝析油为主的有机质丰度较高的气源岩。②大型河流-三角洲体系给大气田的形成提供了大面积稳定展布的储集体。③大型河流-三角洲体系与同生断层相结合，提供了大型的构造圈闭。北卡那封盆地兰金凸起中-上三叠统 Mungaroo 组被多条断层错断，形成了大量大型的断块圈闭而最终聚集油气形成了大气田，如 Clio、Geryon、Pluto、Wheatstone、Gorgon 气田就属于此类。

（五）油气成藏模式

根据北卡那封盆地目前已发现的油气田类型，结合大气田成藏主控因素分析的结果，总结出北卡那封盆地的三种天然气成藏模式。

（1）源内自生自储型成藏模式。源内自生自储型气藏的烃源岩和储集层发育在同一层位，可形成构造-岩性气藏，储集层和烃源岩砂泥互层，一般发育在生气中心及其附近，油气沿断层或渗透性砂体短距离运移至源内圈闭中成藏。北卡那封盆地埃克斯茅斯降起和兰金凸起三叠系 Mungaroo 组所发现的大气田大部分属于此种类型。

（2）源外下生上储型成藏模式。源外下生上储型气藏的烃源岩一般位于储集层的下方，由断层、不整合面沟通烃源岩和浅部的储层使油气聚集成藏。北卡那封盆地断层极其发育，这些断层为油气运移提供了非常优越的垂向运移通道。同时，断层可以形成断垒、断鼻和断背斜等多种断层相关的圈闭，油气可以直接进入构造圈闭形成油气藏，断层也可以与上覆岩性圈闭、地层圈闭相连形成岩性、地层油气藏，如 Scarborough 气田、Io/Jansz 气田、Perseus 气田和 Barrow Island 油田。

（3）源外旁生侧储型成藏模式。源外旁生侧储型气藏的烃源岩位于储集层的一侧，这类油气藏一般分布在生气中心的周边，油气由生烃中心沿断层、不整合面和砂岩输导层侧向运移到源外构造-不整合复合圈闭、构造-岩性复合圈闭和构造圈闭中成藏（图 6.28）。

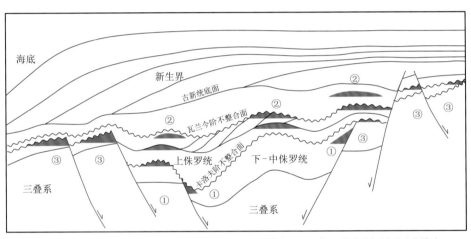

① 源内自生自储型成藏模式　　② 源外下生上储型成藏模式　　③ 源外旁生侧储型成藏模式

图 6.28　西北陆架成藏模式图

参 考 文 献

白国平, 殷进垠, 2007. 澳大利亚北卡那封盆地油气地质特征及勘探潜力分析. 石油实验地质, 29(3): 253-258.

白国平, 邓超, 陶崇智, 等, 2013. 澳大利亚西北陆架油气分布规律与主控因素研究. 现代地质, 27(5): 1225-1232.

鲍志东, 陈践发, 张水昌, 等, 2004. 华北中上元古界烃源岩发育环境及其控制因素. 中国科学:地球科学, 34(S1): 114-119.

曹军, 钟宁宁, 邓运华, 等, 2014. 下刚果盆地海相烃源岩地球化学特征、成因及其发育的控制因素. 地球科学与环境学报, 36(4): 87-98.

曹强, 叶加仁, 石万忠, 2008. 地震属性法在南黄海北部盆地勘探新区烃源岩厚度预测中的应用. 海洋地质与第四纪地质, 28(5): 109-115.

陈践发, 张水昌, 鲍志东, 等, 2006. 海相优质烃源岩发育的主要影响因素及沉积环境. 海相油气地质, 11(3): 49-54.

陈致林, 李素娟, 王忠, 1997. 低-中成熟演化阶段芳烃成熟度指标的研究. 沉积学报(2): 192-197.

程涛, 陶维祥, 于水, 等, 2012. 下刚果盆地北部碳酸盐岩层序地层分析. 特种油气藏, 19(2): 25-28.

戴金星, 王廷栋, 戴鸿鸣, 等, 2000. 中国碳酸盐岩大型气田的气源. 海相油气地质, 5(2):12-13.

邓荣敬, 邓运华, 于水, 等, 2008. 尼日尔三角洲盆地油气地质与成藏特征. 石油勘探与开发, 35(6): 755-762.

丁汝鑫, 陈文学, 熊利平, 等, 2009. 下刚果盆地油气成藏主控因素及勘探方向. 特种油气藏, 16(5): 32-35.

顾礼敬, 徐守余, 苏劲, 等, 2011. 利用测井资料预测和评价烃源岩. 天然气地球科学, 22(3): 554-560.

郝芳, 陈建渝, 1994. 有机相研究及其在盆地分析中的应用. 沉积学报(4): 77-86.

胡亚,2016. 中扬子地区寒武系纽芬兰统—第二统黑色岩系地球化学特征及其环境意义. 北京: 中国地质大学.

黄兴, 杨香华, 朱红涛, 等, 2017a. 下刚果盆地 Madingo 组海相烃源岩岩相特征和沉积模式. 石油学报, 38(10): 1168-1182.

黄兴, 杨香华, 朱红涛, 等, 2017b. 西非下刚果盆地 Madingo 组烃源岩地球物理综合评价. 地质科技情报(5): 102-111.

黄汝昌, 李景明, 1997. 中国凝析气藏的形成与分布. 石油与天然气地质, 17(3):237-242.

季少聪, 杨香华, 朱红涛, 等, 2017. 下刚果盆地 M 区块 Madingo 组烃源岩的岩相特征与有机质富集机制. 海洋地质与第四纪地质(3): 157-168.

季少聪, 杨香华, 朱红涛, 等, 2018. 下刚果盆地 A 区块 Madingo 组烃源岩 TOC 含量的地球物理定量预测. 石油地球物理勘探, 53(2): 369-380.

姜在兴, 梁超, 吴靖, 等, 2013. 含油气细粒沉积岩研究的几个问题. 石油学报, 34(6): 1031-1039.

金奎励,王宜林, 1997. 新疆准噶尔煤成油. 北京: 石油工业出版社.

康洪全, 程涛, 贾怀存, 等, 2017. 中-新生代大陆边缘盆地海相烃源岩生烃特征. 石油学报, 38(6): 649-657.

李水福, 何生, 2008. 原油芳烃中三芴系列化合物的环境指示作用. 地球化学, 37: 45-50.

李涛, 胡望水, 胡芳, 等, 2012. 里奥穆尼盆地重力滑脱构造发育特征及演化规律. 石油天然气学报, 34(4): 1-5.

梁狄刚, 2004. 塔里木盆地库车坳陷陆相油气的生成. 北京：石油工业出版社.

梁狄刚, 张水昌, 张宝民, 等, 2000. 从塔里木盆地看中国海相生油问题. 地学前缘(4): 534-547.

梁狄刚, 郭彤楼, 边立曾, 等, 2009. 中国南方海相生烃成藏研究的若干新进展(三):南方四套区域性海相烃源岩的沉积相及发育的控制因素. 海相油气地质, 14(2): 1-19.

林壬子, 王培荣, 戴允健, 等, 1987. 矿物燃料中多环芳烃的石油地球化学意义//中国地质学会石油地质专业委员会. 有机地球化学论文集. 北京: 地质出版社:129-140.

刘大锰, 金奎励, 1996. 塔里木盆地陆相烃源岩有机组分的分类及其岩石学特征. 中国煤田地质, 8: 9-14.

秦胜飞, 钟宁宁, 1996. 碳酸盐老有机显微组分分类. 石油实验地质(3): 325-330.

孙自明, 2016. 下刚果-刚果扇盆地沉积-构造演化与油气勘探领域. 现代地质(6): 1303-1310.

王贵文, 郭荣坤, 2000. 测井地质学. 北京：石油工业出版社.

王琳霖, 王振奇, 肖鹏, 2015. 下刚果盆地 A 区块中新统深水沉积体系特征. 石油与天然气地质, 36(6): 963-974.

王铁冠, 钟宁宁, 侯读杰, 等, 1995. 低熟油气形成机理与分布. 北京: 石油工业出版社.

王云鹏, 赵长毅, 王兆云, 等, 2007. 海相不同母质来源天然气的鉴别. 中国科学地球科学:中国科学(A2): 125-140.

王振奇, 肖洁, 龙长俊, 等, 2013. 下刚果盆地 A 区块中新统深水水道沉积特征. 海洋地质前沿, 29(3): 5-12.

吴朝东, 陈其英, 雷家锦, 1999. 湘西震旦—寒武纪黑色岩系的有机岩石学特征及其形成条件. 岩石学报, 15: 453-461.

吴靖, 2015. 东营凹陷古近系沙四上亚段细粒岩沉积特征与层序地层研究. 北京：中国地质大学.

伍梦婕, 钟广法, 李亚林, 等, 2013. 四川盆地龙马溪组页岩气储层地震-测井层序分析. 天然气工业, 33(5): 51-55.

许晓明, 胡孝林, 赵汝敏, 等, 2014. 澳大利亚北卡那封盆地中上三叠统 Mungaroo 组油气勘探潜力分析. 地质科技情报, 33(6): 119-127.

杨晓娟, 李军, 于炳松, 2012. 下刚果盆地构造特征及油气勘探潜力. 地球物理学进展, 27(6): 2585-2593.

于炳松, 樊太亮, 2008. 塔里木盆地寒武系—奥陶系泥质烃源岩发育的构造和沉积背景控制. 现代地质, 22(4): 534-540.

于水, 胡望水, 李涛, 等, 2012a. 下刚果盆地重力滑脱伸展构造生长发育特征. 石油天然气学报, 34(3): 28-33.

于水, 文华国, 郝立华, 等, 2012b. 下刚果盆地 A 区块下白垩统 Albian 阶沉积层序与古地理演化. 成都理工大学学报(自科版), 39(4): 353-361.

于翔涛, 2009. 测井技术在烃源岩评价中的应用. 长江大学学报(自然科学版), 理工卷, 6(2): 198-200.

袁选俊, 林森虎, 刘群, 等, 2015. 湖盆细粒沉积特征与富有机质页岩分布模式: 以鄂尔多斯盆地延长组长 7 油层组为例. 石油勘探与开发, 42(1): 34-43.

张宝民, 张水昌, 边立曾, 等, 2007. 浅析中国新元古—下古生界海相烃源岩发育模式. 科学通报(A01): 58-69.

张彪, 于水, 李红, 等, 2016. 下刚果盆地碳酸盐岩盐筏体沉积规律. 石油学报, 37(3): 360-370.

张寒, 朱光有, 2007. 利用地震和测井信息预测和评价烃源岩:以渤海湾盆地富油凹陷为例. 石油勘探与开发, 34(1): 55-59.

张建球, 钱桂华, 郭念发, 1997. 澳大利亚大型沉积盆地与油气成藏. 北京: 石油工业出版社.

赵红岩, 陶维祥, 于水, 等, 2012, 下刚果盆地烃源岩对油气分布的控制作用分析. 中国海上油气, 24(5): 16-20.

赵红岩, 陶维祥, 于水, 等, 2013. 下刚果盆地深水区油气成藏要素特征及成藏模式研究. 中国石油勘探, 18: 75-79.

赵鹏, 王英民, 周瑾, 等, 2014. 下刚果盆地南部盐上地层重力滑脱变形演化特征. 东北石油大学学报, 38(3): 57-65.

赵喆, 2006. 中国南方多旋迴构造条件下古生界烃源岩的生烃特征和成藏作用. 北京: 中国石油大学.

钟宁宁, 秦勇, 1995. 碳酸盐岩有机岩石学: 显微组分特征、成因、演化及其与油气关系. 北京：科学出版社.

钟宁宁, 王铁冠, 熊波, 等, 1995. 煤系低熟油形成机制及其意义. 石油天然气学报(1): 1-7.

朱光有, 金强, 2003. 东营凹陷两套优质烃源岩层地质地球化学特征研究. 沉积学报, 21(3): 506-512.

朱伟林, 2013. 非洲含油气盆地. 北京: 科学出版社.

ALEXANDER R, LARCHER A, KAGI R, et al. , 1988. The use of plant derived biomarkers for correlation of oils with source rocks in the Cooper/Eromanga Basin System, Australia. The APPEA journal, 28: 310-324.

ANKA Z, SÉRANNE M, LOPEZ M, et al. , 2009. The long-term evolution of the Congo deep-sea fan: A basin-wide view of the interaction between a giant submarine fan and a mature passive margin (ZaiAngo project). Tectonophysics, 470(1): 42-56.

BRADSHAW M T, YEATES A N, BEYNON R M , et al. , 1988. Palaeogeographic evolution of the North West Shelf region// PURCELL P G , PURCELL R R. The North West Shelf, Australia. Perth proceedings petroleum exploration society Australia symposium: 29-54.

BURWOOD R, CORNET P J, JACOBS L, et al. , 1990. Organofacies variation control on hydrocarbon generation: a Lower Congo Coastal Basin (Angola) case history. Organic geochemistry, 16(1): 325-338.

BUSTIN R, 1988. Sedimentology and characteristics of dispersed organic matter in Tertiary Niger Delta: origin of source rocks in a deltaic environment. AAPG bulletin, 72: 277-298.

COLE G A, REQUEJO A G, ORMEROD D, et al. , 2000. Petroleum geochemical assessment of the Lower Congo basin// MELLO M R, KATZ B J. Petroleum system of southern atlantic margins, AAPG Memoir 73:325-339.

DAILLY P, KENNY G, 2000. The Rio Muni Basin of Equatorial Guinea: a new hydrocarbon province. HGS International Dinner Meeting, Houston Geological society bulletin, 7: 15-17.

DALE B, DALE A L, JANSEN J H F, 2002. Dinoflagellate cysts as environmental indicators in surface sediments from the Congo deep-sea fan and adjacent regions. Palaeogeography palaeoclimatology palaeoecology, 185(3/4): 309-338.

DEMAISON G J, MOORE G T, 1980. Anoxic environments and source bed genesis. AAPG bulletin, 64(7): 1179-1209.

FUEX A, 1977. The use of stable carbon isotopes in hydrocarbon exploration. Journal of geochemical exploration, 7: 155-188.

HOCKING R M, 1988. Regional geology of the Northern Carnarvon Basin// PURCELL P G， PURCELL R R. The North West Shelf. Australia: Proceedings of the Petroleum Exploration Society of Australia: 97-114.

HUANG W Y, MEINSCHEIN W G, 1979. Sterols as ecological indicators. Geochimica et cosmochimica acta, 43(5): 739-745.

HUNT M J, 1979. Petroleum geochemistry and geology. San Francisco:WH Freeman and Company.

HUTTON A C, KANTSLER A J, COOK A C, et al. , 1980. Organic matter in oil shales. APPEA journal, 20(1): 44-67.

IHS Energy Group, 2017. Basin Monitor, Lower Congo Basin and North Carnarvon Basin. Englewood, Colorado: IHS Energy Group.

JABLONSKL D, SALTTA A J, 2004. Permian to lower cretaceous plate tectonics and its impact on the tectono-stratigraphic development of the western Australian margin. APPEA journal (1): 287-328.

JACKSON M P A, HUDEC M R, JENNETTE D C, et al. , 2008. Evolution of the Cretaceous Astrid thrust belt in the ultradeep-water Lower Congo Basin, Gabon. AAPG bulletin, 92(4): 487-511.

JONES R O, 1987. Organic facies//WELTE D. Advance in petroleum geochemistry. London: Academic Press:1-89.

JONES B, MANNING D C, 1994. Comparison of geochemical indices used for the interpretation of paleo-redox conditions in ancient mudstones. Chemical geology, 111: 110-131.

KARNER G D, DRISCOLL N W, 1999. Style, timing and distribution of tectonic deformation across the Exmouth Plateau, northwest Australia, determined from stratal architecture and quantitative basin modelling. Geological society, London, special publications, 164(1): 271-311.

MICHELS R, LANDAIS P, TORKELSON B E, et al., 1995. Effects of effluents and water pressure on oil generation during confined pyrolysis and high-pressure hydrous pyrolysis. Geochimica et cosmochimica acta, 98(5):1589-1604.

MONTHIOUX M, LANDAIS P, MONIN J C, 1985. Comparision between natural and artifical maturation series of humic coals from the Mahakam delta, Indonesia. Organic geochemistry, 8（4）:275-292.

MONTHIOUX M, LANDAIS P, DURAND B, 1986. Comparision between extracts from natural and artifical maturation series of Mahakam delta coals. Organic geochemistry, 10(1/3):299-311.

NYTOFT H P, BOJESEN-KOEFOED J A, CHRISTIANSEN F G, et al. , 2002. Oleanane or lupane? Reappraisal of the presence of oleanane in Cretaceous-Tertiary oils and sediments. Organic geochemistry, 33: 1225-1240.

OLUBOYO A P, GAWTHORPE R L, BAKKE K, et al. , 2014. Salt tectonic controls on deep-water turbidite depositional systems: Miocene, southwestern Lower Congo Basin, offshore Angola. Basin research, 26(4): 597-620.

OOMKENS E, 1970. Depositional sequences and sand distribution in the postglacial Rhone Delta Complex// JAMES P M, ROBERT H S. Deltaic sedimentation, modern and ancient. Louisiana: SEPM Society for Sedimentary Geology: 198-212.

PETERS K E, MOLDOWAN J M, 1991. Effects of source, thermal maturity, and biodegradation on the distribution and isomerization of homohopanes in petroleum. Organic geochemistry, 17(1): 47-61.

PETERS K E, WALTERS C C, MOLDOWAN J M, 2005. The biomarker guide. Cambridge:Cambridge University Press.

PHILP R T, GILBERT T, 1986. Biomarker distributions in Australian oils predominantly derived from terrigenous source material. Organic geochemistry, 10: 73-84.

POWELL D E, 1976. The geological evolution of the continental margin off northwest Australia. Australian petroleum exploration association journal, 16(1): 13-23.

RAISWELL R, Canfield D E, 1998. Sources of iron for pyrite formation in marine sediments. American journal of science, 298(3): 219-245.

ROGERS M A, 1980. Application of organic facies concept to hydrocarbon source evaluation. Loth WPC (2):23-30.

SAVOYE B, BABONNEAU N, DENNIELOU B, et al. , 2009. Geological overview of the Angola–Congo margin, the Congo deep-sea fan and its submarine valleys. Deep sea research part II: topical studies in oceanography, 56(23): 2169-2182.

SEEWALD J S, 1998. Laboratory and theoretical constraints on the generation and composition of natural gas. Geochim cosmochim acta, 62(9):1599-1617.

SHANMUGAM G, 2000. 50 years of the turbidite paradigm (1950s—1990s): deep-water processes and facies models:A critical perspective. Marine and petroleum geology, 17(2):285-342.

SLATT R M, RODRIGUEZ N D, 2012. Comparative sequence stratigraphy and organic geochemistry of gas shales: commonality or coincidence? Journal of natural gas science and engineering, 8: 68-84.

STAGG H M J, COLWELL J B, 1994. The structural foundations of the northern Carnarvon Basin// PURCELL P G, PURCELL R R. The Sedimentary Basins of Western Australia. Perth: proceedings of petroleum exploration society of Australia symposium: 349-372.

SWEENEY J J, BURNHAM A K, 1990. Evaluation of a sample method of vitrinite reflectance based on chemical kinetics. AAPG bulletin, 74(4): 1559-1570.

TEICHMÜLLER M, 1986. Organic petrology of source rocks, history and state of the art. Organic geochemistry, 10: 581-599.

TEICHMÜLLER M, 1989. The genesis of coal from the viewpoint of coal petrology. International journal of coal geology, 12: 1-87.

TEICHMÜLLER R, TEICHMÜLLER M, 1986. Relations between coalification and palaeo geothermics in Variscan and Alpidic foredeeps of western Europe //GÜNTER B,LAJOS S. Paleogeothermics. Berlin, Heidelberg: Springer.

TINAPPLE W L, 2002. Petroleum exploration in Western Australia// Sedimentary Basins of Western Australia. proceedings of petroleum exploration society of Australia symposium: 15-24.

TINDALE K, NEWEL N, KEALL J, et al. , 1998. Structural evolution and charge history of the Exmouth Sub-basin, Northern Carnarvon Basin, Western Australia // PURCELL P G, PURCELL R R. The Sedimentary Basins of Western Australia 2. Perth: proceedings of the petroleum exploration society of Australia: 447-472.

TISSOT B P, WELTE D H, 1978. Petroleum formation and occurrence. Berlin, Heidelberg, New York: Springer Verlag.

TYSON R, 1996. Sequence-stratigraphical interpretation of organic facies variation in marine siliciclastic system:General principal and application to the onshore Kimmeridge clay formation// HESSELBO S, PARKINSON D. Sequence stratigraphy in british geology. Geology society special publication:75-96.

TYSON R V, PEARSON T H, 1991. Modern and ancient continental shelf anoxia: an overview// TYSON R V, PEARSON T H. Modern and Ancient Continental Shelf Anoxia. London: Geological Society Special Publication, 58:1-24.

VALLE P J, GJELBERG J G, HELLAND-HANSEN W, 2001. Tectono-stratigraphic development in the eastern Lower Congo Basin, offshore Angola, West Africa. Marine and petroleum geology, 18(8): 909-927.

WHITICAR M J, 1999. Carbon and hydrogen isotope systematics of bacterial formation and oxidation of methane. Chemical geology, 161(1/2/3): 291-314.